国家出版基金项目
NATIONAL PUBLICATION FOUNDATION

"十四五"时期国家重点出版物出版专项规划项目

6G丛书

6G

无线传输技术

牛 凯 戴金晟 ◎ 编著

人民邮电出版社

北 京

图书在版编目（CIP）数据

6G无线传输技术 / 牛凯，戴金晟编著. -- 北京：
人民邮电出版社，2022.12
（6G丛书）
ISBN 978-7-115-59995-7

Ⅰ．①6… Ⅱ．①牛… ②戴… Ⅲ．①第六代无线电通
信系统 Ⅳ．①TN929.59

中国版本图书馆CIP数据核字（2022）第165504号

内 容 提 要

本书面向以"人-机-物-灵"融合为特征的 6G 愿景，对 6G 无线传输技术进行前瞻性总结与预测。首先，概述 6G 的应用场景与技术指标，对无线传输技术的发展进行展望。然后，面向低时延高可靠需求，探讨了先进信道编码技术的基本原理；面向大容量接入需求，探讨了 6G 中的非正交多址技术、巨址接入技术、新型多载波技术以及波形信号设计；针对高频谱效率传输需求，阐述了大规模 MIMO、智能表面等新型技术。进一步，从 6G 系统整体优化出发，介绍了基于广义极化变换的新型信号处理方法。最后，介绍了 6G 智能信号处理技术，详细讨论了深度学习在无线信号处理中的应用，并简要介绍了语义通信的理论框架与实现案例。

本书适合希望了解 6G 无线传输技术的人士阅读，不仅可作为移动通信技术研究、开发和维护人员的专业参考书，也可以作为大专院校高年级本科生、硕士生与博士生的教材或参考资料。同时，对未来移动通信感兴趣的人员，本书内容也具有阅读和参考价值。

◆ 编　著　牛　凯　戴金晟
　　责任编辑　王　夏
　　责任印制　马振武
◆ 人民邮电出版社出版发行　　北京市丰台区成寿寺路 11 号
　　邮编　100164　　电子邮件　315@ptpress.com.cn
　　网址　https://www.ptpress.com.cn
　　三河市中晟雅豪印务有限公司印刷
◆ 开本：720×960　1/16
　　印张：22.5　　　　　　　　2022 年 12 月第 1 版
　　字数：392 千字　　　　　　2022 年 12 月河北第 1 次印刷

定价：199.80 元

读者服务热线：(010)81055493　印装质量热线：(010)81055316
反盗版热线：(010)81055315
广告经营许可证：京东市监广登字 20170147 号

编 辑 委 员 会

前　言

随着第五代移动通信技术（5G）的大规模商用，近年来，第六代移动通信技术（6G）成为学术界与工业界研究的热门方向。6G 将在移动通信的广度与深度上全面改变人类社会。

在通信广度方面，6G 的终极目标就是以地面网络为基础，以空间网络为延伸，覆盖太空、空中、陆地、海洋等自然空间，构建由天基网络（卫星通信网络）、空基网络（飞机、热气球、无人机等通信网络）、陆基网络（地面蜂窝网络）、海基网络(海洋水下无线通信网络+近海沿岸无线通信网络+远洋船只/海上平台等构成的通信网络）等基础设施组成的空天地海一体化信息网络体系。

目前，SpaceX 公司推出的 StarLink 低轨道地球卫星通信网络，被普遍认为是 6G 天基网络的雏形之一。该网络预计 2027 年前在低中高 3 个地球轨道上部署 12 000 颗卫星，建设 100 万个地面站和 6 个卫星网关站，整个计划预计投资 100 亿美元，提供覆盖全球的高速互联网接入服务。

放眼未来，6G 将在 2024 年启动标准化，2030 年前后开始商用。在 2030 年后，人类可能重返月球乃至登陆火星，拉开星际移民的序幕。因此，6G 的通信目标不能仅仅局限于地球，而应当放眼星际，实现近地行星之间无死角全覆盖通信的宏伟愿景。

在通信深度方面，6G 的终极目标是将泛在连接的真实世界扩展到虚拟世界，构建由人（全体人类用户）、机（真实世界的计算设备）、物（真实世界的传感设备）、灵（虚拟世界的智能代理）构成的万物智联、多场景融合的全连接信息网络体系。

张平院士于 2019 年年初提出 6G 将实现从真实世界扩展至虚拟世界的愿景，通信服务将从 5G 的人-机-物三类实体拓展到 6G 的人-机-物-灵四类对象。论文发表后，在业界引起了良好反响。实际上，由智能代理——灵（genie）组成的虚拟世界，与近年来工业界流行的数字孪生概念完全契合，并且与元宇宙（Metaverse）概念高度吻合，都需要引入无线智能通信的新观点。

具体到技术层面，人工智能与无线通信的融合，成为学术界与产业界的共识。作为代表性的关键技术，张平院士提出的语义通信框架可能成为 6G 的基础技术。前瞻 6G 未来发展趋势，以语义驱动的人-机-物-灵通信，通过真实世界与虚拟世界的万维连接，将广泛深入地满足人类物质与精神需求，实现人类全方位感知世界的瑰丽图景。

6G 上述目标对物理层传输技术提出了重大挑战。以编码调制为核心的物理层技术在 5G 时代已经逼近理论极限。为了满足低时延、高可靠、大容量、高谱效、大连接等 6G 的诸多系统需求，需要传输技术在基础理论、算法设计、工程应用等各个方面取得全新突破。

本书主要对 6G 无线传输技术进行前瞻性总结与预测。全书分为 10 章。第 1 章概述 6G 的应用场景与技术指标，对无线传输技术的发展进行展望。第 2 章面向低时延高可靠需求，介绍了以低密度奇偶校验（LDPC）码与 Polar 码为代表的先进信道编码技术的基本原理。第 3 章和第 4 章探讨了 6G 中的非正交多址接入技术与巨址接入技术，前者有望满足大容量接入需求，而后者可能应用于大连接场景。第 5 章和第 6 章讨论了 6G 中的信号波形设计，新型多载波技术有望提升系统频谱效率，而以 FTN、OTFS 为代表的新型波形信号技术有望拓展 6G 系统的适用范围。第 7 章和第 8 章集中讨论了提升频谱效率的多输入多输出（MIMO）技术，大规模 MIMO 技术在 5G 基础上进一步发展，是 6G 系统满足高频谱效率传输的基础技术，智能表面技术是改善传播条件、提升 6G 系统频谱效率的新型技术。第 9 章介绍了广义极化信号传输技术，从通信系统整体优化出发，介绍了基于广义极化变换的新型信号处理方法，可以提升 6G 系统容量与频谱效率。第 10 章介绍了智能信号处理技术，详细讨论了深度学习在无线信号处理中的应用，并简要介绍了语义通信的理论框架与实现案例。第 9 章和第 10 章为 6G 无线传输提供了系统优化的新方法。

　　本书作者来自泛网无线通信教育部重点实验室（北京邮电大学），长期从事无线通信领域的教学、科研与标准化工作，对无线传输技术的研究现状与发展趋势有着深刻理解与认识，对信道编码技术、多址接入、MIMO 信号处理、语义通信等无线传输的关键技术有着深入的研究。牛凯负责全书统稿并撰写了第 1～2 章和第 10 章，戴金晟撰写了第 3～9 章。

　　本书在编写过程中，得到了张平院士、吴伟陵教授、林家儒教授的关心和指导，也得到了董超、司中威等老师与张德鑫、李元杰、薛秋林、李青青、孟祥锐、易建忠等同学的大力支持与协助，在此一并表示衷心感谢！

　　本书的出版得到国家自然科学基金重点项目（No.92067202）、面上项目（No.62071058）、青年项目（No.62001049），以及国家重点研发计划项目（No.2018YFE0205501）的大力支持。由于作者才疏学浅，书中难免出现错误以及不当之处，敬请同行专家和广大读者批评指正。

目 录

第 1 章

绪论

作为全书的开篇，本章首先介绍了 6G 的性能指标与典型应用场景，阐述了"人–机–物–灵"6G 服务体系的基本特征；然后，从单项技术增强与系统性能优化两个方面，对 6G 可能应用的无线传输技术进行预测与展望。

|1.1　6G 应用场景分析 |

2019 年 9 月，芬兰奥卢大学发布了 6G 白皮书[1]。为促进我国移动通信产业发展和科技创新，推动 6G 研发工作，2019 年 11 月 3 日，科技部会同发展改革委、教育部、工业和信息化部、中科院、自然科学基金委在北京组织召开 6G 技术研发工作启动会，标志着我国 6G 研发工作正式提上日程。6G 愿景相关文献[2-6]列出了 6G 的主要性能指标。总体而言，6G 的性能指标相比 5G 将提升 10～100 倍。

在 6G 中，网络与用户将被看作一个统一整体[7]。用户的智能需求将被进一步挖掘和实现，并以此为基准进行技术规划与演进布局。6G 的早期阶段将对 5G 进行扩展和深入，以人工智能（artificial intelligence，AI）、边缘计算和物联网（Internet of things，IoT）为基础，实现智能应用与网络的深度融合，实现虚拟现实（virtual reality，VR）、虚拟用户、智能网络等功能。进一步地，在人工智能理论、新兴材料和集成天线相关技术的驱动下，6G 的长期演进将产生新突破，甚至构建新世界。

放眼智能、通信与人类未来的相互关系，才能揭示 6G 的技术趋势。以色列历史学家尤瓦尔·赫拉利在《未来简史》[8]中预测了 AI 与人类之间关系的 3 个递进阶段：第一阶段，AI 是人类的超级助手（oracle），能够了解与掌握人类的一切心理与生理特征，为人类提出及时准确的生活与工作建议，但是接受建议的决定权在人类手中；第二阶段，AI 演变为人类的超级代理（agent），并从人类手中接管了部分决定权，它全权代表人类处理事务；第三阶段，AI 进一步演进为人类的君主（sovereign），成为人类的主人，而人类的一切行动则听从 AI 的安排。

　　基于上述预测，6G 应当遵循 AI 与人类关系的发展趋势，达到关系演进的第一阶段，即 oracle 阶段。文献[7]引入了 6G 新的服务对象——灵以及服务体系。6G 服务体系如图 1-1 所示，作为 oracle 阶段的重要实现基础，6G 承载的业务将进一步演化为真实世界和虚拟世界这两个体系。真实世界体系的业务后向兼容 5G 中的增强型移动宽带（enhanced mobile broadband，eMBB）、大规模机器类型通信（massive machine-type communication，mMTC）、超可靠低时延通信（ultra-reliable and low-latency communication，URLLC）等典型场景，实现真实世界万物互联的基本需求。虚拟世界的业务是对真实世界业务的延伸，与虚拟世界的各种需求相对应。

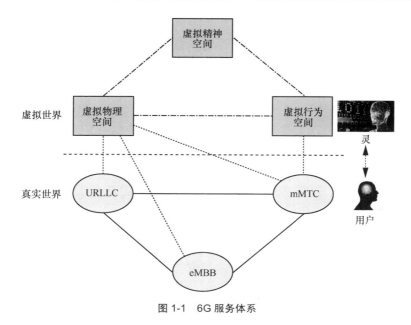

图 1-1　6G 服务体系

　　6G 不仅包含 5G 涉及的人、机、物这 3 类服务对象，还引入了第 4 类服务对象——灵（genie）。作为人类用户的智能代理，灵存在于 6G 服务体系，基于实时采集的大量数据和高效机器学习技术，存储和交互用户的所说、所见和所思，完成用户意图的获取以及决策的制定。

虚拟世界体系使人类用户的各种差异化需求得到了数字化抽象与表达，并建立每类用户的全方位立体化模拟。具体而言，虚拟世界体系包括 3 个空间：虚拟物理空间（virtual physical space，VPS）、虚拟行为空间（virtual behavior space，VBS）、虚拟精神空间（virtual spiritual space，VSS）。

VPS 基于 6G 典型场景的实时巨量数据传输，构建真实世界物理空间（如建筑物、道路、车辆、室内结构等）在虚拟世界的镜像，并为海量用户的智能代理（灵）提供信息交互的虚拟数字空间。

VBS 扩展了 5G 的 mMTC 场景。依靠 6G 人机接口与生物传感器网络，VBS 能够实时采集与监测人类用户的身体行为和生理机能，并向灵及时传输数据。灵基于对 VBS 提供的数据的分析结果，预测用户的健康状况，并给出及时有效的处理方案。VBS 的典型应用支撑了精准医疗的普遍实现。

VSS 的构建基于 VPS、VBS 与业务场景的海量信息交互与解析。由于语义信息论的发展以及差异需求感知能力的提升，灵能够获取用户的各种心理状态与精神需求。这些感知获取的需求不仅包括求职、社交等真实需求，还包括游戏、爱好等虚拟需求。基于 VSS 捕获的需求，灵为用户的健康生活与娱乐提供完备的建议和服务。例如，在 6G 支撑下，不同用户的灵通过信息交互与协作，可以对用户的职业规划进行精准分析，可以帮助用户构建、维护和发展更好的社交关系。

元宇宙（Metaverse）的概念最早来自美国科幻小说家 Neal Stephenson 的 *Snow crash* 一书[9]。该书描述了一个平行于现实世界的网络世界，现实世界中的每个人在 Metaverse 中都有一个网络分身。

20 世纪 90 年代初，我国著名科学家钱学森开始了解虚拟现实技术，他想到将其应用于人机结合和人脑开发，并为其取名为"灵境"。他认为，灵境技术的产生和发展将扩展人脑的感知和人机结合的体验，使人与计算机进入深度结合的时代。

6G 新的服务对象——灵[7]，以及真实世界与虚拟世界交互的概念，本质上就是元宇宙的具体体现。我们大胆预测，元宇宙也许会成为 6G 的重要业务形态！

1.2 无线传输技术展望

为了支持灵的语义感知与分析功能，6G 不仅要采集与传输数字信息，也要处理语义信息，这就要求必须突破经典信息论的局限，发展广义信息论，构建语义信息与语法信息的全面处理方案。这也是实现人机智能交互的理论基础。

生物多样性是自然界的普遍规律，需求差异性也是人类社会的普适定律。从 1G 到 5G 并没有充分满足人类用户的个性化需求，6G 则需要对人的主观体验进行定量建模与分析，满足差异性需求的信息处理与传输。为了实现人-机-物-灵协作应用场景，满足人类用户精神与物质的全方位需求，无线传输技术应当追求主观感受和客观技术性能两方面优化，同时满足低时延高可靠、大带宽高频谱效率、高密度大连接的性能要求。

6G 无线传输技术的发展体现在两方面。一方面，各个单项技术进一步增强，信道编码、多址接入、波形设计、空时信号处理等方向都有新的研究进展；另一方面，整个传输系统的性能优化也有新的观点与方法，例如，广义极化编码传输、融合 AI 与通信的智能信号处理、语义编码与传输技术等。因此，本书先分类介绍各个单项技术，然后介绍系统优化的观点、技术等。

1.3 本章小结

本章主要对 6G 无线传输技术的发展趋势进行归纳总结。首先，分析了 6G 的性能指标，并与 5G 进行对比分析；然后，对 6G 的应用场景进行了简要探讨，预测未来会出现新的服务对象——灵，构建人-机-物-灵智慧互联的应用场景；最后，简要归纳与总结了 6G 无线传输技术的发展方向。

参考文献

[1] AAZHANG B, AHOKANGAS P, ALVES H, et al. Key drivers and research challenges for

6G ubiquitous wireless intelligence (white paper)[R]. University of Oulu, 2019.

[2] DAVID K, BERNDT H. 6G vision and requirements: is there any need for beyond 5G? [J]. IEEE Vehicular Technology Magazine, 2018, 13(3): 72-80.

[3] SAAD W, BENNIS M, CHEN M Z. A vision of 6G wireless systems: applications, trends, technologies, and open research problems[J]. IEEE Network, 2020, 34(3): 134-142.

[4] BI Q. Ten trends in the cellular industry and an outlook on 6G[J]. IEEE Communications Magazine, 2019, 57(12): 31-36.

[5] ZHANG Z Q, XIAO Y, MA Z, et al. 6G wireless networks: vision, requirements, architecture, and key technologies[J]. IEEE Vehicular Technology Magazine, 2019, 14(3): 28-41.

[6] ITU. IMT vision—framework and overall objectives of the future development of IMT for 2020 and beyond: ITU-R M.2083-0[S]. 2015.

[7] 张平, 牛凯, 田辉, 等. 6G 移动通信技术展望[J]. 通信学报, 2019, 40(1): 141-148.

[8] 尤瓦尔·赫拉利. 未来简史[M]. 林俊宏, 译. 北京: 中信出版社, 2017.

[9] NEAL S. Snow crash[M]. New York: Bantam Books, 1992.

第 2 章

先进信道编码

本章主要介绍 6G 中两种代表性的信道编码——低密度奇偶校验（low density parity check，LDPC）码与极化码的基本原理。这两种编码是 5G 标准中引入的新型信道编码技术，6G 系统将继续以这两种编码为核心，支持低时延高可靠传输。本章介绍了 LDPC 码的原理，简述了极化码的编码构造、译码算法及差错性能，针对 6G 高可靠需求探讨了逼近有限码长容量限的极化码。

| 2.1　概述 |

信道编码技术是移动通信标准的核心技术，是移动通信技术的战略制高点。从 2G 到 4G 系统，信道编码技术都掌握在国外厂商手中，中国厂商受制于人，只能缴纳高昂的专利费用。

为了满足未来移动互联网业务流量增长 1000 倍的需求，采用新型的信道编码技术、提高频谱效率、逼近香农信道容量成为 5G 标准化的主流观点。信道编码技术在 5G 时代的变革为中国移动通信技术带来了新的历史机遇。极化码、Turbo 码与 LDPC 码成为 5G 信道编码标准的三大候选技术。

2018 年，第三代合作伙伴计划（3rd Generation Partnership Project，3GPP）标准化组织正式发布的第一版 5G 信道编码标准[1]中，数据信道采用了 LDPC 码，而控制信道采用了极化码。极化码的具体编码方式采用了本书作者提出的循环冗余校验（cyclic redundancy check，CRC）-Polar 级联码[2]与准均匀凿孔（quasi-uniform puncturing，QUP）技术[3]。

5G 信道编码标准的技术突破是极化码基础理论与应用技术研究相互促进的成果，标志着极化码从理论迈向应用的关键一步。我们欣喜地看到，作者的研究工作为 5G 极化码的标准化提供了理论基础，助力华为等中国企业在 5G 信道编码标准方面取得历史突破，打破了国外厂商在信道编码领域的技术垄断。

未来，6G 技术还会围绕这两种编码，继续深入研究与挖掘潜力，以支持高可靠低时延数据传输。

| 2.2　LDPC 码原理 |

LDPC 码是一种特定的线性分组码，1962 年由 Gallager[4]提出。LDPC 码与 Turbo 码具有类似的纠错能力，是一种可以逼近信道容量极限的码。遗憾的是，由于当时计算能力的限制，LDPC 码被忽略了 30 多年。值得一提的是，Tanner[5]提出的采用二分图（也称为 Tanner 图）模型表示 LDPC 码，成为 LDPC 码的标准表示工具。1999 年，英国卡文迪许实验室的 Mackay[6]重新发现 LDPC 码具有优越的纠错性能，从而掀起了 LDPC 码研究的新热潮。

2.2.1　基本概念

LDPC 码的特征是校验矩阵为稀疏矩阵，即 1 的个数很少，0 的个数很多。Gallager 最早设计的 LDPC 码是一种规则编码。给定码率 $R = \dfrac{1}{2}$，码长 $N = 10$ 的(3,6)规则 LDPC 码，其校验矩阵如式（2-1）所示。

$$H = \begin{matrix} & \begin{matrix} v_1 & v_2 & v_3 & v_4 & v_5 & v_6 & v_7 & v_8 & v_9 & v_{10} \end{matrix} & \\ & \begin{bmatrix} 1 & 1 & 1 & 1 & 0 & 1 & 1 & 0 & 0 & 0 \\ 0 & 0 & 1 & 1 & 1 & 1 & 1 & 1 & 0 & 0 \\ 0 & 1 & 0 & 1 & 0 & 1 & 0 & 1 & 1 & 1 \\ 1 & 0 & 1 & 0 & 1 & 0 & 0 & 1 & 1 & 1 \\ 1 & 1 & 0 & 0 & 1 & 0 & 1 & 0 & 1 & 1 \end{bmatrix} & \begin{matrix} c_1 \\ c_2 \\ c_3 \\ c_4 \\ c_5 \end{matrix} \end{matrix} \tag{2-1}$$

这里，校验矩阵 H 包含 5 行 10 列，每一行对应一个校验关系，称为校验节点，每一列对应一个编码比特，称为变量节点。(3,6)是指校验矩阵 H 的每一列含有 3 个 1，每一行含有 6 个 1，即列重为 3，行重为 6，行重与列重的分布相同，只是 1 的位置不同。只要码长充分长，则行重与列重显著小于码长 N 与信息位长度 K，因此 **H** 具有稀疏性。需要指出的是 LDPC 码构造具有随机性，只要在校验矩阵中随机分布的 1 的位置满足行重与列重要求即可，这样得到的是一组码字集合，而并非单个编码约束关系，并且，校验矩阵不严格要求满秩。

上述(3,6)规则 LDPC 码的校验矩阵可表示为 Tanner 图，如图 2-1 所示。

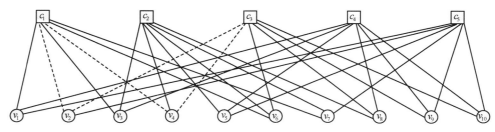

图 2-1　(3,6)规则 LDPC 码的 Tanner 图（$N = 10$）

图 2-1 中含有 10 个变量节点，分别对应校验矩阵的一列；含有 5 个校验节点，分别对应校验矩阵的一行。集合 $\mathcal{A}_i$ 表示第 i 个变量节点连接的校验节点集合，集合 $\mathcal{B}_j$ 表示第 j 个校验节点连接的变量节点集合。例如，$\mathcal{A}_1 = \{1,4,5\}$ 对应式（2-1）所示校验矩阵的第一列，$\mathcal{B}_2 = \{3,4,5,6,7,8\}$ 对应校验矩阵的第 2 行。

校验矩阵的行重对应变量节点的连边数，称为变量节点度分布；列重对应校验节点度分布。对比式（2-1）与图 2-1 的 Tanner 图，可以发现二者是一一对应的。Tanner 图中的环与式（2-1）中的 1 构成的连接关系完全对应。例如，图 2-1 中虚线构成了长度为 4 的环（$v_2 \rightarrow c_3 \rightarrow v_4 \rightarrow c_1 \rightarrow v_2$）对应式（2-1）中含有 4 个 1 的虚线环。

定义 2.1 Tanner 图中一条闭环路径的长度定义为环长，在所有闭环中，长度最小的环长称为 Tanner 图的围长。

一般地，对于 (N,K) 规则的 LDPC 码，行重与列重分别为 d_c 与 d_v，我们通常称这样的 LDPC 码为 (d_v, d_c) 码，它的行重与列重满足关系式（2-2）。

$$Nd_v = (N-K)d_c \qquad (2\text{-}2)$$

这样，对应的 Tanner 图可表示为 $\mathcal{G}(\mathcal{V}, \mathcal{C}, \mathcal{E})$，其中，$\mathcal{V}$ 是变量节点集合，节点

数满足 $|\mathcal{V}| = N$；$\mathcal{C}$ 是校验节点集合，节点数满足 $|\mathcal{C}| = N - K$；$\mathcal{E}$ 是边集合，边数满足 $|\mathcal{E}| = Nd_v = (N-K)d_c$。进一步地，$(d_v, d_c)$ 码的码率可表示为

$$R = \frac{K}{N} = 1 - \frac{d_v}{d_c} \tag{2-3}$$

上述概念可以进一步推广到不规则 LDPC 码，其中，d_c 为最大行重，d_v 为最大列重。

定义 2.2　Tanner 图的变量节点与校验节点的度分布生成函数为

$$\begin{cases} \lambda(x) = \sum_{i=2}^{d_v} \lambda_i x^{i-1} \\ \rho(x) = \sum_{i=2}^{d_c} \rho_i x^{i-1} \end{cases} \tag{2-4}$$

其中，λ_i 与 ρ_i 为度分布系数，表示度为 i 的节点连边数占总边数的比例。进一步地，可以定义变量节点与校验节点的度分布倒数的均值分别为

$$\int_0^1 \lambda(x)\mathrm{d}x = \sum_{i=2}^{d_v} \frac{\lambda_i}{i}$$

$$\int_0^1 \rho(x)\mathrm{d}x = \sum_{i=2}^{d_v} \frac{\rho_i}{i}$$

由于总边数相等，因此有

$$\frac{N}{\sum_{i=2}^{d_v} \frac{\lambda_i}{i}} = \frac{(N-K)}{\sum_{i=2}^{d_c} \frac{p_i}{i}} \tag{2-5}$$

由此，给定度分布 (λ, ρ)，非规则 LDPC 码的码率为

$$R(\lambda, \rho) = 1 - \frac{\int_0^1 \rho(x)\mathrm{d}x}{\int_0^1 \lambda(x)\mathrm{d}x} \tag{2-6}$$

本质上，LDPC 码的设计符合信道编码定理中随机编码的思想。Tanner 图中变量节点与校验节点之间的连接关系具有随机性，我们可以把度分布系数 λ_i 与 ρ_j 看作变量节点与校验节点连边的概率。因此，Tanner 图实际上是符合度分布要求的随机图，变量节点与校验节点之间的连边关系也可以看作一种交织操作。只要码长充分

长，Tanner 图的规模充分大，这种随机连接就可以反映随机编码特征，暗合了信道编码定理证明的假设：（1）码长无限长；（2）随机化编码。因此，LDPC 码与 Turbo 码在结构设计上，具有类似的伪随机编码特征。

2.2.2 置信传播译码算法

1. 算法原理

LDPC 码的译码一般采用迭代结构，其译码器结构如图 2-2 所示。LDPC 码译码器包括变量节点译码器与校验节点译码器，通过交织与解交织操作在两个译码器之间传递外信息，经过多次迭代后，变量节点译码器的输出进行判决，得到最终译码结果。

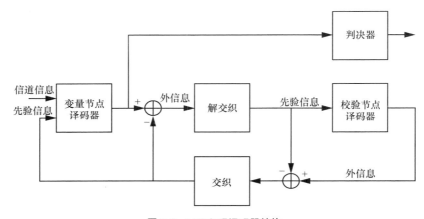

图 2-2　LDPC 码译码器结构

LDPC 码典型的译码算法是置信传播（belief propagation，BP）算法。BP 算法是在变量节点与校验节点之间传递外信息，经过多次迭代后算法收敛。它是一种典型的后验概率（a posteriori probability，APP）译码算法，经过充分迭代逼近最大后验（maximum a posteriori，MAP）译码性能。

给定二元离散无记忆对称信道（B-DMC）$W : \mathcal{X} \rightarrow \mathcal{Y}$，$\mathcal{X} = \{0,1\} \rightarrow \{\pm 1\}$，假设似然概率为 $p = P(y | x = 0)$，则信道软信息为

$$L(p) = \ln \frac{1-p}{p} \tag{2-7}$$

反解得到两个似然概率为

$$\begin{cases} p = \dfrac{1}{1+\mathrm{e}^{L(p)}} \\[3mm] 1-p = \dfrac{\mathrm{e}^{L(p)}}{1+\mathrm{e}^{L(p)}} \end{cases} \tag{2-8}$$

定理 2.1　比特软估计值为 $E(x) = \tanh\left(\dfrac{1}{2}\ln\dfrac{1-p}{p}\right)$，其中 $\tanh x = \dfrac{\mathrm{e}^x - \mathrm{e}^{-x}}{\mathrm{e}^x + \mathrm{e}^{-x}}$ 是双曲正切函数。

证明　由于采用二进制相移键控（binary phase-shift keying，BPSK）调制，因此信号的软估计值可以表示为

$$E(x) = -1 \times p + 1 \times (1-p) = 1 - 2p \tag{2-9}$$

将式（2-8）代入式（2-9），可得

$$E(x) = 1 - 2p = \frac{1 - \mathrm{e}^{-L(p)}}{1 + \mathrm{e}^{-L(p)}} = \frac{\mathrm{e}^{\frac{L(p)}{2}} - \mathrm{e}^{\frac{-L(p)}{2}}}{\mathrm{e}^{\frac{L(p)}{2}} + \mathrm{e}^{\frac{-L(p)}{2}}} =$$

$$\tanh \frac{L(p)}{2} =$$

$$\tanh\left(\frac{1}{2}\ln\frac{1-p}{p}\right) \tag{2-10}$$

证毕。

另外，利用双曲正切的反函数可得

$$\operatorname{arctanh} \frac{L(p)}{2} = \frac{1}{2}\ln\frac{1+\dfrac{L(p)}{2}}{1-\dfrac{L(p)}{2}} \tag{2-11}$$

下面分析校验节点向变量节点传递的外信息。令 $P_{j,i}^{\mathrm{ext}}$ 表示变量节点 i 取值为 1 时第 j 个校验方程满足约束的概率。显然，这个校验方程如果满足约束，则剩余的变量节点有奇数个比特取值为 1。因此，这个概率表示为

$$P_{j,i}^{\text{ext}} = \frac{1}{2} - \frac{1}{2} \prod_{i' \in B_j, i' \neq i} \left(1 - 2P_{j,i'}\right) \tag{2-12}$$

其中，$P_{j,i'}$ 表示变量节点 i' 取值为 1 时，校验节点 j 的估计概率。相应地，当变量节点 i 的取值为 0 时，满足校验节点 j 的约束的概率为 $1 - P_{j,i}^{\text{ext}}$。

设 $E_{j,i}$ 表示当变量节点 i 取值为 1 时从校验节点 j 到所连接的变量节点 i 传递的外信息，计算式为

$$E_{j,i} = L\left(P_{j,i}^{\text{ext}}\right) = \ln \frac{1 - P_{j,i}^{\text{ext}}}{P_{j,i}^{\text{ext}}} \tag{2-13}$$

将式（2-12）代入式（2-13）可得

$$E_{j,i} = \ln \frac{\frac{1}{2} + \frac{1}{2} \prod\limits_{i' \in B_j, i' \neq i} (1 - 2P_{j,i'})}{\frac{1}{2} - \frac{1}{2} \prod\limits_{i' \in B_j, i' \neq i} (1 - 2P_{j,i'})} = \ln \frac{1 + \prod\limits_{i' \in B_j, i' \neq i} \left(1 - 2\frac{e^{-M_{j,i'}}}{1 + e^{-M_{j,i'}}}\right)}{1 - \prod\limits_{i' \in B_j, i' \neq i} \left(1 - 2\frac{e^{-M_{j,i'}}}{1 + e^{-M_{j,i'}}}\right)} = \ln \frac{1 + \prod\limits_{i' \in B_j, i' \neq i} \frac{1 - e^{-M_{j,i'}}}{1 + e^{-M_{j,i'}}}}{1 - \prod\limits_{i' \in B_j, i' \neq i} \frac{1 - e^{-M_{j,i'}}}{1 + e^{-M_{j,i'}}}}$$

$$\tag{2-14}$$

其中，$M_{j,i'}$ 是变量节点 i' 向校验节点 j 传递的外信息，其定义为

$$M_{j,i'} = L(P_{j,i'}) = \ln \frac{1 - P_{j,i'}}{P_{j,i'}} \tag{2-15}$$

注意，式（2-14）的连乘中要去掉从变量节点 i 传来的外信息，这样可以避免自环。

根据定理 2.1 可得

$$E_{j,i} = \ln \frac{1 + \prod\limits_{i' \in B_j, i' \neq i} \tanh \frac{M_{j,i'}}{2}}{1 - \prod\limits_{i' \in B_j, i' \neq i} \tanh \frac{M_{j,i'}}{2}} \tag{2-16}$$

再利用式（2-11），外信息可以进一步变换为

$$E_{j,i} = 2\operatorname{arctanh} \prod_{i' \in B_j, i' \neq i} \tanh \frac{M_{j,i'}}{2} \tag{2-17}$$

或者得到等价变换形式，即

$$\tanh \frac{E_{j,i}}{2} = \prod_{i' \in B_j, i' \neq i} \tanh \frac{M_{j,i'}}{2} \qquad (2\text{-}18)$$

然后，分析变量节点向校验节点传递的外信息。假设各边信息相互独立，则从变量节点 i 向校验节点 j 发送的外信息可以表示为

$$M_{j,i} = \sum_{j' \in \mathcal{A}_i, j' \neq j} E_{j',i} + L_i \qquad (2\text{-}19)$$

其中，L_i 是信道接收的对数似然比（logarithm likelihood ratio，LLR）信息。需要注意的是，上述外信息计算中，需要去掉从校验节点 j 传来的外信息，这样不会产生自环，避免信息之间相关。

变量节点对应的比特 LLR 为

$$\varLambda_i = L_i + \sum_{j \in \mathcal{A}_i} E_{j,i} \qquad (2\text{-}20)$$

相应的判决准则为

$$c_i = \begin{cases} 0, \varLambda_i \geqslant 0 \\ 1, \varLambda_i < 0 \end{cases} \qquad (2\text{-}21)$$

注意，比特 LLR $\varLambda_i$ 需要将信道软信息与所有校验节点的外信息叠加。根据上述描述，BP 算法可以总结如下。

（1）根据式（2-7）计算信道软信息 L_i 序列，初始化变量节点到校验节点的外信息 $M_{j,i} = L_i$，并传递到校验节点。

（2）在校验节点处，根据式（2-17）计算校验节点到变量节点的外信息 $E_{j,i}$，并传递到变量节点。

（3）在变量节点处，根据式（2-19）计算变量节点到校验节点的外信息 $M_{j,i}$，并传递到校验节点。

（4）根据式（2-20）计算比特 LLR，并利用式（2-21）判决准则得到码字估计向量 $\hat{\boldsymbol{c}}$。

（5）如果迭代次数达到最大值 $I_{\max}$ 或者满足校验关系 $\boldsymbol{H}\hat{\boldsymbol{c}}^{\mathrm{T}} = \boldsymbol{0}^{\mathrm{T}}$，则终止迭代；否则，返回第（2）步。

BP 算法在变量节点的计算是累加所有的信道信息与外信息；而在校验节点的计

算则是将所有基于外信息得到的软估计值相乘，再求解反双曲正切函数。因此，BP 算法也称为和积算法。

BP 算法在校验节点处的计算式（2-17）可以简化。首先，将 $M_{j,i'}$ 分解为两项，即

$$M_{j,i'} = \alpha_{j,i'}\beta_{j,i'} = \text{sgn}\left(M_{j,i'}\right)\left|M_{j,i'}\right| \tag{2-22}$$

其中，$\text{sgn}(x)$ 是符号函数。利用这一分解，可以得到

$$\prod_{i'\in\mathcal{B}_j,i'\neq i}\tanh\frac{M_{j,i'}}{2} = \prod_{i'\in\mathcal{B}_j,i'\neq i}\alpha_{j,i'}\prod_{i'\in\mathcal{B}_j,i'\neq i}\tanh\frac{\beta_{j,i'}}{2} \tag{2-23}$$

这样，式（2-17）可以写为

$$E_{j,i} = \left(\prod_{i'\in\mathcal{B}_j,i'\neq i}\alpha_{j,i'}\right)2\text{arctanh}\prod_{i'\in\mathcal{B}_j,i'\neq i}\tanh\frac{\beta_{j,i'}}{2} \tag{2-24}$$

可以将式（2-24）中的连乘改写为求和，推导如下。

$$E_{j,i} = \left(\prod_{i'\in\mathcal{B}_j,i'\neq i}\alpha_{j,i'}\right)2\text{arctanh}\left(\ln^{-1}\left(\ln\left(\prod_{i'\in\mathcal{B}_j,i'\neq i}\tanh\frac{\beta_{j,i'}}{2}\right)\right)\right) =$$
$$\left(\prod_{i'\in\mathcal{B}_j,i'\neq i}\alpha_{j,i'}\right)2\text{arctanh}\left(\ln^{-1}\left(\sum_{i'\in\mathcal{B}_j,i'\neq i}\left(\ln\left(\tanh\frac{\beta_{j,i'}}{2}\right)\right)\right)\right) \tag{2-25}$$

定义函数

$$\theta(x) = -\ln\left(\tanh\frac{x}{2}\right) = \ln\frac{\text{e}^x+1}{\text{e}^x-1} \tag{2-26}$$

由于该函数满足 $\theta(\theta(x)) = \ln\frac{\text{e}^{\theta(x)}+1}{\text{e}^{\theta(x)}-1} = x$，因此可知 $\theta(x) = \theta^{-1}(x)$。代入式（2-25），可得

$$E_{j,i} = \left(\prod_{i'\in\mathcal{B}_j,i'\neq i}\alpha_{j,i'}\right)\theta\left(\sum_{i'\in\mathcal{B}_j,i'\neq i}\theta(\beta_{j,i'})\right) \tag{2-27}$$

这样，符号连乘可以用每个变量节点到校验节点的外信息 $M_{j,i'}$ 的硬判决模 2 加得到，而函数 $\theta(x)$ 可以查表得到。

上述校验节点外信息计算式还可以进一步简化。考虑到最小项决定了乘积结果，因此式（2-27）可近似为

$$E_{j,i} \approx \prod_{i' \in B_j, i' \neq i} \text{sgn}\left(M_{j,i'}\right) \min_{i'} \left|M_{j,i'}\right| \tag{2-28}$$

这种算法在变量节点涉及求和运算，在校验节点只涉及最小化运算，因此被称为最小和（minimum sum，MS）算法。与标准 BP 算法相比，最小和算法性能稍有损失，但外信息计算得到了大幅简化。

对于 BP 算法或 MS 算法，由于外信息都是沿变量节点与校验节点的连边传递，因此，单次迭代的计算量为

$$\chi_{\text{BP/MS}} \approx \frac{N}{\left(\int_0^1 \lambda(x)\mathrm{d}x\right)^2} + \frac{(N-K)}{\left(\int_0^1 \rho(x)\mathrm{d}x\right)^2} \tag{2-29}$$

一般地，LDPC 码的平均度分布为 $\overline{d}_c = \overline{d}_v \approx \log_2 N$，则 BP 算法的计算复杂度为 $O(I_{\max} N \log_2 N)$。

BP 算法和 MS 算法是软信息译码算法，如果只考虑硬判决信息，可以进一步简化为比特翻转算法。这时算法复杂度更低，但性能损失较大。

2. 消息传递机制

从实用化角度来看，BP 算法的消息传递机制非常重要。一般而言，BP 算法的消息传递机制可分为 4 种，简述如下。

（1）全串行译码

全串行译码是标准的 BP 译码，在一次迭代过程中，变量节点按顺序启动，等所有外信息都计算完成后，再按照连边顺序在校验节点按顺序计算相应外信息。基于这种方法的硬件译码器只需要一个计算单元就能够完成译码，但需要存储所有外信息，空间资源消耗大。

（2）全并行译码

全并行译码也称为洪泛调度，需要采用硬件电路实现全部的计算单元，这样每个变量节点、校验节点都可以单独启动，快速计算与传递外信息。这种译码器结构能够获得最高的吞吐量，但硬件资源开销大，并且码长很长时，Tanner 图连边非常多，芯片内部单元间的布局非常复杂。

（3）部分并行译码

部分并行译码是全串行译码和全并行译码的折中，采用硬件电路实现一组译码

单元，每次迭代时，同时读取一组变量节点与校验节点信息，并行运算并相互传递外信息。这种机制能够达到译码性能与吞吐量、硬件资源开销的较好折中，是 LDPC 码译码器常用的消息传递机制。

（4）洗牌译码

LDPC 码的洗牌译码方案[7]与 Turbo 码类似，它的基本思想是校验节点尽早利用变量节点更新后的外信息计算输出信息。令 $M_{j,i'}^{(l)}$、$M_{j,i'}^{(l-1)}$ 分别表示第 l 次与第 $l-1$ 次迭代变量节点向校验节点传递的外信息，$E_{j,i}^{(l)}$ 表示第 l 次迭代校验节点向变量节点传递的外信息。则校验节点外信息计算式修正为

$$E_{j,i}^{(l)} = 2\mathrm{arctanh}\left(\prod_{i'\in B_j, i'<i} \tanh\frac{M_{j,i'}^{(l)}}{2} \prod_{i'\in B_j, i'>i} \tanh\frac{M_{j,i'}^{(l-1)}}{2} \right) \tag{2-30}$$

显然，式（2-30）中，变量节点向校验节点传递的外信息按序号分为了两组，即 $i' < i$ 与 $i' > i$。前者外信息已经更新，因此采用第 l 次迭代结果；而后者由于外信息还未更新，因此采用前一次，即第 $l-1$ 次迭代的结果。由于用到了最新的外信息计算结果，这种机制可以与前 3 种机制组合，加速译码收敛。

2.2.3 密度进化与高斯近似算法

密度进化（density evolution，DE）的基本思想是由 Gallager[4]提出的。Richardson 等[8-9]和 Chung 等[10]最早利用密度进化分析 LDPC 码采用 BP 算法的渐近行为。他们的研究表明，对于许多重要的信道，例如加性白高斯噪声（additive white Gaussian noise，AWGN）信道，当码长无限长时，针对随机构造的 LDPC 码集合，可以用 DE 算法计算出无差错译码的门限值。因此，DE 算法能够比较与分析 LDPC 码的渐近性能，是一种重要的理论分析工具。

1. 密度进化

所谓密度进化，就是在 Tanner 图上计算与跟踪 LLR 的概率密度函数（probability density function，PDF）。假设信道 LLR 的概率密度函数为 $p(L)$；第 l 次迭代，变量节点到校验节点外信息的 PDF 为 $p(M_l)$，校验节点到变量节点外信息的 PDF 为 $p(E_l)$。随着迭代次数的增加，外信息的 PDF 会演化。

DE 成立的两个独立性假设如下。

（1）信道无记忆，这个假设是指各个接收信号相互独立，因此互不相关。

（2）Tanner 图不存在长为 2l 或更短的环，这样保证了各节点传递的外信息相互独立。

首先，观察(3,6)规则 LDPC 码的 BP 译码过程。以某个检验节点为根节点构成的消息传递树如图 2-3 所示。

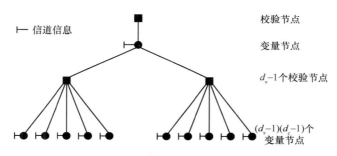

图 2-3　(3,6)规则 LDPC 码的 BP 译码消息传递树

如图 2-3 所示，在一次迭代中，作为根节点的校验节点向连接到它的某个变量节点传递信息，这个变量节点接收到两路校验节点信息以及信道信息后生成外信息，传递到与之相连的下一层的 $d_v - 1 = 2$ 个校验节点。而这两个校验节点又可以进一步扩展 $d_c - 1 = 5$ 个变量节点。这样经过两次迭代，根节点的信息传递到了 $(d_v - 1)(d_c - 1) = 2 \times 5 = 10$ 个变量节点。注意，在变量节点处的计算还需要考虑信道信息。

一般地，对于 (d_v, d_c) 规则 LDPC 码，BP 算法的迭代计算式为

$$\begin{cases} M_{j,i} = \sum_{j'=1}^{d_v-1} E_{j',i} + L_i \\ E_{j,i} = \left(\prod_{i'=1}^{d_c-1} \alpha_{j,i'} \right) \theta \left(\sum_{i'=1}^{d_c-1} \theta \left(\beta_{j,i'} \right) \right) \end{cases} \tag{2-31}$$

对于变量节点向校验节点传递的消息，由于各消息相互独立，因此外信息的 PDF 是各个消息 PDF 的卷积，表示为

$$p(M_l) = p(L) * p(E_l)^{*(d_v - 1)} \tag{2-32}$$

其中，＊表示卷积运算。由于式（2-32）涉及 d_v-1 个卷积运算，复杂度较高，通常用快速傅里叶变换（fast Fourier transform，FFT）代替，从而降低计算复杂度。

类似地，根据式（2-31），校验节点向变量节点传递的消息可以分解为两部分，即

$$\tilde{E}_{j,i} = \left(\text{sgn}(E_{j,i}), \ln\left|\tanh\frac{E_{j,i}}{2}\right| \right) = \sum_{i'=1}^{d_c-1} \left(\alpha_{j,i'}, \ln\left|\tanh\frac{M_{j,i'}}{2}\right| \right) = \tilde{M}_{j,i'} \quad (2\text{-}33)$$

其中，$\text{sgn}(E_{j,i}) = \sum_{i'=1}^{d_c-1} \alpha_{j,i'}$ 是模 2 加运算，而 $\ln\left|\tanh\frac{E_{j,i}}{2}\right| = \sum_{i'=1}^{d_c-1} \ln\left|\tanh\frac{M_{j,i'}}{2}\right|$ 是普通的代数求和运算。由于各个变量节点输入的外信息相互独立，因此 $\tilde{E}_{j,i}$ 的概率密度函数表示为

$$p(\tilde{E}_l) = p(\tilde{M}_l)^{*(d_c-1)} \quad (2\text{-}34)$$

上述计算涉及 d_c-1 个卷积运算，也可用 FFT 代替。

最终，译码比特 LLR 的 PDF 可表示为

$$p(\Lambda_l) = p(L) * p(E_l)^{d_v} \quad (2\text{-}35)$$

上述规则 LDPC 码的 PDF 计算可以进一步推广到非规则 LDPC 码。此时变量与校验节点信息的 PDF 计算式为

$$\begin{cases} p(M_l) = p(L) * \sum_{i=2}^{d_c-1} \lambda_i p(E_l)^{*(i-1)} \\ p(\tilde{E}_l) = \sum_{i=2}^{d_c-1} \rho_i p(\tilde{M}_l)^{*(i-1)} \\ p(\Lambda_l) = p(L) * \sum_{i=2}^{d_v} \lambda_i p(E_l)^{*i} \end{cases} \quad (2\text{-}36)$$

由此，DE 算法过程可以简述如下。给定一组度分布 $(\lambda(x), \rho(x))$，针对 B-DMC，利用信道对称性条件 $p(L|x=-1) = p(-L|x=1)$，假设发送全零码字，给定信道条件，例如二进制输入加性白高斯噪声（binary input additive white Gaussian noise，BI-AWGN）信道的均方根噪声 σ，反复进行式（2-27）的概率密度函数迭代运算。当迭代次数充分大时，比特 LLR $\Lambda < 0$ 对应的概率就是译码的差错概率，即 $P_e = \lim_{l\to\infty} P(\Lambda_l < 0)$。

信噪比（signal-to-noise ratio，SNR）为 $\dfrac{E_\mathrm{b}}{N_0}=1.12\,\mathrm{dB}$ ，BI-AWGN 信道下，(3,6) 规则 LDPC 码 $p(M_l)$ 与 $p(E_l)$ 演化结果分别如图 2-4 和图 2-5 所示。

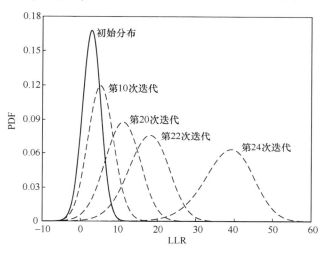

图 2-4　(3,6)规则 LDPC 码 $p(M_l)$ 演化结果

由图 2-4 可知，初始分布 $p(L)$ 为高斯分布，随着迭代次数增加， $p(M_l)$ 仍然为高斯分布，并且 LLR 均值逐渐增大，其小于 0 的拖尾逐步减少，直至趋于 0。

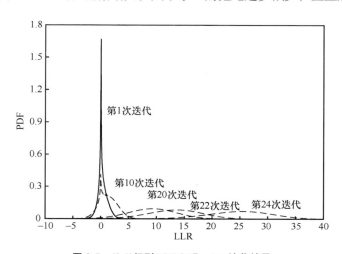

图 2-5　(3,6)规则 LDPC 码 $p(E_l)$ 演化结果

由图 2-5 可知，在迭代早期，例如第 1 次迭代，$p(E_l)$ 并不是高斯分布，但随着迭代次数增大，函数形状越来越接近高斯分布，并且随着 LLR 均值逐渐增大，小于 0 的拖尾趋于消失。

利用密度进化算法，我们可以针对特定度分布计算其译码无差错的噪声门限。

定义 2.3 对于 BI-AWGN，噪声门限定义为

$$\sigma^* = \sup\left\{\sigma \,\middle|\, \lim_{l\to\infty} P_e(\sigma) = 0\right\} \tag{2-37}$$

仍然以 (3,6) 规则 LDPC 码为例，在 BI-AWGN 信道下，不同信噪比的误码率（bit error ratio，BER）性能如图 2-6 所示。当 $\dfrac{E_b}{N_0} = 1.10\,\text{dB}$（$\sigma = 0.881$）时，随着迭代次数的增加，误码率不收敛；而当 $\dfrac{E_b}{N_0} = 1.12\,\text{dB}$（$\sigma = 0.879$）时，迭代次数超过 100 后，误码率已经趋于 0。由此可见，噪声门限必然满足 $0.879 < \sigma^* < 0.881$。我们可以通过 DE 算法确定其精确值为 $\sigma^* = 0.88$（$\dfrac{E_b}{N_0} = 1.11\,\text{dB}$）。

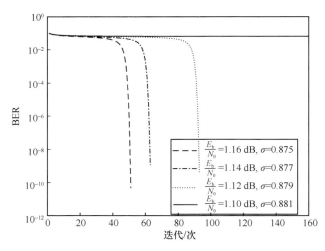

图 2-6 (3,6) 规则 LDPC 码不同信噪比的 BER 性能

码率 $R = \dfrac{1}{2}$，反解 BI-AWGN 信道容量，可以得到极限信噪比 $\dfrac{E_b}{N_0} = 0.187\,1\,\text{dB}$，

相应的噪声门限 $\sigma^* = 0.978\,69$。由此可知，(3,6)规则 LDPC 码的噪声门限与信道容量极限还有很大差距。这种码性能受限的关键原因是度分布过于规则，为了逼近信道容量极限，需要对变量节点、校验节点的度分布进行优化，设计高度不规则的 LDPC 码。研究者借助密度进化工具，采用差分演化或迭代线性规划算法，得到了高性能的度分布。其中最著名的是 Chung 等[10]基于 DE 算法得到的优化分布，如式（2-38）所示，其变量节点度分布为 2～8 000，具有高度不规则性。

$$\lambda(x) = 0.096\,294x + 0.095\,393x^2 + 0.033\,599x^5 + 0.091\,918x^6 +$$
$$0.031\,642x^{14} + 0.086\,563x^{19} + 0.093\,896x^{49} + 0.006\,035x^{69} +$$
$$0.018\,375x^{99} + 0.086\,919x^{149} + 0.089\,018x^{399} + 0.057\,176x^{899} +$$
$$0.085\,816x^{1\,999} + 0.006\,163x^{2\,999} + 0.003\,028x^{59\,999} + 0.118\,165x^{7\,999} \qquad (2\text{-}38)$$

上述分布对应的信噪比 $\dfrac{E_b}{N_0} = 0.191\,6\ \text{dB}$，噪声门限 $\sigma^* = 0.978\,186\,9$，与信道容量极限的差距为 0.004 5 dB。

需要注意的是，上述分析的是码长与迭代次数趋于无穷大的极限信噪比，即 $N \to \infty$，$l \to \infty$。从渐近性能来看，即使码长无限长、迭代次数无限大，这种不规则 LDPC 码仍与信道容量极限有 0.004 5 dB 的差距，因此这种不规则 LDPC 码只能逼近 BI-AWGN 信道的容量极限，但严格意义上讲是容量不可达的。从有限码长性能来看，Chung 等[10]构造了最大度为 100 与 200 的不规则 LDPC 码，码长 $N = 10^7$，迭代 2 000 次，误比特率为 10^{-6}，距离香农限约 0.04 dB，远未达到信道容量极限。

尽管如此，基于 DE 算法构造渐近性能优越的度分布为设计逼近信道容量极限的 LDPC 码提供了完整的理论框架。沿着这一思路，人们构造了众多的高性能的 LDPC 码。

2. 高斯近似

密度进化是一个良好的理论工具，能够精确分析给定度分布的渐近性能，但其计算结果的准确性依赖于 LLR 分布的量化精度。一般而言，只有高量化精度才能获得准确的门限值估计，但即使采用 FFT，计算复杂度仍然巨大。

作为一种替代分析工具，高斯近似（Gaussian approximation，GA）[11]虽然牺牲了一些准确性，但显著降低了计算复杂度。高斯近似假设变量节点与校验节点的外信息近似服从高斯分布，因此这些信息的方差是均值的一半，它们的概率密度函数完全由均值决定。这样我们只要在迭代过程中跟踪外信息的均值，就能够预测渐近性能。

对于 (d_v, d_c) 规则的 LDPC 码，假设变量节点 v 与校验节点 u 消息的均值分别为 m_v 与 m_u，则第 l 次迭代变量节点消息的均值递推式为

$$m_v^{(l)} = m_{u_0} + (d_v - 1) m_u^{(l-1)} \tag{2-39}$$

其中，第 0 次迭代（即初始分布）对应的校验节点消息均值为 0，即 $m_u^{(0)} = 0$。

而校验节点消息的均值递推式为

$$m_u^{(l)} = \phi^{-1}\left(1 - \left(1 - \phi\left(m_{u_0} + (d_v - 1)m_u^{(l-1)}\right)\right)^{d_c - 1}\right) \tag{2-40}$$

其中，函数 $\phi(x)$ 定义为

$$\phi(x) = \begin{cases} 1 - \dfrac{1}{\sqrt{4\pi x}} \displaystyle\int_{-\infty}^{\infty} \tanh\left(\dfrac{u}{2}\right) e^{-\frac{(u-x)^2}{4x}} \mathrm{d}u, & x > 0 \\ 1, & x = 0 \end{cases} \tag{2-41}$$

在实际应用中，函数 $\phi(x)$ 涉及复杂的数值积分，一般采用两段近似公式，即

$$\phi(x) = \begin{cases} e^{-0.4527 x^{0.86} + 0.0218}, & 0 < x < 10 \\ \sqrt{\dfrac{\pi}{x}} e^{-\frac{x}{4}}\left(1 - \dfrac{10}{7x}\right), & x \geqslant 10 \end{cases} \tag{2-42}$$

对于度分布为 $(\lambda(x), \rho(x))$ 的非规则 LDPC 码，其变量节点消息的递推式为

$$m_v^{(l)} = \sum_{i=2}^{d_v - 1} \lambda_i \left(m_{u_0} + (i-1)m_{u,i}^{(l-1)}\right) \tag{2-43}$$

而校验节点消息的递推式为

$$m_u^{(l)} = \sum_{j=2}^{d_c - 1} \rho_j \phi^{-1}\left(1 - \left(1 - \sum_{i=2}^{d_v - 1} \lambda_i \phi\left(m_{u_0} + (i-1)m_u^{(l-1)}\right)\right)^{j-1}\right) \tag{2-44}$$

综上所述，密度进化与高斯近似是两种分析迭代译码渐近性能的理论工具，不仅可以用于 LDPC 码的性能分析与优化设计，也可用于 Turbo 码的性能分析与设计。

2.2.4　LDPC 码差错性能

影响 LDPC 码性能的两个重要参数是最小汉明距离 d_{min} 与最小停止集/陷阱集。理论上，LDPC 码的最佳译码算法是最大似然（maximum likelihood，ML）算法，此时性能主要由 d_{min} 与相应的距离谱决定。对于不存在环长为 4 的 LDPC 码校验矩阵，假设最小列重为 w_{min}，则这个码的最小汉明距离满足如下不等式。

$$d_{min} \geqslant w_{min} + 1 \tag{2-45}$$

由于 ML 算法复杂度太高，LDPC 码更常用的译码算法是和积算法，在二进制删除信道（binary erasure channel，BEC）下，和积算法退化为硬判决消息传递算法（message passing algorithm，MPA）；在一般的 B-DMC 中，和积算法就是 BP 算法。对于前者，决定迭代终止的是停止集，对于后者，影响性能的主要是陷阱集。

停止集是变量节点的子集，在该集合中的变量节点的相邻校验节点连接到该集合至少两次。停止集的大小称为停止集规模。BEC 下采用迭代译码算法，最小停止集限制决定了 LDPC 码的性能。

图 2-7 给出了一个停止集示例，其中，$\{v_1, v_3, v_4\}$ 构成了一个停止集。如果这 3 个节点对应的比特都被删除，则迭代译码将终止，无法判决其中的任意一个比特。这就是停止集得名的由来。

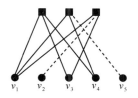

图 2-7　停止集示例

图 2-8 与图 2-9 分别给出了 AWGN 信道下，采用(3,6)规则 LDPC 码与 5G NR 标准中的 LDPC 码，码长分别为 $N = 1\,008$ 与 $N = 4\,000$，码率 R 分别为 $\frac{1}{3}$、$\frac{1}{2}$、$\frac{2}{3}$ 时的块差错率（block error rate，BLER）性能仿真结果，最大迭代次数为 50 次。

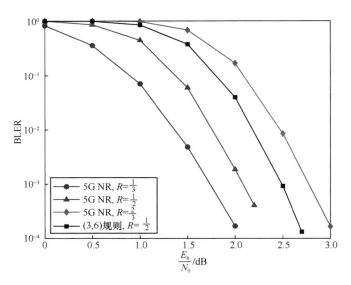

图 2-8　N=1 008 时不同码率 LDPC 码的 BLER 性能

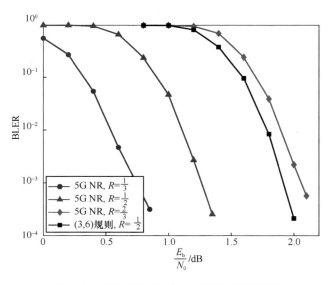

图 2-9　N=4 000 时不同码率 LDPC 码的 BLER 性能

由图 2-8 可以看出，N=1 008、BLER=10^{-3} 时，同等条件下，5G NR LDPC 码与 (3, 6)规则 LDPC 码相比大约有 0.4 dB 的编码增益。类似地，由图 2-9 可以看出，

N=4 000、BLER=10^{-3} 时，同等条件下，5G NR LDPC 码与(3, 6)规则 LDPC 码相比大约有 0.64 dB 的编码增益。

2.2.5　LDPC 码构造

如前文所述，LDPC 码的性能由其 Tanner 图结构决定。理论上，只要码长充分长（例如 N=10^7），随机构造的 LDPC 码都是好码。但考虑到实用化，一般编码的码长小于 10^4，此时需要考虑 Tanner 图与编码结构对性能的影响。

通常，较小的环长会导致变量节点、校验节点交互的消息很快出现相关性，从而限制纠错性能。一般而言，LDPC 码的构造要求消除长度为 2 与 4 的环，也就是说，Tanner 图的围长至少为 6。但从另一方面来看，Tanner 图上的环长、围长的值也并非越大越好。理论上，只有无环图才是严格的 MAP 译码，如果图上存在环，则和积算法是 APP 译码算法，只是 MAP 译码的近似。由于受到最小汉明距离的限制，严格无环图的性能很差。因此，增大环长或围长并非 LDPC 码设计的唯一优化目标，需要综合考虑 Tanner 图结构与编码结构参数进行优选。

LDPC 码主流的构造与编码方法如图 2-10 所示。LDPC 码的编码方法根据结构特点可分为 5 类，分别简述如下。

1. 伪随机构造

从实际应用来看，这一类 LDPC 码构造大多是考虑去除某些限制条件的伪随机编码，例如去掉长度为 4 的环。在 Gallager[4]的原始研究中，(3,6)规则 LDPC 码的构造就是一种伪随机构造。他将校验矩阵的行等分为多段，通过在不同段中随机排列 1 的位置实现伪随机构造。MacKay 与 Neal[6]构造的基本思路是按列重随机选择列进行叠加，观察行重是否满足度分布要求，通过反复迭代操作最终实现构造，这种构造能够消除长度为 4 的环。

比特填充构造[12]是指在 Tanner 图每次添加变量节点时，要检查新增连边是否构成特定长度（例如 4）的环，通过避免短环出现，得到增大围长的 Tanner 图结构。

渐近边增长（progressive edge growth，PEG）算法[13]是比特填充构造的对偶方法。其基本思想是每次在 Tanner 图上添加新边时，都选择最大化本地围长的变量节点，这样能够保证围长充分大。

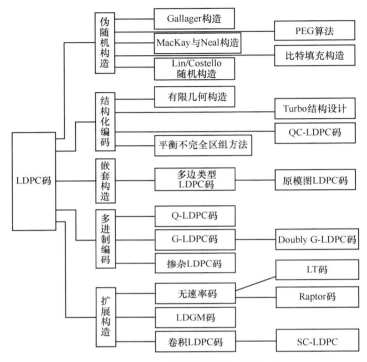

图 2-10　LDPC 码主流的构造与编码方法

　　上述方法都是从不同角度随机构造 Tanner 图或相应的校验矩阵 $\boldsymbol{H}$。但是 LDPC 码的编码需要使用生成矩阵 $\boldsymbol{G}$。我们可以采用高斯消元法得到生成矩阵 $\boldsymbol{G}$，但由于这种结构的生成矩阵往往不稀疏，因此 LDPC 码的编码复杂度是 $O(N^2)$。为了降低编码复杂度，Richardson 与 Urbanke[14]证明了如果校验矩阵为近似下三角矩阵形式，则编码复杂度为 $O(N+g^2)$，其中，g 是校验矩阵与下三角矩阵之间的归一化距离，对于很多编码 $g \ll 1$。

　　2．**结构化编码**

　　伪随机构造编码能达到较好的纠错性能，但一般编译码复杂度较高。与之相反，结构化编码也称确定性编码，编译码复杂度更具有优势。结构化编码的一类主要思路是采用几何设计或组合设计。其中，几何设计的代表性方法是文献[15]提出的有限几何构造；组合设计有很多方法，包括平衡不完全区组方法[16]、Kirkman 系统设计[17]以及正交拉丁方设计[18]等。这些方法都需要用到几何或组合理论，具有良好的数学分析基础。

结构化编码的另一类思路是采用线性结构设计，代表性方法包括 Lu 等[19]提出的 Turbo 结构设计与 Fossorier[20]提出的准循环（QC）-LDPC 码。由于利用了线性编码特征，这两种方法的编码比较简单规整。

3. 嵌套构造

伪随机构造是在整个 Tanner 图上进行设计，另一种设计思路是将 Tanner 图上的边分类，首先优化子图，然后扩展到全图。由于全图与子图具有嵌套结构，因此被称为嵌套构造。

这种构造的代表是 Richardson 等[21]提出的多边类型 LDPC 码，其中一个重要的子类就是原模图（protograph）LDPC 码。Thorpe[22]提出了原模图的概念。Divsalar 等[23]设计的 AR3A 与 AR4JA 码是两种代表性的原模图码，它们具有线性编码复杂度与快速译码算法，能够逼近信道容量极限，被应用在美国深空探测标准中。5G NR 移动通信标准中也采用了基于原模图的 LDPC 码编码方案。

图 2-11 给出了原模图构造示例。图 2-11（a）所示为一个原模图，与普通的 Tanner 图不同，原模图中允许存在重边。该原模图有 4 个变量节点、3 个校验节点和 9 条边，由于有重边，因此图 2-11（a）所示的原模图对应 8 种不同类型的边。其对应的基础矩阵如下。

$$\boldsymbol{B} = \begin{bmatrix} 1 & 1 & 1 & 2 \\ 1 & 1 & 0 & 0 \\ 1 & 0 & 1 & 0 \end{bmatrix} \tag{2-46}$$

图 2-11（b）给出了两次拷贝示意，经过同类型边之间的重排，可以得到图 2-11（c）所示的导出图。

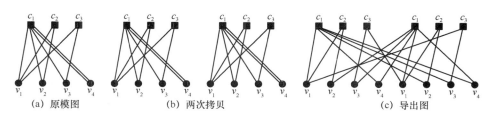

(a) 原模图　　　　　　　　(b) 两次拷贝　　　　　　　　(c) 导出图

图 2-11　原模图构造示例

一般地，假设原模图有 M_P 个校验节点、N_P 个变量节点，经过 z 次拷贝与边重排操作得到的全图称为导出图，其规模为 $M \times N = zM_P \times zN_P$。这种"拷贝重排"操作称为自举，操作次数 z 称为自举因子。原模图的性能不能直接应用外部信息传递（extrinsic information transfer，EXIT）图分析，需要采用修正的原模图外部信息传递（protograph extrinsic information transfer，PEXIT）图分析[24]。导出图中的边连接优化可以用 PEG 算法得到。

4. 多进制编码

上述讨论的 LDPC 码都是二进制编码。Davey 与 MacKay[25]提出了基于有限域的多进制 LDPC 码，称为 Q-LDPC 码。由于引入了有限域的额外编码约束，相对于二进制编码而言，Q-LDPC 码能够获得更好的纠错能力。但这种编码的最大问题是译码复杂度较高，限制了其工程应用。

另外一类多进制编码是广义构造，称为 G-LDPC 码，由 Lentmaier 与 Zigangirov[26]提出。G-LDPC 码将传统 LDPC 码中简单校验的校验节点替换为经典的线性分组码校验，例如，采用 Hamming 码、BCH 码或 RS 码作为校验节点。进一步，Liva 等[27]考虑了不规则 G-LDPC 码，由于 Tanner 图上存在强纠错节点，其被称为掺杂 LDPC 码。

5. 扩展构造

近年来，人们扩展 LDPC 码设计思想，针对具体应用构造新型编码。其中，代表性的编码是低密度生成矩阵（low density generative matrix，LDGM）码、无速率（rateless）码与空间耦合 LDPC（spatial coupling-LDPC，SC-LDPC）码，下面分别介绍其基本思想与性质。

（1）LDGM 码

Cheng 与 McEliece[28]提出了 LDGM 码的设计思想。一般而言，LDPC 码的校验矩阵是低密度的，生成矩阵是高密度的，而 LDGM 码的设计利用了对偶性，它是一种系统码，生成矩阵是稀疏的，校验矩阵是稠密的。因此，LDGM 码主要应用于高码率场景，它具有线性的编译码复杂度。

早期研究表明，由于最小汉明距离较小，LDGM 码是渐近坏码，有显著的错误平台现象。但如果将两个 LDGM 码进行串行级联，或者将 LDGM 码与其他 LDPC

码级联，则可以显著降低错误平台。

由于 LDGM 码编码简单，可以应用于信源压缩与编码，也可以与星座调制联合设计，或者应用于多输入多输出（multiple-input multiple-output，MIMO）传输，逼近高频谱效率下的信道容量极限。

（2）无速率码

无速率码最早来源于纠删应用。在固定/无线互联网中，由于某种原因（拥塞或差错），介质访问控制（medium access control，MAC）层会产生丢包，但丢包数量并不固定。固定编码码率进行纠删时，如果码率高于删余率，则纠删能力较差；如果码率低于删余率，则冗余较大。总之，由于实际系统中删余率无法先验确知或者存在动态变化，因此固定的码率无法匹配。

Luby[29]提出的 Luby 变换（Luby transform，LT）码是一种是实用化的无速率码。它是一种数据包编码，主要用于 MAC 层或应用层数据传输。也有人称其为喷泉（fountain）码，即将每个编码数据包比喻为一滴水，根据传输条件动态变化，接收机收到不同的水量（数据包），就可以开始纠删译码，因此其码率不固定。

理论上可以证明，当码长趋于无限长时，LT 码能够达到 BEC 的信道容量，它是一种容量可达的构造性编码。但已有研究表明，码长有限时，LT 码具有显著的错误平台现象。为了降低错误平台，Shokrollahi[30]提出了 Raptor 码，这种编码使用一个高码率的 LDPC 码作为外码，级联 LT 码，获得了显著的性能提升。Raptor 码已经应用于 3G 的应用层编码标准中。

（3）空间耦合 LDPC 码

空间耦合 LDPC 码借鉴卷积编码结构。Jimenez 与 Zigangirov[31]最早提出了卷积 LDPC 码。它的基本思想是将基本校验矩阵作为移位寄存器的抽头系数，设计卷积型的编码结构，从而获得周期性时变的编码序列。

Kudekar 等[32]认识到卷积在各个码段之间引入了编码约束关系，产生了"空间耦合"效应。他们证明，即使采用规则的(3,6)码约束，只要引入适当的空间耦合关系，当编码长度趋于无穷时，密度进化的译码门限将趋于 BEC 的信道容量的门限值。这意味着，空间耦合 LDPC 码也是一种能够达到 BEC 的信道容量的构造性编码。研究者发现，空间耦合 LDPC 码对于一般的 B-DMC 都是渐近容量可达的，这是一个

LDPC 编码理论的重大突破，经过多年的研究，人们终于发现了可以达到信道容量极限的 LDPC 码。空间耦合 LDPC 码掀起了 LDPC 码新的研究热潮，尤其是有限码长下的高性能编译码算法是学术界关注的重点。

2.2.6　LDPC 码设计准则

LDPC 码的设计理论众多，众多学者提出了各种设计理论与方法。我们可以依据码长不同，分两种情况探讨。

对于超长码长，例如 $N = 10^6 \sim 10^7$，则伪随机构造（例如 MacKay 与 Neal 构造）的 LDPC 码具有优越的性能，能够逼近信道容量极限。但这种方法得到的校验矩阵 0/1 分布规律，难以存储与实现。

对于短码长到中等码长，例如 $N = 10^2 \sim 10^4$，则代数构造、嵌套构造比伪随机构造性能更优，并且前两者的编译码算法复杂度较低，有利于工程实现。

总之，LDPC 码的设计需要考虑多种参数与因素，其设计准则归纳如下。

（1）环长与围长

Tanner 图上的环会影响迭代译码的收敛性，围长的值越小，影响越大。但是消除所有的环，既无工程必要，也无法提高性能。因此，在 LDPC 码的 Tanner 图设计中，最好的方法是尽量避免短环，尤其是长度为 2 与 4 的环。

（2）最小汉明距离

最小汉明距离决定了高信噪比条件下，LDPC 码的差错性能。因此，为了降低错误平台，要尽可能增大最小汉明距离。

（3）停止集分布

小规模的停止集会影响 BEC 下迭代译码的有效性。因此，从工程应用看，需要优化停止集分布，增加最小停止集规模。

（4）校验矩阵稀疏性

校验矩阵的系数结构对应 Tanner 图上的低复杂度译码。但校验矩阵的设计需要综合考虑最小汉明距离、最小停止集与稀疏性之间的折中。

（5）编码复杂度

对于伪随机构造的 LDPC 码，主要的问题是编码复杂度较高。由于采用高斯消元法得到的下三角形式的生成矩阵不再是稀疏矩阵，即使采用反向代换进行编码，其编码复杂度量级仍是 $O(N^2)$。因此，从实用化角度来看，LDGM 码与原模图编码是两种具有吸引力的编码方案。在实际通信系统中，这两种编码得到了普遍应用。

（6）译码器实现的便利性

从译码器的硬件设计来看，由于大规模 Tanner 图没有规则结构，伪随机构造的 LDPC 码面临高存储量、布局布线复杂的问题。因此，嵌套构造、结构化设计更有利于硬件译码器的实现，在工程应用中更具优势。

| 2.3　极化码 |

1948 年，信息论创始人 Shannon[33-34]提出了著名的信道编码定理。多年来，构造逼近信道容量的编码是信道编码理论的中心目标。虽然以 Turbo 码与 LDPC 码为代表的信道编码具有优越的纠错性能，但对于一般的二元对称信道，难以从理论上证明这些码渐近可达信道容量。Arıkan[35]提出了极化码的设计思想，首次以构造性方法证明信道容量渐近可达。由于在编码理论方面的杰出贡献，该论文获得了 2010 年 IEEE 信息论分会最佳论文奖，引起了信息论与编码学术界的极大关注。

极化码已成为信道编码领域的热门研究方向，其理论基础已经初步建立，人们对极化码的渐近性能有了深入理解。特别是 2016 年年底，极化码入选 5G 的控制信道编码候选方案，并最终写入 5G 标准[1]，极大地推动了极化码的应用研究。

本节旨在介绍极化码的基本原理，包括信道极化原理、极化编码算法、极化码构造算法、极化码的基本译码算法与增强型译码算法，以及极化码差错性能。

2.3.1　信道极化

极化码的构造依赖于信道极化现象。信道极化最早由 Arıkan[35]引入，是指将一组可靠性相同的 B-DMC 采用递推编码的方法变换为一组有相关性的、可靠性各不相同的极化子信道的过程，随着码长（即信道数目）的增加，这些子信道呈现两极分化现象。图 2-12 给出了 BEC 的信道极化示例。

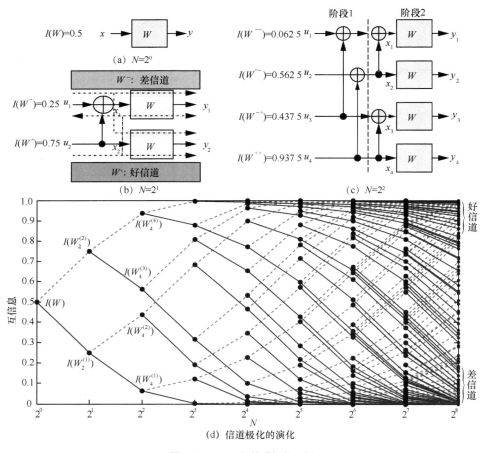

(a) $N=2^0$

(b) $N=2^1$

(c) $N=2^2$

(d) 信道极化的演化

图 2-12 BEC 的信道极化示例

令 B-DMC 的信道转移概率为 $W(y|x)$，则信道互信息与可靠性度量参数（即 Bhattacharyya 参数，简称巴氏参数）定义为

$$I(W) = \sum_{y \in Y} \sum_{x \in X} \frac{1}{2} W(y|x) \log_2 \frac{W(y|x)}{\frac{1}{2}W(y|0) + \frac{1}{2}W(y|1)} \quad （2\text{-}47）$$

$$Z(W) = \sum_{y \in Y} \sqrt{W(y|0)W(y|1)} \quad （2\text{-}48）$$

图 2-12（a）给出了删余率为 0.5 的 BEC 的映射关系 $W : X \in \{0,1\} \to Y$，其信道

互信息 $I(W) = 0.5$，巴氏参数 $Z(W)=0.5$。

图 2-12（b）所示为两信道极化过程。$u_1, u_2 \in \{0,1\}$ 是输入信道的两个比特，$x_1, x_2 \in \{0,1\}$ 是经过模 2 加编码后的两个比特，分别送入信道后得到 $y_1, y_2 \in Y$ 两个输出信号。则对应的编码过程可以表示为

$$(x_1, x_2) = (u_1, u_2) \begin{pmatrix} 1 & 0 \\ 1 & 1 \end{pmatrix} = (u_1, u_2) \boldsymbol{F} \tag{2-49}$$

通过矩阵 $\boldsymbol{F}$ 的极化操作，将一对独立信道 (W,W) 变换为两个相关子信道 (W^-, W^+)，其中，$W^- : X \to Y^2$，$W^+ : X \to Y^2 X$，这两个子信道的信道互信息与可靠性度量满足下列关系

$$\begin{cases} I(W^-) \leqslant I(W) \leqslant I(W^+) \\ Z(W^-) \geqslant Z(W) \geqslant Z(W^+) \end{cases} \tag{2-50}$$

由于 $I(W^-)=0.25 < I(W^+)=0.75$，这两个子信道产生了分化，$W^+$ 是好信道，W^- 是差信道。

上述编码过程可以推广到 4 信道极化，如图 2-12（c）所示，此时，每两个 W^- 信道极化为 W^{--} 信道与 W^{-+} 信道，每两个 W^+ 信道极化为 W^{+-} 信道与 W^{++} 信道。这样原来可靠性相同的 4 个独立信道变换为可靠性差异更大的 4 个极化信道。

信道极化变换可以递推应用到 $N = 2^n$ 个信道，给定信源序列 U_1^N 与接收序列 Y_1^N，序列互信息可以分解为多个子信道互信息之和，即满足如下关系。

$$I\left(U_1^N; Y_1^N\right) = \sum_{i=1}^N I\left(U_i; Y_1^N \middle| U_1^{i-1}\right) = \sum_{i=1}^N I\left(U_i; Y_1^N U_1^{i-1}\right) \tag{2-51}$$

其中，$I(U_i; Y_1^N U_1^{i-1})$ 是第 i 个极化子信道的互信息，相应的信道转移概率为 $W_N^{(i)}(Y_1^N U_1^{i-1} | U_i)$。这就是信道极化分解原理，其本质是通过编码约束关系，引入信道相关性，从而导致各个子信道的可靠性或容量的差异。

图 2-12（d）给出了信道数目 $N = 2^0 \sim 2^8$ 时，极化子信道互信息的演进趋势。其中，每个节点的上分支表示极化变换后相对好的信道（虚线标注），下分支表示相对差的信道（实线标注）。显然，随着码长增长，好信道聚集到右上角（互信息趋于 1），差信道聚集到右下角（互信息趋于 0）。

Arıkan[35]证明了当信道数目充分大时，极化信道的互信息完全两极分化为无噪的好信道（互信息趋于 1）与完全噪声的差信道（互信息趋于 0），并且好信道占总信道的比例趋于原始 B-DMC W 的容量 $I(W)$，而差信道比例趋于 $1-I(W)$。

2.3.2 极化编码

1. 基本编码

极化码有两种基本编码结构，即非系统码与系统码，下面简述其各自的结构特点。

首先，根据信道极化的递推过程，可以得到非系统极化码的编码结构。令 $u_1^N = (u_1, u_2, \cdots, u_N)$ 表示信息比特序列，$x_1^N = (x_1, x_2, \cdots, x_N)$ 表示编码比特序列，Arıkan[35]证明编码满足

$$x_1^N = u_1^N \boldsymbol{G}_N \tag{2-52}$$

其中，编码生成矩阵 $\boldsymbol{G}_N = \boldsymbol{B}_N \boldsymbol{F}_N$，$\boldsymbol{B}_N$ 是排序矩阵，完成比特反序操作，$\boldsymbol{F}_N = \boldsymbol{F}^{\otimes n}$ 表示矩阵 $\boldsymbol{F} = \begin{bmatrix} 1 & 0 \\ 1 & 1 \end{bmatrix}$ 进行 n 次 Kronecker 积操作的结果，实质上是 n 阶 Hadamard 矩阵。

图 2-13 给出了码长 $N=8$，码率 $R = \dfrac{1}{2}$ 的极化码编码器的示例。由图 2-13 可知，对于非系统极化码，根据巴氏参数选择可靠性高的 $\{u_4, u_6, u_7, u_8\}$ 作为信息比特，信息位长度为 4，而可靠性较差的 $\{u_1, u_2, u_3, u_5\}$ 则作为固定比特，取值为 0。经过三级蝶形运算，可以得到编码比特序列 x_1^8。而对于系统极化码，则需要将信息位承载在 $\{x_4, x_6, x_7, x_8\}$，对应的编码器左侧输入（信源侧）比特则通过代数运算[36]确定取值。由于采用蝶形结构编码，因此极化码的编码复杂度为 $O(N \log_2 N)$ [35]。

定理 2.2 极化码存在两种编码方式，即 $x_1'^N = u_1^N \boldsymbol{F}_N$ 与 $x_1^N = u_1^N \boldsymbol{G}_N$，其中，$x_1'^N = x_1^N \boldsymbol{B}_N$，这两种编码方式等价。

证明 由于 Hadamard 矩阵 $\boldsymbol{F}_N$ 的逆矩阵是其自身，即 $\boldsymbol{F}_N = \boldsymbol{F}_N^{-1}$，而比特反序矩阵的逆矩阵也是其自身，即 $\boldsymbol{B}_N = \boldsymbol{B}_N^{-1}$。因此，原序编码方式可以改写为 $u_1^N = x_1^N \boldsymbol{G}_N^{-1} = x_1^N \boldsymbol{B}_N^{-1} \boldsymbol{F}_N^{-1} = x_1^N \boldsymbol{B}_N \boldsymbol{F}_N = x_1'^N \boldsymbol{F}_N$。

由此可见，这两种编码方式等价，只是一种先对信源序列进行比特反序操作，再进行 Hadamard 变换；另一种先进行 Hadamard 变换，再进行比特反序操作。并且，

编码端可以原序发送，在译码端对似然比进行反序操作。证毕。

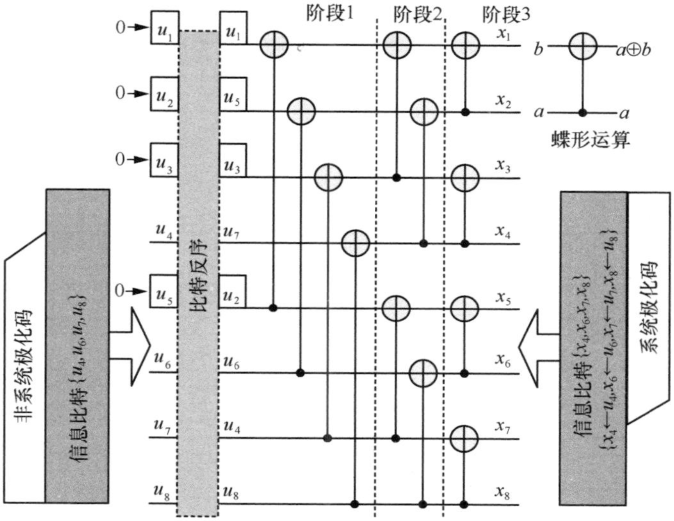

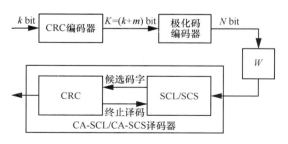

图 2-13　码长 $N = 8$，码率 $R = \dfrac{1}{2}$ 的极化码编码器示例

2. CRC–Polar 级联编码

文献[2]提出了 CRC-Polar 级联编译码方案，系统结构如图 2-14 所示。k bit 序列首先送入 CRC 编码器，级联 m 个 CRC 比特后送入极化码编码器，产生 N bit 码字。这种级联编码方案以 CRC 编码为外码，以极化码为内码，具有显著的性能增益，目前已经成为极化码的主流编码方案。

图 2-14　CRC-Polar 级联编译码系统结构

3. 速率适配编码

由于极化码原始码长限定为 2 的幂次，即 $N = 2^n$，而实际通信系统往往要求任意码长编码。为了满足这一要求，需要设计极化码的速率适配方案，主要包括凿孔（puncturing）与缩短（shortening）两种操作。假定速率适配后的实际码长 $M < N$，则编码器需要删减 $N - M$ 个编码比特。对于凿孔操作，这些删减的比特可以任意取值，而译码器并不确定它们的取值，因此相应的 LLR 为 0。而对于缩短操作，这些删减比特为固定取值（假设为 0），译码器也知道其取值，因此相应的 LLR 为 ∞。

文献[37]提出了准均匀凿孔（quasi-uniform puncturing，QUP）方案。文献[3]进一步提出了反向准均匀缩短（reversal quasi-uniform shortening，RQUS）方案。

图 2-15 给出了 QUP 方案与 RQUS 方案速率适配示例。其中，原始码长 $N = 8$，实际码长 $M = 5$。图 2-15 中，0 表示删掉不传输的比特位置，1 表示保留传输的比特位置。自然顺序下，QUP 方案要凿掉开头 1、2、3 这 3 个位置的比特，而经过比特反序变换，则应当凿掉 1、3、5 这 3 个位置的比特。RQUS 操作与 QUP 是对称的，在自然顺序下，缩短结尾 6、7、8 这 3 个位置，经过比特反序变换，则对应缩短 4、6、8 这 3 个位置。

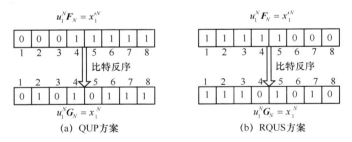

图 2-15　$N = 8, M = 5$ 的 QUP 方案与 RQUS 方案速率适配示例

需要注意的是，在自然顺序下，极化码的编码方式为

$$x_1'^N = u_1^N \boldsymbol{F}_N \tag{2-53}$$

而在比特反序下，极化码的编码方式为

$$x_1^N = u_1^N \boldsymbol{G}_N = u_1^N \boldsymbol{B}_N \boldsymbol{F}_N \tag{2-54}$$

对于前者，生成的矩阵为 $\boldsymbol{F}_N$，即 Hadamard 矩阵；对于后者，生成的矩阵为 $\boldsymbol{G}_N$，

还需要进行比特反序变换。根据定理 2.2，这两种方式是等价的，从工程应用来看，自然顺序的编码更方便，因此 5G NR 标准中采用了式（2-53）的编码方式，相应地，QUP 与 RQUS 方案的速率适配方式只要在开头与结尾进行凿孔与缩短即可。

理论分析与仿真结果表明，QUP 方案适用于低码率（$R \leqslant \frac{1}{2}$）的情况，RQUS 方案适用于高码率（$R > \frac{1}{2}$）的情况。可以证明，QUP 方案与 RQUS 方案是理论最优的速率适配方案[3]，并且 RQUS 与文献[38]的缩短方案等价。

2.3.3 极化码构造

极化码构造算法的目的是精确计算各个子信道的互信息或可靠性，然后从大到小排序，选择其中好的子信道集合承载信息比特。因此，构造算法是极化编码的关键。

Arıkan[35]最早提出基于巴氏参数的构造算法。假定初始信道的巴氏参数为 $Z(W)$，则从 N 扩展到 $2N$ 个极化信道的迭代计算过程如下。

$$\begin{cases} Z\left(W_{2N}^{(2i-1)}\right) = 2Z\left(W_N^{(i)}\right) - Z\left(W_N^{(i)}\right)^2 \\ Z\left(W_{2N}^{(2i)}\right) = Z\left(W_N^{(i)}\right)^2 \end{cases} \tag{2-55}$$

这种构造算法复杂度较低，但只适用于 BEC，对于其他信道，例如二进制对称信道（binary symmetric channel，BSC）、AWGN 信道等，该方法并非最优。

Mori[39]基于 DE 算法，得到了 BSC、AWGN 信道下最优的子信道选择准则，但由于涉及变量节点与校验节点比特 LLR 概率分布计算，计算复杂度很高，限制了其应用。更好的方法是 Tal 与 Vardy[40]提出的迭代算法，通过引入极化子信道的上下界近似，能以中等复杂度保证较高的计算精度，但码长很长时，其计算复杂度也会变大。

Trifonov[41]提出的 GA 算法是目前较流行的构造方法。给定 AWGN 信道的接收信号模型为 $y_i = s_i + n_i, i = 1, 2, \cdots, N$，噪声功率为 σ^2，则接收比特的 LLR $L(y_i) \sim \mathcal{N}\left(\frac{2}{\sigma^2}, \frac{4}{\sigma^2}\right)$ 服从高斯分布。信道极化的 LLR 均值迭代式为

$$\begin{cases} \mathbb{E}\left(L_{2N}^{(2i-1)}\right) = \phi^{-1}\left(1 - \left(1 - \phi\left(\mathbb{E}\left(L_N^{(i)}\right)\right)\right)^2\right) \\ \mathbb{E}\left(L_{2N}^{(2i)}\right) = 2\mathbb{E}\left(L_N^{(i)}\right) \end{cases}$$ （2-56）

其中，$\mathbb{E}(\cdot)$ 表示数学期望，$\mathbb{E}\left(L_1^{(1)}\right) = \dfrac{2}{\sigma^2}$；函数 $\phi(x)$ 的定义参见式（2-41），也可以采用两段近似，参见式（2-42）。

上述 GA 算法的计算复杂度为 $O(N\log_2 N)$，在中短码长下可以获得较高的计算精度，但在码长较长时存在计算误差。文献[42]提出了改进的 GA 算法，满足长码条件下高精度构造的要求。

前述极化码的构造算法有一个共同的局限，即编码构造依赖于信道条件。不依赖于信道条件的通用构造成为极化码的研究热点。文献[43]提出的部分序构造以及文献[44]提出的极化度量（polarized weight，PW）构造算法具有代表性。假设第 i 个子信道序号对应的二进制展开向量为 $i \to (b_n, b_{n-1}, \cdots, b_1)$，则 PW 计算式为

$$\mathrm{PW}_N^{(i)} = \sum_{j=1}^n b_j 2^{\frac{j}{4}}$$ （2-57）

PW 越大，说明子信道可靠性越高。因此，我们将 PW 从大到小排序，选取大度量对应的子信道承载信息比特。基于 PW 构造的极化码性能与 GA 算法构造的极化码接近，且度量计算不依赖于信道条件，这种构造方法具有重要的实用价值。

2.3.4　基本译码算法

对于极化码，Arıkan 的另一个重要贡献是提出了串行消除（successive cancellation，SC）译码算法[35]。SC 译码的基本思想是在格图（Trellis）上进行软判决信息与硬判决信息的迭代计算。

给定码长 $N = 2^n$ 与极化阶数 n，则 Trellis 由 n 级蝶形节点构成。其变量节点的硬判决信息定义为 $s_{i,j}$，其中，$1 \leqslant i \leqslant n+1$、$1 \leqslant j \leqslant N$ 分别表示节点在 Trellis 上的行、列序号，而软判决信息定位为相应的 LLR，即 $L_{i,j} = L\left(s_{i,j}\right)$。$N = 4$ 的极化码 Trellis 示例如图 2-16 所示。

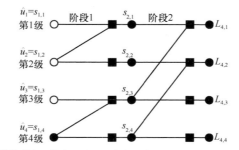

图 2-16　$N = 4$ 的极化码 Trellis 示例

Trellis 右侧对应来自信道的 LLR 信息 $L_{n+1,j} = \ln \dfrac{P(y_j|1)}{P(y_j|0)}$，而左侧对应信息比特的 LLR 信息 $L_{1,j} = L(\hat{u}_j)$ 以及判决比特信息 $s_{1,j} = \hat{u}_j$。这样，基于蝶形结构中的变量节点/校验节点约束关系，软判决信息从右向左计算与传递，而硬判决信息从左向右计算与传递，具体的计算式如下。

1.　软判决信息迭代计算式

$$
L_{i,j} = \begin{cases} 2\operatorname{arctanh}\left(\left(\tanh \dfrac{L_{i+1,j}}{2}\right)\left(\tanh \dfrac{L_{i+1,j+2^{i-1}}}{2}\right)\right), & \left\lfloor \dfrac{j-1}{2^{i-1}} \right\rfloor \bmod 2 = 0 \\ \left(1 - 2s_{i,j-2^{i-1}}\right)\left(L_{i+1,j-2^{i-1}}\right) + L_{i+1,j}, & \text{其他} \end{cases} \tag{2-58}
$$

其中，$i = 1,2,\cdots,n$，$j = 1,2,\cdots,N$，$\lfloor \cdot \rfloor$ 是向下取整函数。

式（2-58）与 LDPC 码的 BP 迭代译码基本公式类似，都是在校验节点与变量节点分别进行软判决信息计算与更新。

2.　硬判决信息迭代计算式

$$
s_{i+1,j} = \begin{cases} s_{i,j} \oplus s_{i,j-2^{i-1}}, & \left\lfloor \dfrac{j-1}{2^{i-1}} \right\rfloor \bmod 2 = 0 \\ s_{i,j}, & \text{其他} \end{cases} \tag{2-59}
$$

其中，$\oplus$ 是模 2 加法操作。

3.　判决准则

当软判决信息递推到 Trellis 的左侧时，比特判决准则为

$$\hat{u}_i = \begin{cases} 1, L_{1,i} \geqslant 0 \\ 0, L_{1,i} < 0 \text{或} u_i \text{是固定比特} \end{cases} \quad (2\text{-}60)$$

SC 算法也可以看作在码树上进行逐级判决搜索路径的过程。也就是说，从树根开始，对发送比特进行逐级判决译码，先判决的比特作为可靠信息辅助后级比特的判决，最终得到一条译码路径。文献[35]证明了极化码的 SC 译码算法复杂度非常低，为 $O(N \log_2 N)$。

2.3.5 增强译码算法

在有限码长下，基于 SC 译码的极化码性能较差，远不如 LDPC 码和 Turbo 码。为了提高极化码有限码长性能，人们提出了多项高性能的 SC 改进算法。文献[45-46]同时提出了串行消除列表（successive cancellation list，SCL）算法，将广度优先搜索策略引入码树搜索机制，每次译码判决保留一个很小的幸存路径列表，最终从列表中选择似然概率最大的路径作为判决路径。给定列表长度 L，SCL 算法的复杂度为 $O(LN \log_2 N)$，其性能可以逼近 ML 译码性能。

$L = 2$ 的 SCL 算法示例如图 2-17 所示。由图 2-17 可知，SCL 算法保留了两条幸存路径，译码器最终从两条幸存路径中选择译码结果。

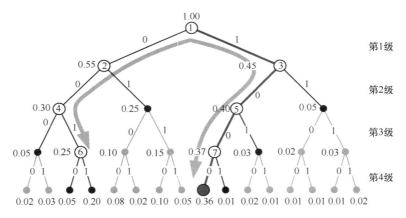

图 2-17　$L = 2$ 的 SCL 算法示例

另外，文献[46]提出的串行消除堆栈（successive cancellation stack，SCS）算法，将深度优先搜索策略引入码树搜索中，由于引入了堆栈存储机制，可以有效减少译码路径的重复搜索，极大地降低了算法复杂度，高信噪比条件下，SCS 算法的复杂度趋近于 SC 算法，远低于 SCL 算法，且其性能也能够逼近 ML 译码性能。

SCS 算法示例如图 2-18 所示。由图 2-18 可知，译码器在码树上通过深度优先的方式搜索候选路径，按照从大到小的顺序将候选路径压入堆栈，每次从栈顶扩展幸存路径直至叶节点，最终得到译码结果。

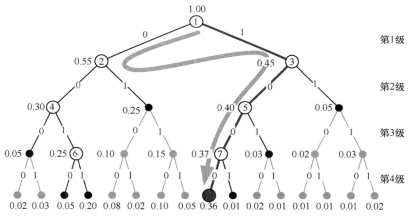

图 2-18　SCS 算法示例

进一步地，文献[2]提出 CRC 辅助的 SCL/SCS（CRC assisted SCL/SCS，CA-SCL/SCS）算法，将 SCL/SCS 算法输出的候选码字送入 CRC 模块，只有通过 CRC 的码字才作为最终译码结果。由于 CRC 提供先验信息，极大增强了译码性能。文献[47]还提出了自适应 CA-SCL（adaptive CA-SCL，ACA-SCL）算法，可以在算法复杂度与性能之间达到较好折中。目前，SCL 算法已经成为极化码高性能译码的主流算法，文献[48-49]深入讨论了 SCL 译码器的硬件架构设计。

极化码也可以采用 BP 算法，文献[50]最早研究了 BP 算法调度机制的优化。另外，对于短码极化码，文献[51]提出了低复杂度的球译码算法，能够达到 ML 译码性能，也具有一定的实用价值。

2.3.6　极化码差错性能

极化码的理论性能主要关注信道极化行为的理解与分析，包括 BLER 和子信道收敛速度。Arıkan[35]基于 SC 算法给出了 BLER 简洁的上界。

给定 B-DMC W，假设其巴氏参数为 $Z(W)$，经过极化变换，N 个极化信道的巴氏参数为 $Z(W_N^{(i)})$。对于码长为 N、码率为 $R = \dfrac{K}{N}$ 的极化码，假设信息信道集合为 $\mathcal{A}$，则极化码 SC 译码的 BLER 上界为

$$P_e(N,K,\mathcal{A}) \leqslant \sum_{i \in \mathcal{A}} Z(W_N^{(i)}) \qquad (2\text{-}61)$$

其中，子信道的差错概率也可以用密度进化和高斯近似估计，能够获得比巴氏参数更紧的估计结果。上述 BLER 上界与仿真结果贴合非常紧，是一个很好的极化码理论性能分析与预测工具。

Arıkan[35]利用鞅与半鞅理论严格证明了子信道的收敛行为，奠定了信道极化码的基本理论。他证明了采用 2×2 的核矩阵 $\boldsymbol{F}$，极化码渐近（$N \to \infty$）差错性能 $P_B(N) < 2^{-N^\beta}$，其中误差指数 $\beta < \dfrac{1}{2}$，换言之，极化码的差错概率随着码长的平方根指数下降。Korada 等[52]进一步证明，如果推广到 $l \times l$ 的核矩阵，则渐近差错性能 $P_B(N) < 2^{-N^{E_c(G)}}$，其中，$E_c(\boldsymbol{G})$ 是生成矩阵 $\boldsymbol{G}$ 对应的差错指数，极限为 1。

Shannon[33-34]在证明信道编码定理时，采用了以下 3 条假设。

（1）码长充分长，即 $N \to \infty$。

（2）采用随机编码方法。

（3）基于信源信道联合渐近等分割（joint asymptotically equal partition，JAEP）特性，采用联合典型序列译码方法。

这 3 条假设对于设计逼近信道容量的信道编码具有重要的启发。长期以来，人们主要关注第（2）条假设，通过构造方法模拟随机编码。Turbo 码或 LDPC 码都具有一定的随机性，能够在码长充分长时逼近信道容量。但第（3）条假设更重要，应用 JAEP 特性，采用联合典型序列译码是信道编码定理证明的关键步骤。

对于信道极化的理论理解，文献[53]指出，极化变换实际上是 JAEP 特性的构

造性示例。Turbo 码与 LDPC 码虽然模拟了随机编码的行为，但难以模拟 JAEP 特性，而在极化编码中，极化变换所得到的好信道可以看作联合典型映射，这种方法更加符合 Shannon 原始证明的基本思路。极化码渐近差错概率随码长指数下降。这样极化码与随机编码具有一致的渐近差错性能，相当于给出了信道编码定理[34]的构造性证明。

AWGN 信道，$N = 1\,024$，$R = \dfrac{1}{2}$ 条件下，Polar 码采用不同译码算法的 BLER性能如图 2-19 所示。作为比较，图 2-19 中列出了相同配置的宽带码分多址（wideband code division multiple access，WCDMA）Turbo 码采用 Log-MAP（logarithmic maximum a posteriori probability）译码算法的性能。由图 2-19 可知，SC 算法性能较差，采用列表长度 L=32 的 SCL 算法或堆栈深度为 1 000 的 SCS 算法，译码性能会提高 0.5 dB，但与 Turbo 码相比仍有差距。而如果采用 16 bit CRC 与 Polar 码级联编码与CA-SCL/SCS 译码算法，在 BLER=10^{-4} 时，比 SCL/SCS 额外获得 1 dB 以上的编码增益，相比 Turbo 码有 0.5 dB 以上的性能增益。这一结果表明，CRC 级联极化码方案是一种高性能的编码方案。

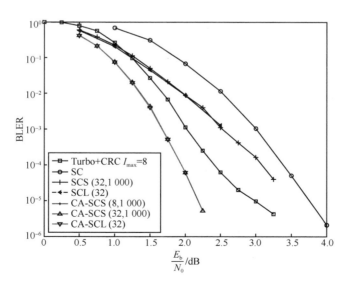

图 2-19　$N = 1\,024$，$R = \dfrac{1}{2}$ Polar 码采用不同译码算法的 BLER 性能比较

AWGN 信道，$N = 1\,024$，$R = \dfrac{1}{2}$ 条件下，Polar 码、3G WCDMA Turbo 码、4G 长期演进技术（long term evolution，LTE）Turbo 码以及 WiMAX LDPC 码的 BLER 性能比较如图 2-20 所示。其中，Polar 码分别采用了 SC、SCL、CA-SCL、ACA-SCL、BP 算法；Turbo 码采用了 Log-MAP 译码算法，最大迭代次数 $I_{\max}$ 为 8 次；LDPC 码采用了 BP 算法，最大迭代次数为 50 次。

对于 Polar 码而言，SC 译码算法性能最差，迭代 200 次的 BP 算法性能略好，列表规模 32 的 SCL 算法性能更好。但在 BLER=10^{-4} 时，相对于 Turbo 码和 LDPC 码，这些译码算法仍然有 0.5 dB 以上的性能差距。

如果采用 CRC-Polar 级联编码方案，当 L=32 时，CA-SCL 算法显著优于 WCDMA/LTE Turbo 码以及 LDPC 码，会获得 0.25～0.3 dB 的编码增益。并且，随着列表长度的增加，CA-SCL 译码算法还有进一步的性能增长。例如 $L = 1\,024$，极化码相对于 LTE Turbo 码有 0.7 dB 以上的增益。

从图 2-20 可知，高信噪比条件下，Turbo/LDPC 码都有错误平台，而 Polar 码由于编码结构的优势，不存在错误平台。

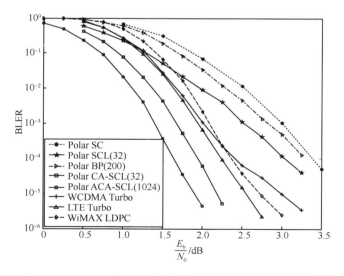

图 2-20　极化码与 WCDMA/LTE Turbo 码、WiMAX LDPC 码 BLER 性能比较

　　5G 移动通信系统的 3 种候选编码——Turbo 码、LDPC 码与 Polar 码在 AWGN 信道下的 BLER 性能比较如图 2-21 所示。

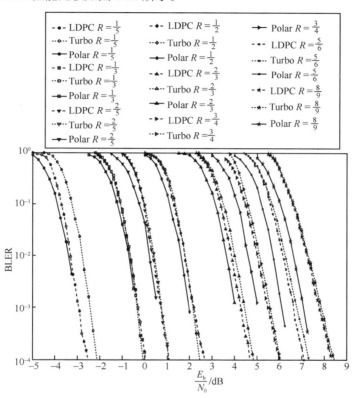

图 2-21　Turbo、LDPC 与 Polar 码在 AWGN 信道下的 BLER 性能比较

　　图 2-21 中，3 种编码的信息位长度 $K = 400$，码率 $R = \frac{1}{5} \sim \frac{8}{9}$，Turbo 码采用 4G LTE 标准配置，LDPC 码采用 Qualcomm 公司的 5G 编码提案[54]，Polar 码采用 5G 标准配置[1]。由图 2-21 可知，低码率条件下（即 $R = \frac{1}{5} \sim \frac{1}{2}$），Polar 码与 Turbo/LDPC 码具有类似或稍好的性能，而在高码率条件下（即 $R = \frac{2}{3} \sim \frac{8}{9}$），相对于后两种码，Polar 码具有显著的性能增益。

　　文献[33]指出，在相同的码长、码率参数配置下，达到相同的误码率性能，与

Turbo 码 BCJR（Bahl，Cocke，Jelinek，and Raviv）算法相比，Polar 码 SCL 算法复杂度降低至 $\frac{1}{5}\sim\frac{1}{10}$，并且没有错误平台现象，与 LDPC 码标准 BP 算法相比，Polar 码 SCL 译码算法复杂度降低至 $\frac{1}{3}\sim\frac{1}{5}$。由此可见，对于中短码长，极化码具有性能与复杂度的双重优势。

作为信道容量可达的新型编码，极化码的优势集中体现在以下 3 个方面。

（1）高可靠性

极化码可以严格证明没有错误平台，这一点是极化码相比于 Turbo 码和 LDPC 码最重要的性能优势。同时，在中短码长（100～2 000 bit）下，采用 CA-SCL 译码算法的极化码性能要显著优于 Turbo 码和 LDPC 码。由于这两方面的优势，极化码能够达到更低的差错概率，非常适合于高可靠低时延的通信传输需求。

（2）高效性

已有研究表明，极化编码调制的性能可以超过 Turbo 和 LDPC 编码调制。针对极化编码调制的联合优化，可以在高信噪比条件下逼近信道容量极限，极大提升频谱效率，非常适合于高频谱效率传输需求。

（3）低复杂度

极化码的代表性译码算法，如 SC、SCL/SCS、BP 算法，都可以用低复杂度方式实现。如果能够在译码性能与算法复杂度之间优化设计，将获得复杂度与可靠性的双重增益，具有重要的工程实用价值。

IEEE 通信学会发布的极化码最佳读物[55]精选了极化码领域的 50 篇重要文献，作者有 3 篇论文[53,56-57]入选。有兴趣了解极化码研究全貌的读者可以查阅作者撰写的极化码专著[58]。

| 2.4　逼近有限码长容量限的极化码 |

有限码长下，CRC-Polar 级联码，相对于 Turbo 码和 LDPC 码有显著的性能增益[53]。为了满足 6G 短码超高可靠性要求，有必要进一步探索极化短码的极限性能，文献[59]对 CRC-Polar 级联码中的 CRC 码进行优化，并采用 CRC 辅助的混合译码

（CRC aided hybrid decoding，CA-HD）算法，可以逼近有限码长香农限。

2.4.1　有限码长容量限

经典意义上的信道容量只适用于评估无限码长条件下信道编码的极限性能，虽然具有重要的理论意义，但对于工程应用而言，码长往往有限，这一信道容量极限是不可达的。为了评估有限码长条件下的信道容量，Polyanskiy、Poor 与 Verdu[60]提出了修正信道容量公式，即

$$\tilde{C} \approx C - \sqrt{\frac{V}{N}}Q^{-1}\left(P_e\right) + \frac{\log_2 N}{2N} \tag{2-62}$$

其中，C 是信道容量，V 是信道扩散函数，P_e 是差错概率，N 是码长。式（2-62）是在信道容量基础上添加了修正项得到的近似公式，称为正态近似（normal approximation），可以方便地评估有限码长 N 下特定信道的容量，是近年来信息论的重大进展。下文用这一公式评估极化码的短码性能。

2.4.2　高性能 CRC–Polar 级联码构造

高性能 CRC-Polar 级联码的编译码方案如图 2-22 所示。发送端包括 CRC 编码器与极化码编码器，经过 AWGN 信道后，接收端采用 CA-HD 算法译码器。CA-HD算法由 CRC 辅助的自适应 SCL（CA-SCL）算法与 CRC 辅助的球译码（CA-SD）算法组成。

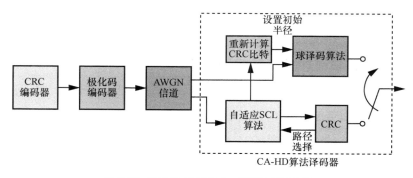

图 2-22　高性能 CRC-Polar 级联编译码方案

我们可以根据 CRC-Polar 级联码的最小重量分布（minimum weight distribution, MWD）优化 CRC 编码。令 MWD 为 $\{d_{\min}, A_{d_{\min}}\}$，其中，$d_{\min}$ 表示 CRC-Polar 级联码的最小汉明重量，$A_{d_{\min}}$ 表示最小汉明重量为 $d_{\min}$ 的 CRC-Polar 级联码的码字数量。

表 2-1 给出了码率 R 分别为 $\dfrac{1}{3}$、$\dfrac{1}{2}$、$\dfrac{2}{3}$，码长 N 分别为64、128 的 CRC-Polar 级联码的 CRC 生成多项式优化结果。表 2-1 针对不同 CRC 长度 K_p 搜索得到 MWD，并根据优化原则挑选出了不同配置下最优的 CRC 码，其中，生成多项式 $g(x)$ 用 16 进制表示。

表 2-1　CRC-Polar 级联码的 CRC 生成多项式优化结果

N	R	K_P/bit	g(x)	d_{min}	$A_{d_{min}}$
64	$\dfrac{1}{3}$	12	19A5	16	168
	$\dfrac{1}{2}$	13	3D55	10	34
	$\dfrac{2}{3}$	18	56689	8	4238
128	$\dfrac{1}{3}$	16	11F15	24	513
	$\dfrac{1}{2}$	19	A22E5	16	293
	$\dfrac{2}{3}$	16	117B7	10	167

2.4.3　CA-HD 算法

CA-HD 算法译码器结构如图 2-22 所示。其基本思想是，译码器首先启动 CA-SCL 算法，假设未达到预设最大列表长度 $L_{\max}$ 就已经有路径通过 CRC，则提前结束译码；如果 $L = L_{\max}$ 时还没有路径通过 CRC，则说明当前错误较严重，此时利用 SCL 译码结果重新计算 CRC 比特并设置初始半径 r_0，进行 CA-SD 得到最终结果。

通过优化 CA-SD 的初始半径，可以有效减小其译码复杂度。合理的初始半径 r_0

应该确保在通过 CRC 的序列中至少有一个满足半径约束，即

$$\exists u \in U, \left\| y - (1 - 2uBG) \right\| \leqslant r_0 \qquad (2\text{-}63)$$

其中，U 表示能通过 CRC 的序列集合，r_0 是初始半径。然而，当 CA-SCL 译码失败后，$L_{\max}$ 条幸存路径全都不能通过 CRC，因此用 $L_{\max}$ 条幸存路径计算的初始半径不合理。也就是说，如果基于 $L_{\max}$ 条幸存路径计算初始半径，将没有序列满足式（2-63），基于此初始半径的 CA-SD 不能找到 ML 译码结果。

为了得到合理的初始半径，应对 CA-SCL 中的幸存路径 $\hat{u}_l$ 进行修改，使修改后的序列满足 $\hat{u}_l \in U$。一种简单的方法是修改 $\hat{u}_l$ 中的 CRC 比特。首先，根据信息位集合 $\mathcal{A}$ 和幸存路径 $\hat{u}_l$ 得到序列 $\hat{b}_l$。然后，对 $\hat{b}_l$ 进行 CRC 编码得到 CRC 码字 $\hat{s}_l$，那么新的 CRC 比特就是 $\hat{s}_l$ 的后 K_p bit。最后，将 $\hat{u}_l$ 中原有 CRC 比特替换为 $\hat{s}_l$ 的 K_p bit，就可以得到更新后的幸存路径 $\tilde{u}_l$。由于 $\tilde{u}_l \in U$，根据 $\tilde{u}_l$ 计算的初始半径 r_0 是合理的，即

$$r_0 = \min_l \left\| y - (1 - 2\tilde{u}_l BG) \right\|, l = 1, 2, \cdots, L_{\max} \qquad (2\text{-}64)$$

基于上述思路，CRC 辅助混合译码算法流程如下。

算法 2.1　CA-HD 算法

输入　接收序列 y

输出　译码结果 $\hat{b}$

1) 初始化 $L \leftarrow 1$；
2) while $L \leqslant L_{\max}$ do
3) 用 SCL 译码算法对 y 进行译码；
4) for $l = 1$ to L do
5) if $\hat{u}_l$ 能通过 CRC　then
6) 根据 $\hat{u}_l$ 得到译码结果 $\hat{b}$，转到第 15）行；
7) 　$L \leftarrow 2L$；
8) for $l = 1$ to $L_{\max}$ do
9) 根据 $\mathcal{A}$ 从 $\hat{u}_l$ 得到译码结果 $\hat{b}_l$；
10) 将 $\hat{b}_l$ 编码成 CRC 码字 $\hat{s}_l$；

11) 将 $\hat{\boldsymbol{u}}_l$ 中的 CRC 比特替换为 $\hat{\boldsymbol{s}}_l$ 的后 K_p bit，并且替换后的幸存路径用 $\tilde{\boldsymbol{u}}_l$ 表示；

12) 计算合理的初始半径 $\left\| \boldsymbol{y} - (1 - 2\tilde{\boldsymbol{u}}_l \boldsymbol{BG}) \right\|$；

13) 根据式（2-64）选择最小的初始半径 r_0；

14) 用初始半径为 r_0 的 CA-SD 算法对 $\boldsymbol{y}$ 进行译码并得到译码结果 $\hat{\boldsymbol{b}}$；

15) $\hat{\boldsymbol{b}}$ 是 CA-HD 算法的译码结果。

上述算法描述了 CA-HD 算法的译码过程。其中，第 2)行～第 7)行是 CA-SCL 译码过程，第 8)行～第 13)行计算初始半径，第 14)行进行 CA-SD。这种混合译码算法大多数情况下只执行 CA-SCL 译码，而在极少数情况下需要启动 CA-SD。CA-SCL 译码复杂度较低，但性能受限；而 CA-SD 能达到理论最优的 ML 译码，但复杂度较高。由于对球译码初始半径进行了优化，通过有机组合两种译码机制，能够以较低的译码复杂度，趋近于 ML 译码性能。

下面在 AWGN 信道下，针对表 2-1 的级联极化码，采用 CA-SD、CA-HD 与 CA-SCL 译码算法，比较 BLER 性能。其中，极化码用高斯近似进行构造，CA-HD 算法的 $L_{\max}$ 为 1 024。

码长为 64，码率分别为 $\frac{1}{3}$、$\frac{1}{2}$、$\frac{2}{3}$ 的 CRC-Polar 级联码在标准 CRC 和优化 CRC 下的 BLER 性能对比如图 2-23 所示。标准 CRC 为 5G NR 中的 16 bit CRC。优化 CRC 采用表 2-1 中的结果。由图 2-23 可知，对于 3 种码率，优化 CRC-Polar 级联码优于标准 CRC-Polar 级联码。当码率为 $\frac{1}{3}$、BLER 为 10^{-4} 时，优化 CRC-Polar 级联码距离有限码长容量限约 0.05 dB。

图 2-24 给出了码长为 128，码率分别为 $\frac{1}{3}$、$\frac{1}{2}$、$\frac{2}{3}$ 的 CRC-Polar 级联码在 CA-HD、CA-SCL 译码算法下的 BLER 性能对比，其中，CA-SCL 的列表长度分别为 32 和 1 024。由图 2-24 可知，不同码率条件下，当采用固定的列表 $L = 32$ 时，相比于正态近似下界，都有明显的性能损失。虽然 CA-SCL 的最大列表长度达到了 1 024，但其性能仍然比 CA-HD 略差。并且在各种码率下，CA-HD 的译码性能都接近理论极限，例如，$R = \frac{1}{2}$、BLER=10^{-3} 时，CA-HD 与正态近似下界只相差 0.025 dB，几乎达到了有限码长容量限。

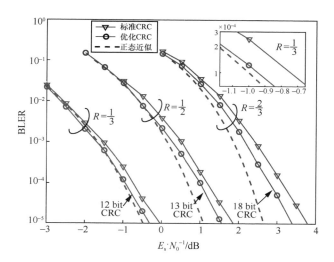

图 2-23　码长为 64，码率分别为 $\frac{1}{3}$、$\frac{1}{2}$、$\frac{2}{3}$ 的 CRC-Polar 级联码在标准 CRC 和优化 CRC 下的 BLER 性能对比

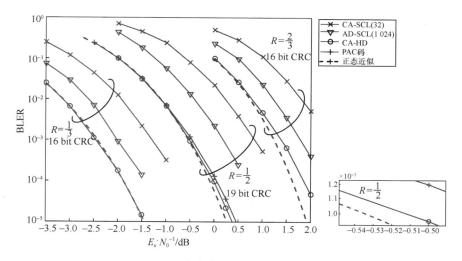

图 2-24　码长为 128，码率分别为 $\frac{1}{3}$、$\frac{1}{2}$、$\frac{2}{3}$ 的 CRC-Polar 级联码在 CA-HD、CA-SCL 以及 AD-SCL 译码算法下的 BLER 性能对比

Arıkan 在 2019 年的香农讲座（Shannon Lecture）的演讲中提到，为了达到有限码长容量限，需要采用卷积码（convolution code，CC）与极化码的级联方案，并且

要采用序列译码算法，这就是 PAC（polarization-adjusted convolutional）码。图 2-23 和图 2-24 的结果表明，采用优化 CRC-Polar 级联码与混合译码算法也能够逼近信道容量极限，与 PAC 码性能类似。PAC 码的码率难以灵活调整，而 CRC-Polar 级联码适用于多种码率，具有更强的普适性，是适用于 6G 高可靠传输的编码方案。

| 2.5　本章小结 |

本章主要介绍了两种先进的信道编码——LDPC 码与极化码的基本原理，这两种信道编码具有优越的纠错能力，能够满足 6G 低时延高可靠的通信需求，将是 6G 主要的信道编码标准。

| 参考文献 |

[1]　3GPP. Multiplexing and channel coding: 3GPP 38.212 V.15.1.0[R]. 2018.

[2]　NIU K, CHEN K. CRC-aided decoding of polar codes[J]. IEEE Communications Letters, 2012, 16(10): 1668-1671.

[3]　NIU K, DAI J C, CHEN K, et al. Rate-compatible punctured polar codes: optimal construction based on polar spectra[J]. arXiv Preprint, arXiv: 1612.01352, 2016.

[4]　GALLAGER R. Low-density parity-check codes[J]. IEEE Transactions on Information Theory, 1962, 8(1): 21-28.

[5]　TANNER R. A recursive approach to low complexity codes[J]. IEEE Transactions on Information Theory, 1981, 27(5): 533-547.

[6]　MACKAY D J C. Good codes based on very sparse matrices[J]. IEEE Transactions on Information Theory, 1999, 4: 399-431.

[7]　ZHANG J, FOSSORIER M P C. Shuffled iterative decoding[J]. IEEE Transactions on Communications, 2005, 53(2): 209-213.

[8]　RICHARDSON T J, URBANKE R L. The capacity of low-density parity-check codes under message-passing decoding[J]. IEEE Transactions on Information Theory, 2001, 47(2): 599-618.

[9]　RICHARDSON T J, SHOKROLLAHI M A, URBANKE R L. Design of capacity-approaching irregular low-density parity-check codes[J]. IEEE Transactions on Information

Theory, 2001, 47(2): 619-637.

[10] CHUNG S Y, FORNEY G D, RICHARDSON T J, et al. On the design of low-density pari-ty-check codes within 0.0045 dB of the Shannon limit[J]. IEEE Communications Letters, 2001, 5(2): 58-60.

[11] CHUNG S Y, RICHARDSON T J, URBANKE R L. Analysis of sum-product decoding of low-density parity-check codes using a Gaussian approximation[J]. IEEE Transactions on In-formation Theory, 2001, 47(2): 657-670.

[12] CAMPELLO J, MODHA D S. Extended bit-filling and LDPC code design[C]//Proceedings of IEEE Global Telecommunications Conference. Piscataway: IEEE Press, 2001: 985-989.

[13] HU X Y, ELEFTHERIOU E, ARNOLD D M. Regular and irregular progressive edge-growth tanner graphs[J]. IEEE Transactions on Information Theory, 2005, 51(1): 386-398.

[14] RICHARDSON T J, URBANKE R L. Efficient encoding of low-density parity-check codes[J]. IEEE Transactions on Information Theory, 2001, 47(2): 638-656.

[15] KOU Y, LIN S, FOSSORIER M P C. Low-density parity-check codes based on finite geome-tries: a rediscovery and new results[J]. IEEE Transactions on Information Theory, 2001, 47(7): 2711-2736.

[16] AMMAR B, HONARY B, KOU Y, et al. Construction of low-density parity-check codes based on balanced incomplete block designs[J]. IEEE Transactions on Information Theory, 2004, 50(6): 1257-1269.

[17] VASIC B, KURTAS E M, KUZNETSOV A V. Kirkman systems and their application in per-pendicular magnetic recording[J]. IEEE Transactions on Magnetics, 2002, 38(4): 1705-1710.

[18] VASIC B, KURTAS E M, KUZNETSOV A V. LDPC codes based on mutually orthogonal Latin rectangles and their application in perpendicular magnetic recording[J]. IEEE Transac-tions on Magnetics, 2002, 38(5): 2346-2348.

[19] LU J, MOURA J M F. Turbo design for LDPC codes with large girth[C]//Proceedings of 2003 4th IEEE Workshop on Signal Processing Advances in Wireless Communications. Piscataway: IEEE Press, 2003: 90-94.

[20] FOSSORIER M P C. Quasicyclic low-density parity-check codes from circulant permutation matrices[J]. IEEE Transactions on Information Theory, 2004, 50(8): 1788-1793.

[21] RICHARDSON T, URBANKE R. Multi-edge type LDPC codes[R]. 2002.

[22] THORPE J. Low-density parity-check (LDPC) codes constructed from protographs[J]. IPN Progress Report, 2003, 42(154): 1-7.

[23] DIVSALAR D, DOLINAR S, JONES C, et al. Capacity-approaching protograph codes[J]. IEEE Journal on Selected Areas in Communications, 2009, 27(6): 876-888.

[24] LIVA G, CHIANI M. Protograph LDPC codes design based on EXIT analysis[C]//Proceed-ings of IEEE Global Telecommunications Conference. Piscataway: IEEE Press, 2007:

3250-3254.

[25] DAVEY M C, MACKAY D. Low-density parity check codes over GF(q)[J]. IEEE Communications Letters, 1998, 2(6): 165-167.

[26] LENTMAIER M, ZIGANGIROV K S. On generalized low-density parity-check codes based on Hamming component codes[J]. IEEE Communications Letters, 1999, 3(8): 248-250.

[27] LIVA G, RYAN W E. Short low-error-floor Tanner codes with Hamming nodes[C]//Proceedings of 2005 IEEE Military Communications Conference. Piscataway: IEEE Press, 2005: 208-213.

[28] CHENG J F, MCELIECE R. J. Some high-rate near capacity codecs for the Gaussian channel[C]// Proceedings of 34th Annual Allerton Conference on Communications, Control and Computing. Piscataway: IEEE Press, 1996: 1-10.

[29] LUBY M. LT codes[C]//Proceedings of 43rd Annual IEEE Symposium on Foundations of Computer Science. Piscataway: IEEE Press, 2002: 271-280.

[30] SHOKROLLAHI A. Raptor codes[J]. IEEE Transactions on Information Theory, 2006, 52(6): 2551-2567.

[31] JIMENEZ F A, ZIGANGIROV K S. Time-varying periodic convolutional codes with low-density parity-check matrix[J]. IEEE Transactions on Information Theory, 1999, 45(6): 2181-2191.

[32] KUDEKAR S, RICHARDSON T, URBANKE R. Threshold saturation via spatial coupling: why convolutional LDPC ensembles perform so well over the BEC[J]. 2010 IEEE International Symposium on Information Theory, 2010: 684-688.

[33] SHANNON C E. A mathematical theory of communication[J]. Bell System Technical Journal, 1948, 27(3): 379-423, 623-656.

[34] SHANNON C E. Communication in the presence of noise[J]. Proceedings of the IRE, 1949, 37(1): 10-21.

[35] ARIKAN E. Channel polarization: a method for constructing capacity-achieving codes for symmetric binary-input memoryless channels[J]. IEEE Transactions on Information Theory, 2009, 55(7): 3051-3073.

[36] ARIKAN E. Systematic polar coding[J]. IEEE Communications Letters, 2011, 15(8): 860-862.

[37] NIU K, CHEN K, LIN J R. Beyond Turbo codes: rate-compatible punctured polar codes[C]//Proceedings of 2013 IEEE International Conference on Communications. Piscataway: IEEE Press, 2013: 3423-3427.

[38] WANG R X, LIU R K. A novel puncturing scheme for polar codes[J]. IEEE Communications Letters, 2014, 18(12): 2081-2084.

[39] MORI R, TANAKA T. Performance of polar codes with the construction using density evolution[J]. IEEE Communications Letters, 2009, 13(7): 519-521.

[40] TAL I, VARDY A. How to construct polar codes[J]. IEEE Transactions on Information Theory, 2013, 59(10): 6562-6582.

[41] TRIFONOV P. Efficient design and decoding of polar codes[J]. IEEE Transactions on Communications, 2012, 60(11): 3221-3227.

[42] DAI J C, NIU K, SI Z W, et al. Does Gaussian approximation work well for the long-length polar code construction? [J]. IEEE Access, 2017, 5: 7950-7963.

[43] SCHÜRCH C. A partial order for the synthesized channels of a polar code[C]//Proceedings of 2016 IEEE International Symposium on Information Theory. Piscataway: IEEE Press, 2016: 220-224.

[44] HE G N, BELFIORE J C, LIU X C, et al. β-expansion: a theoretical framework for fast and recursive construction of polar codes[J]. arXiv Preprint, arXiv: 1704.05709, 2017.

[45] CHEN K, NIU K, LIN J R. List successive cancellation decoding of polar codes[J]. Electronics Letters, 2012, 48(9): 500.

[46] NIU K, CHEN K. Stack decoding of polar codes[J]. Electronics Letters, 2012, 48(12): 695.

[47] LI B, SHEN H, TSE D. An adaptive successive cancellation list decoder for polar codes with cyclic redundancy check[J]. IEEE Communications Letters, 2012, 16(12): 2044-2047.

[48] LEROUX C, RAYMOND A J, SARKIS G, et al. A semi-parallel successive-cancellation decoder for polar codes[J]. IEEE Transactions on Signal Processing, 2013, 61(2): 289-299.

[49] ZHANG C, PARHI K K. Low-latency sequential and overlapped architectures for successive cancellation polar decoder[J]. IEEE Transactions on Signal Processing, 2013, 61(10): 2429-2441.

[50] HUSSAMI N, KORADA S B, URBANKE R. Performance of polar codes for channel and source coding[C]//Proceedings of 2009 IEEE International Symposium on Information Theory. Piscataway: IEEE Press, 2009: 1488-1492.

[51] NIU K, CHEN K, LIN J R. Low-complexity sphere decoding of polar codes based on optimum path metric[J]. IEEE Communications Letters, 2014, 18(2): 332-335.

[52] KORADA S B, ŞAŞOĞLU E, URBANKE R. Polar codes: characterization of exponent, bounds, and constructions[J]. IEEE Transactions on Information Theory, 2010, 56(12): 6253-6264.

[53] NIU K, CHEN K, LIN J R, et al. Polar codes: primary concepts and practical decoding algorithms[J]. IEEE Communications Magazine, 2014, 52(7): 192-203.

[54] Qualcomm. LDPC rate compatible design overview: 3GPP TSG R1-1610137[R]. 2016.

[55] IEEE. Best readings of polar coding[R]. 2019.

[56] CHEN K, NIU K, LIN J R. Improved successive cancellation decoding of polar codes[J]. IEEE Transactions on Communications, 2013, 61(8): 3100-3107.

[57] ZHOU D K, NIU K, DONG C. Universal construction for polar coded modulation[J]. IEEE

Access, 2018, 6: 57518-57525.

[58] 牛凯. 极化码原理与应用[M]. 北京: 科学出版社, 2022.

[59] PIAO J N, NIU K, DAI J C, et al. Approaching the normal approximation of the finite block-length capacity within 0.025 dB by short polar codes[J]. IEEE Wireless Communications Letters, 2020, 9(7): 1089-1092.

[60] POLYANSKIY Y, POOR H V, VERDU S. Channel coding rate in the finite blocklength regime[J]. IEEE Transactions on Information Theory, 2010, 56(5): 2307-2359.

第 3 章

非正交多址

多址接入是移动通信更新换代的标志性技术。1G～4G 都采用正交多址技术，为了进一步提高频谱效率与系统容量，5G 引入了非正交多址（non-orthogonal multiple access，NOMA）技术，但由于技术尚未成熟，NOMA 技术并未成为 5G 的多址接入方案，5G 仍然采用了正交频分多址（orthogonal frequency division multiple access，OFDMA）。未来 6G 系统需要在吞吐量、接入规模、时延等基本指标上实现飞跃性提升，目前的多址接入技术难以满足这些指标要求。因此 NOMA 仍然是未来 6G 重要的候选多址接入技术。

从本章开始，本书以 3 章的篇幅介绍未来 6G 的关键多址接入技术。本章主要介绍协作型 NOMA 技术；第 4 章介绍非协作型 NOMA 技术，即巨址接入技术；第 5 章介绍频域 NOMA 技术，即各种新型多载波技术。本章首先归纳与梳理 NOMA 技术体系，结合应用场景将 NOMA 分为协作型 NOMA 与非协作型 NOMA；然后，详细介绍各项协作型 NOMA 技术，包括 FuTURE 论坛 5G 白皮书中涵盖的 8 种重点技术以及其他代表性技术；最后，对 NOMA 技术进行整体总结，以期为技术选型、后续研究等工作提供帮助。

|3.1 NOMA 概述 |

3.1.1 NOMA 介绍

自 3GPP Release15 发布以来，第一阶段的 5G 标准化工作已经完成，其试验网搭建工作也在有条不紊地推进。站在这个时间点上，学术界和工业界都在展望 6G 的图景，也给出了许多具体的设想。总体来说，6G 相对于 5G 在指标上的提升主要有以下几个方面。

（1）100 倍的峰值速率提升，即峰值速率达到 1 Tbit/s[1]，对于太赫兹通信场景则要求峰值速率提升 1 000 倍，也就是达到 10 Tbit/s。

（2）10 倍的用户体验速率提升，即用户体验速率达到 1 Gbit/s，室内热点区域达到 10 Gbit/s。

（3）空中接口（简称空口）时延缩短到 10～100 μs，低时延高可靠场景，如车联网和航空线下时延达到 10 μs。

（4）10 倍的连接密度提升，设备区域连接密度将达到 10^7 个/平方千米，而区域内的通信容量为 1 Gbit/(s·m²)。

上述指标提升可以用图 3-1 表示[2]。

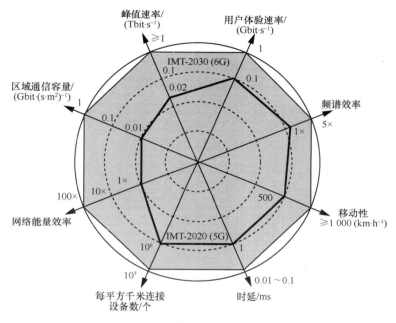

图 3-1　6G 相对于 5G 的指标提升

可见，6G 相对于 5G 在空口物理层的指标上提出了非常有挑战性的要求。从接入技术的角度看，可以预见 5 倍的频谱效率提升、10 倍的用户体验速率提升、$\frac{1}{100}$ 的时延降低，以及 10 倍的连接密度提升，将会对现有多址接入技术的多址方式、调度机制和资源管理等方面提出挑战。因此，多址接入技术需要寻求突破以适应未来 6G 网络的高要求。

回顾移动通信中多址接入技术的发展历程不难看出一条较清晰的发展脉络。从 1G 到 4G，频分多址（frequency division multiple access，FDMA）、时分多址（time division multiple access，TDMA）、码分多址（time division multiple access，CDMA）以及 OFDMA 都是各个时代的核心多址接入技术[3-4]，如图 3-2 所示。上述技术虽然随着时代的发展有所变化，但都属于正交多址（orthogonal multiple access, OMA）技术的范畴。

图 3-2　OMA 资源分配模式

OMA 的设计宗旨是让每个用户独占所分配到的信道资源，即用户间理论上不存在多址干扰。因此信道可以被划分为多个正交子信道，每个子信道之间也互相独立。从统一的观点看，若系统总体的带宽为 W，时间为 T，则总的自由度为 $n=2WT$。因此正交多址技术彼此是等价的，时间资源、频率资源以及正交码资源只是总的自由度空间 $\mathbb{R}^{2WT}$ 中不同的正交基，时域、频域、码域资源之间可以互相转换。因此，OMA 技术的频谱效率以及系统容量也受到自由度的限制。

进入 5G 时代，由于 eMBB 场景下的系统吞吐量和峰值速率、mMTC 场景下的连接数量以及 URLLC 的端到端时延等方面相对于 4G 系统指标更新，仅用 OMA 技术进行空口设计已经难以满足要求[5]，因此 NOMA 技术成为 5G 在空口设计上的一大改进方向，其核心思想是在 OMA 划分出的正交时域、频域或者码域资源上复用多个用户，也就是说实现单个自由度上的过载[6]。根据前面的分析，过载将直接带来系统频谱效率的提升，但同时每个用户的子信道不再相互独立，占用同一个子信道的用户之间存在多用户干扰（multi-user interference，MUI），因此需要一定的收发端技术来保证用户信息的正确接收，这也是 NOMA 技术的基本特点，即在每个子信道内传输非正交叠加的用户信息，这些用户信息在发送端进行功率调整、稀疏扩展、交织编码、签名映射等预处理后叠加在一起。根据非正交资源的划分方式发展出功率域 NOMA（power domain NOMA, PD-NOMA）[7]、码域 NOMA[8]、比特域 NOMA[9]等不同的设计模式。具体来说，NOMA 相对于 OMA 有以下优势。

（1）提高频谱效率和小区边缘吞吐量。NOMA 技术将多用户信道增益的差异转换为多址容量增益，在提高用户间公平性的同时提高系统的整体吞吐量[10]。

（2）适应更大规模的连接。OMA 的资源分配严格受限于正交资源的数量，连接规模的增加依赖于可分配资源的增加。NOMA 则不受此限制，能以更少的正交资源支持更大规模的连接。

（3）降低传输时延以及资源开销。OMA 技术需要统一的资源分配过程将不同用户映射到相互正交的资源上，需要有专门的随机接入信道、导频以及授权过程。而 NOMA 能提供更加灵活的接入方式——非授权（grant-free）接入。尤其是上行场景，不需要动态资源分配的交互以及排队过程使系统时延更低，资源开销更少。NOMA 技术可以支持活跃状态与信息的联合盲检测[11]。

可以看出，NOMA 技术不只在频谱效率上有增益，在接入规模、时延和资源开销上都能比 OMA 更适应新的移动通信系统。因此，整个多址接入技术领域的整体发展趋势是从传统的正交多址方式过渡到非正交多址方式。从 5G 到 6G 将是又一次技术飞跃，现有的 NOMA 技术也将引入演进过程中的拐点。同时，由于各场景配置特点的进一步进化，不能再以统一的模式设计适应 6G 各场景的 NOMA 技术。当场景要求进一步推向极端时，现有的设计模式将无法平衡各项需求，需要在设计思路和实现模式上开始分化，以适应专门的场景需求，因此，6G 可能成为 NOMA 技术发生根本分化并进行专门化设计的起点。

首先，以高吞吐量为主要目标的 eMBB 场景将升级为超增强型移动宽带（further-enhanced mobile broadband，FeMBB），系统的峰值速率和频谱效率都要求有 10 倍以上的增长。这需要现有 NOMA 技术进一步提升系统的过载能力来适应需求。因此该场景下主要承袭现有的以频谱效率的提升为目标、以多址信道容量域优化为基本准则的 NOMA 技术。此类 NOMA 技术也是目前发展较成熟的容量域优化技术。

其次，6G 的机器通信场景，即超智能万物互联（hyper intelligent Internet of everything, HIIoE）相对于 5G 的万物互联（Internet of everything，IoE），连接规模扩大了 10 倍，并且在极高可靠超低时延通信（extra-ultra realiable low latency communication，eURLLC）场景下的时延需要缩短到 5G 的 $\frac{1}{100}$。现有的 NOMA 技术在这些场景下陷入困境。目前的 NOMA 技术还没有实现大规模复用因子图下的有效传输，其系统复杂度在连接规模扩大后迅速增长，而过载能力将因保证复用关系的稀疏性而存在一定瓶颈。为了应对这些问题，NOMA 技术需要针对该场景转变设计思路，从容量域优化变为用户平均差错率优化，在保证尽可能多地接入用户的前提下降低每个用户的平均差错率。并且，现有的典型 NOMA 技术虽然支持非授权接入，但是其收发流程仍依赖于协作中心确定具体复用规则或根据导频完成解复用。在协作过程中产生的信令开销和时延使其难以满足低时延短包传输的要求。因此有必要将非授权接入更进一步改为非协作接入，去掉协作中心并且不预设用户的发送模式，所有用户使用统一的规则进行随机发送，其数据帧在信道中随机碰撞，接收端也通过统一的流程对碰撞的数据帧进行解复用。此类 NOMA 技术以有限码长效应以及用户平均差错率上界为理论基础，通过构造多址码结合时隙 ALOHA 模式对抗用户数的大量增长，传输上采取用户随机碰撞叠加的方式，不需要协作过程，因此也被称为非协作型 NOMA。

最后，除了在资源复用模式上引入过载，研究者也提出了在波形层面引入非正交设计的技术。此类技术瞄准正交频分复用（OFDM）的瓶颈，通过对基础波形进行改造，或对其加入滤波操作来解决 OFDM 带外泄露、循环前缀（CP）引起的频谱效率下降，以及信道中的时移、频移引起的码间干扰和多用户干扰等问题[12]。由于该类技术以 OFDM 为核心设计非正交波形实现资源复用，因此该类技术也统称为频域 NOMA 技术。而频域 NOMA 技术在 6G 各场景中都能带来一定的增益。其中，超奈奎斯特波形技术能够通过波形设计来获得信噪比增益，尤其可以在高阶调制下降低系统所需的能量，从而提升频谱效率。而基于滤波的非正交波形技术则能有效降低带外泄露、减少 CP 消耗，并且通过收发端设计对抗同步误差以及信道衰落，特别适应物联网场景或低时延场景下的短包低信道状态信息（channel state information，CSI）反馈传输模式。

综上所述，NOMA 从 5G 向 6G 的技术演进模式如表 3-1 所示。

表 3-1 NOMA 技术的演进模式

关键需求	场景演进	设计原理	NOMA 技术类型	频域 NOMA 技术
频谱效率	eMBB→FeMBB	容量域优化	协作型 NOMA	超奈奎斯特波形技术
连接规模	IoE（mMTC）→HIIoE（umMTC）	用户平均差错率优化	非协作型 NOMA	基于滤波的非正交波形技术
信令开销、时延	URLLC→eURLLC	非协作访问		

3.1.2　NOMA 技术分类

本章介绍了两类 NOMA 技术，即协作型 NOMA 和非协作型 NOMA，并对协作型 NOMA 展开介绍了功率域 NOMA、码域 NOMA 以及其他 NOMA。

NOMA 技术可以分为两大类：以提升系统容量为目标的协作型 NOMA 和以保障用户链路可靠性为目标的非协作型 NOMA，分别对应无线通信系统中的两种典型应用场景。图 3-3 给出了这两类 NOMA 技术的应用场景。

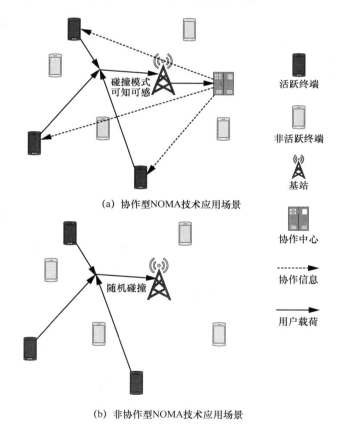

（a）协作型NOMA技术应用场景

（b）非协作型NOMA技术应用场景

图 3-3　协作型 NOMA 与非协作型 NOMA 技术应用场景

在协作型 NOMA 中，协作中心负责管理用户载荷在信道中的碰撞行为，并且通过一定的信息甄别接入的用户身份。因此在接收端，用户的碰撞模式可知可感。这有利于功率域叠加 NOMA、基于因子图设计的码域 NOMA 技术以及其他稀疏扩展多址接入技术的实现。而非协作型 NOMA 技术不需要协作中心的接入，用户载荷在信道中的碰撞是随机行为，同时无协作信息的传输，因此无协作资源的额外开销，接入处理时延更低。

需要注意的是，协作型 NOMA 和非协作型 NOMA 技术都支持非授权接入。但是，非协作的概念与非授权的概念存在差别。非授权访问中，用户的接入不需要中心化的统一调度，每个用户随机访问接收端。但不代表用户的接入行为不需要统一协调。每个用户依然需要通过预先分配的导频（即 pilot，在功率域 NOMA 技术中常见）或信号签名（即 signature，在码域 NOMA 技术中常见）来互相区别。而且，非授权访问依然属于协作访问的范畴，其复用和解复用过程仍然需要协作中心的接入才能完成。

而非协作访问无统一接入调度，无导频和预分配资源，用户活跃状态未知。由于无协作中心的接入，接入因子图不确定。每个资源上碰撞的用户数量随机，即每个函数节点的度是随机的；不能通过事先的因子图设计来确定用户的信号签名或者扩展图样。所有用户使用完全相同的传输协议，完全随机占用资源，只进行单向传输，系统完全开环。

因此，协作型 NOMA 更适合以提升系统容量为目标的少量用户、低过载因子、高数据速率的应用场景；而非协作型 NOMA 更适合大量用户、高过载因子、低数据速率的应用场景。

本节介绍了几种不同的 NOMA，包括功率域 NOMA、码域 NOMA、其他 NOMA，并对不同 NOMA 方案进行了总结和比较。

1. 功率域 NOMA

文献[13-14]详细描述了 PD-NOMA 的概念和关键特性。在发送端，不同用户产生的不同信号经过经典的信道编码和调制后直接叠加在一起。多个用户共享相同的时频资源，然后通过串行干扰消除（successive interference cancellation，SIC）等多用户检测（multi-user detection，MUD）算法在接收端进行检测。这种方式可以提高频谱效率，但与传统 OMA 相比增加了接收机复杂性。文献[13]讨论了多用户功率分配、信号开销、SIC 差错传输和用户迁移等 PD-NOMA 的一些实际问题。为了进一步提高其频谱效率，文献[13-15]讨论了 NOMA 与 MIMO 技术的结合，为了提高有效性，NOMA 还能以协作的方式实现。图 3-4 展示了 3 种常用的 PD-NOMA 实现方式，包括基本的基于 SIC 的 PD-NOMA、与 MIMO 技术结合的 PD-NOMA 和协作 PD-NOMA。

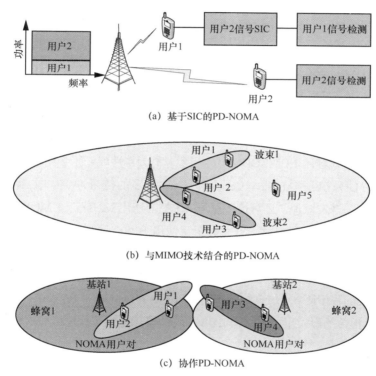

(a) 基于 SIC 的 PD-NOMA

(b) 与 MIMO 技术结合的 PD-NOMA

(c) 协作 PD-NOMA

图 3-4　3 种常用的 PD-NOMA 实现方式

2. 码域 NOMA

码域 NOMA 的概念受到经典 CDMA 的启发。在经典 CDMA 中，多个用户共享相同的时频资源，但每个用户使用独特的扩频序列。与 CDMA 相比，关键不同是在 NOMA 中，扩频序列仅限于 NOMA 中的稀疏序列或非正交的低互相关序列。下面首先介绍基于稀疏扩展序列的 NOMA 的初始形式，即低密度扩展 CDMA （low-density spreading CDMA，LDS-CDMA）；然后，介绍低密度扩展辅助 OFDM（low-density spreading aided OFDM，LDS-OFDM），LDS-CDMA 保留了基于 OFDM 的多载波传输在避免 ISI 方面的所有优势；接着，介绍了稀疏码多址（sparse code multiple access，SCMA），其仍然具有低复杂度接收的优点，但性能优于 LDS-CDMA；最后，讨论了其他改进方案和 CDMA 的特殊形式，如多用户共享访问（multi-user shared access，MUSA）和串行干扰消除辅助的多址（SIC aided multiple access，SAMA）。

（1）低密度扩展 CDMA

LDS-CDMA 是从经典 CDMA 发展而来的，采用码分复用的方式在正交资源上叠加信号。LDS-CDMA 使用稀疏矩阵将用户发送的符号扩展在多个正交资源上，同时将几个用户的发送符号叠加在一个正交资源上。这种稀疏扩频方式可以看作将多个用户的发送信号进行 LDPC 编码，因此在接收端采用与 LDPC 解码类似的方式，即 MAP 进行迭代译码。LDS-CDMA 的低密度扩频特性降低了多用户检测接收的复杂度，同时使系统获得过载增益，可以容纳更多的符号冲突。文献[16]讨论了 LDS-CDMA 的基本原理，还讨论了基于 MPA 的迭代 MUD，该 MUD 的复杂度低于最佳 MAP 检测器的复杂度，并且分析了使用 BPSK 调制在无记忆高斯信道上通信的 LDS-CDMA 的性能。仿真结果表明，对于高达 200%的归一化用户负载，LDS-CDMA 的性能能够逼近单用户性能。文献[17]使用信息理论分析计算了 LDS-CDMA 的容量区域，仿真结果表明，可获得的容量取决于扩频序列密度因子以及每个芯片相关的最大用户数，为 LDS 系统的设计提供了理论指导。

（2）低密度扩展辅助 OFDM

LDS-OFDM 和多载波码分多址（MC-CDMA）相似，特别是频域扩展时，当扩频码芯片的数量与子载波数量相同时，将每个用户的符号扩展到所有 OFDM 子载波中，然后通过在所有子载波上将所有用户唯一的扩频序列彼此重叠来支持多用户。扩频序列可以选择正交 Walsh-Hadamard 序列、非正交 m 序列或 LDS 序列。

因此，LDS-OFDM 可以理解为 LDS-CDMA 和 OFDM 的组合，每个用户的符号分布在精心选择的多个子载波上，并在频域中彼此重叠。在常规的 OFDMA 系统中，仅将单个符号映射到子载波，并且在不同的子载波上发送不同的符号，这些子载波是正交的，不会相互干扰。因此，发送符号的总数受到正交子载波数量的限制。但是在 LDS-OFDM 系统中，首先将所发送的符号与长度等于子载波数量的 LDS 序列相乘，并且在不同的子载波上发送所得码片，当使用 LDS 扩频序列时，每个原始符号仅扩频到子载波的特定部分，结果即每个子载波仅携带与一部分原始符号有关的码片。在接收机处，针对 LDS-CDMA 的 MPA 设计的 MUD 也可以用于 LDS-OFDM，以便在接收机处分离出重叠的符号。

对于 LDS-OFDM，许多文献进行了讨论。例如，文献[18]提出了 LDS-OFDM 的系统模型和特性，包括其频率分集阶数、接收机复杂度以及在秩不足的情况下用户数量多于芯片时的工作能力。文献[19]为了控制接收机的复杂性，对每个子载波的用户数设置了上限。

（3）稀疏码多址

近年来提出的 SCMA 技术构成了另一个重要的 NOMA 方案，它是从基本 LDS-CDMA 方案发展而来的码域复用。在 LDS-CDMA 的基础上，SCMA 将每一个用户的星座旋转一定角度，在信号空间上可以将用户的信息做一定的区分。同时，不同用户的星座在复用之后叠加形成一个高维的复杂星座，相比 LDS 会获得更大增益，但同时接收端依然可以采用 LDS-CDMA 结构对应的 MPA 解复用方法。在 SCMA 中，每个用户都拥有一个码本，在发送端每个用户按照码本将比特信息直接映射为码片，再叠加在一起传输。因此，SCMA 将码域信号叠加、稀疏扩频和多维星座设计结合在一起，使系统具有高过载增益和高频谱效率的同时保持低复杂度。将 MPA 用于 SCMA 接收器的 MUD 时，接收器复杂度可能过高。为解决这一问题，文献[20]提出了一种低复杂度的对数域 MPA（log-MPA），相关仿真结果表明，尽管 log-MPA 的复杂度降低了 50%以上，但在实际应用中，log-MPA 的性能相对于 MPA 性能的下降可以忽略不计。

与前面几种技术相比，SCMA 具有一些独特的优势。首先，功率域 NOMA、图样分割多址（pattern division multiple access，PDMA）所采用的 SIC 接收机具有差错传播特性。由于多用户叠加的信号被按照先后顺序逐次分解出来，上一层分解出信号的正确性将对下一层的分解产生影响。而 SCMA 的 MPA 接收机则是利用稀疏扩频结构对多用户进行联合检测，在消息传播的过程中可以利用码字的相关性获得对抗误差的稳健性。其次，SCMA 的复用结构是灵活的，当用户数量增加时，只需要选择更大维度的稀疏矩阵即可，而调制阶数的增加也可以提高频谱效率。最后，SCMA 基于码本的复用结构相对于信道条件的变化具有一定的稳定性。NOMA 需要在路损和信道条件发生变化时重新执行用户配对和功率分配算法，PDMA 的功率域图样和空域图样也同样需要重新选择。

对 SCMA 来说，最重要的设计问题仍然是码本的设计，码本的特性直接决定了系统的各项指标。SCMA 的码本确定了用户之间的复用关系，稀疏扩频结构也是在码本中被确定的，而码本中码字的相互叠加就形成了高维的复杂星座。因此，SCMA 的码本设计问题是对稀疏扩频码和多维星座设计的联合优化。

（4）多用户共享访问

MUSA 是另一种依赖于码域复用的 NOMA 方案，可以看作一种改进的 CDMA 的方案。在 MUSA 系统的上行链路中，特定用户的所有传输符号与扩频序列相乘（注意，不同的扩频序列也可以用于同一用户的不同符号，这导致了有益的干扰平均）；然后，扩频后的所有符号通过相同的时频资源进行传输，如 OFDM 子载波。在不失一般性的前提下，我们假设每个用户每次传输一个符号，并且有 K 个用户和 N 个子载波。在接收端，线性处理和 SIC 检测算法按照用户的信道条件将不同用户的数据进行分离。在 MUSA 系统的下行链路中，用户分为 G 组。在每一组中，不同用户的符号通过不同的功率比例系数进行加权，然后进行叠加。长度为 G 的正交序列可用作扩频序列，对 G 组叠加符号进行扩频。更具体地说，来自同一组的用户使用相同的扩频序列，而不同组之间的扩频序列是正交的。这样，在接收端就可以消除组间干扰。然后 SIC 可以利用相关功率差进行组内干扰消除。在 MUSA 中，扩频序列应具有较低的互相关关系，以便于在接收机处实现近乎完美的干扰消除。

（5）串行干扰消除辅助的多址

SAMA 的系统模型与 MUSA 相似，但在 SAMA 中，用户 k 的任意扩频序列 $\boldsymbol{b}_k$ 的非零元素为 1，扩频矩阵 $\boldsymbol{B} = (\boldsymbol{b}_1, \boldsymbol{b}_2, \cdots, \boldsymbol{b}_K)$ 是基于以下原则设计的[21]。

① "1" 个数不同的扩频序列的个数应该最大化。

② "1" 个数相同的扩频序列的个数应该最小化。

N 个正交资源块最多支持 2^{N-1} 个用户，例如 $N = 2$，$K = 3$，则模式矩阵 $B_{2,3} =$

$\begin{pmatrix} 1 & 1 & 0 \\ 1 & 0 & 1 \end{pmatrix}$。在接收端，MPA 分离不同用户的信号。SAMA 中扩频矩阵的设计目标是方便地消除干扰。以上述的矩阵为例，用户 1 的扩频序列有两个非零值，于是它的增益阶数为 2，用户 1 是最可靠的用户。因此，用户 1 的符号可以很容易地在几次迭代中确定，这有利于其他具有较低增益阶数的用户符号检测过程的收敛。

3. 其他 NOMA

除了前文所述著名的功率域 NOMA 和码域 NOMA 方案之外，最近研究者提出了一系列其他 NOMA 方案，本节将对此进行讨论。

（1）空分多址

空分多址（space division multiple access，SDMA）是强有力的 NOMA 方案之一，基于以下理论，SDMA 的理论可以被认为与经典的 CDMA 相关。即使使用正交的 Walsh-Hadamard 扩频序列来区分 CDMA 系统中的用户，当它们在分散信道上传输时，它们的正交性也会被它们与信道冲激响应（channel impulse response，CIR）的卷积所破坏。因此，我们可能会得到无穷多的接收序列，即简单地使用唯一的、用户特定的 CIR 来区分用户，而不是使用唯一的、用户特定的扩频序列。当然，当用户在上行链路上互相传输信号时，他们的 CIR 变得非常相似，这就加重了 MUD 算法分离用户信号的任务。如文献[22-27]所述，这一系列解决方案的有益特性已经吸引了大量的研究工作。更详细地说，考虑到 CIR 可能的无限变化，这些复杂的 SDMA 系统能够在上行链路移动用户数量远高于基站接收天线的数量时运行。这将避免基于 Walsh-Hadamard 码的 CDMA 系统的用户负载限制，因为系统性能只会随着用户数量的增加而缓慢地下降。由此产生的 SDMA 系统往往表现出类似的性能，因为这些 SDMA 系统依赖 CIR 来区分用户，所以在用户数量远远大于基站接收天线数量的情况下，需要精确的 CIR 估计，这是一个非常具有挑战性的问题。这在逻辑上引出了联合迭代信道和信号估计的概念，引起了大量研究者的兴趣。

（2）图样分割多址

PDMA 在发送端采用非正交模式[21]，该模式通过最大化分集增益和最小化用户之间的相关性来设计。多路复用可以在码域、功率域或空域实现，也可以在它们的组合中实现。码域的多路复用让人联想到 SAMA。功率域的多路复用与码域的多路复用有相似的系统模型，但功率缩放必须在给定总功率的约束下考虑。空域的多路复用导致了空间 PDMA 的概念，它依赖于多天线辅助技术。与多用户 MIMO（multi-user multiple input multiple output, MU-MIMO）相比，空间 PDMA 不需要联合预编码来实现空间正交性，大大降低了系统的设计复杂度。此外，可以在 PDMA 中组合多个域，以充分利用各种可用的无线资源。文献[28]的仿真结果表明，与 LTE 相比，PDMA 上行可能获得 200%的归一化吞吐量增益，下行可能获得 50%以上的吞吐量增益。

在接收端，MPA 被用来进行干扰消除。在功率域多路复用中，根据复用用户之间的信干噪比差异，也可以在接收端使用 SIC 进行多用户检测。

（3）基于签名的 NOMA

基于签名的 NOMA 也被提出作为 5G 的有前途的候选方案。

① 低码率和基于签名的共享访问

低码率和基于签名的共享访问（low code rate and signature based shared access，LSSA）就是一种基于签名的 NOMA。LSSA[29]利用特定的签名模式在比特或符号级复用每个用户的数据，该模式由参考信号（reference signal，RS）、复杂/二进制序列和短长度向量的排列模式组成。所有用户的签名都具有相同的短向量长度，可以由移动终端随机选择，也可以由网络分配给用户。此外，LSSA 可以选择性地修改为具有多载波变体的 LSSA，以利用提供的频率分集通过更宽的带宽减少时延。它还可以支持异步上行传输，因为基站能够通过将覆盖的用户信号与签名模式关联来识别/检测这些信号，即使传输时间彼此不同。

② 资源扩展多址

与 LSSA 类似，资源扩展多址（resource spread multiple access，RSMA）[30-31]也分配唯一签名来分隔不同的用户，并将他们的信号传播到所有可用的时间和频率资源上。唯一签名可以由功率、具有良好相关特性的扩频/置乱码、交织器或它们的组合以及干扰消除型接收机组成。根据具体的应用场景，RSMA 可以与各种波形/调制方案耦合[32]。

单载波 RSMA 通过利用单载波波形和极低的峰值平均功率比（peak to average

power ratio，PAPR）调制，实现了更高的功率放大效率，对电池功耗和链路预算扩展进行了优化。脉冲整形可以进一步提高 PAPR，并减少带外发射。此外，单载波 RSMA 允许无授权传输，降低了信令开销，并允许异步访问，如图 3-5 所示。

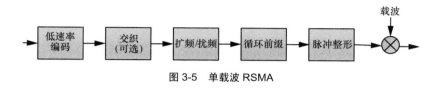

图 3-5 单载波 RSMA

多载波 RSMA 针对低时延访问进行了优化，并允许无授权传输，如图 3-6 所示。

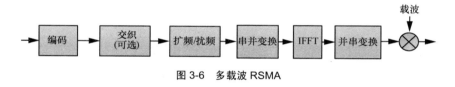

图 3-6 多载波 RSMA

（4）基于交织的 NOMA

交织网格多址（interleave-grid multiple access，IGMA）是一种基于交织的 NOMA，它可以根据不同的位级交织器、不同的网格映射模式或这两种技术的组合来区分不同的用户[33]。具体来说，信道编码过程可以是简单的重复编码、中等编码速率的经典前向纠错编码，也可以是低速率的前向纠错编码。相比之下，交织网格多址的网格映射过程可能会从基于补零的稀疏映射到符号级交织，这为用户复用提供了另一个维度。虽然我们需要精心设计前向纠错码和扩频码序列，但位级交织器和网格映射模式的设计在某种程度上是相关的。它们提供了支持不同连接密度的可伸缩性，同时在信道编码增益和从稀疏资源映射中获得的好处之间进行权衡。符号级交织随机化了符号序列的顺序，这可能在对抗频率选择性衰落和小区间干扰方面带来进一步的好处。此外，使用稀疏网格映射模式的多用户检测器可以进一步降低检测的复杂度。基于交织的多址访问方案，即交织分多址（interleave-division multiple access，IDMA）也已被提出。

IDMA 在符号与扩频序列相乘后对码片进行交织，因此 IDMA 是有效的码片交织 CDMA。与 CDMA 相比，IDMA 能够在误码率为 1×10^{-3} 时获得约 1 dB 的信噪比增益，并且归一化用户负载为 200%[34]。这种增益主要是由于与传统的比特交织方法相比，IDMA 增加了分集增益。

（5）基于扩频的 NOMA

基于扩频的 NOMA 方案很多，非正交编码多址（non-orthogonal coding multiple access，NCMA）就是其中之一[35]。NCMA 使用具有较低相关性的非正交扩频编码的资源扩展。这些码字可以通过求解格拉斯曼线性包装问题得到[36]。通过使用叠加编码添加额外的层，它可以用低 BLER 提供更高的吞吐量并改善连接性。此外，NCMA 系统的接收机采用并行干扰消除（parallel interference cancelation，PIC）技术，具有可扩展的性能和复杂性。因此，NCMA 特别适用于在大规模机器类型通信中交换小数据包的大量连接，或在基于竞争的多址访问中降低冲突概率。

非正交编码访问（non-orthogonal coded access，NOCA）也是一种基于扩频的 NOMA[37]。与其他基于扩频的方案相似，NOCA 的基本思想是数据符号在传输前使用非正交序列进行扩频，既可以用于频域，也可以用于时域。NOCA 基本的发射机结构如图 3-7 所示。

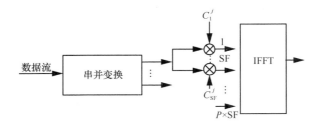

图 3-7　NOCA 基本的发射机结构

图 3-7 中，SF 为传播因子，C^j 为第 j 个用户的传播序列。首先将调制后的原始数据序列转换成 P 个并行序列，然后每个序列根据 SF 进行扩频。

（6）比特多路复用

比特多路复用（bit division multiplexing，BDM）[38]是一种比特级的物理层子信道技术，它依赖于分级调制，其复用用户的资源是在比特级而不是符号级划分的。BDM 的信道资源分配比传统的分级调制更灵活，并且可以应用于任何高阶星座。

BDM 是在每 N 个符号内进行信道资源分配。在 N 个符号中，共有 $n = \sum_{i=1}^{N} m_i$ bit，其中 m_i 是第 i 个符号携带的比特数。对于每个子信道，BDM 为其分配 n bit 中一定数量的比特。BDM 比特分配示例如图 3-8 所示，共有 3 个子信道，被分配给 6 个符号，其中每个符号携带 8 bit，因此 3 个子信道中共有 48 bit。10 bit 被分配给第一子信道（标记为黑色），15 bit 被分配给第二子信道（标记为灰色），其他比特被分配给第三子信道（标记为白色）。

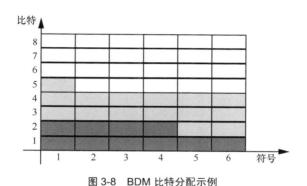

图 3-8　BDM 比特分配示例

（7）基于压缩感知的 NOMA

利用用户活动稀疏性或数据稀疏性[39]，压缩感知（compressive sensing，CS）可以很容易地与 NOMA 方案结合。最近研究者提出了一系列基于 CS 的随机访问方案，如异步随机访问[40]和压缩随机访问[41]。此外，文献[42]为了最大化系统的总吞吐量，调用了依赖 CS 的随机多址访问。

（8）交织子载波索引调制正交频分多址

子载波索引调制正交频分多址（subcarrier index modulation OFDMA，SIM-OFDMA）的基本思想是利用子载波的索引来调制部分信息比特。但是在无线通信中使用 SIM-OFDMA 时，与 OFDMA 相比，SIM-OFDMA 不能在相同的传输速率上表现得更好。交织子载波索引调制正交频分多址（interleaved sub-carrier index modulation OFDMA，ISIM-OFDMA）是将传统的 SIM-OFDMA 和子载波级块交织器结合起来。ISIM-OFDMA 在接收向量之间扩大欧氏距离，与传统的 SIM-OFDMA 相比，实现了相当大的性能改进。ISIM 在低阶调制（如 BPSK 和 QPSK）方面的表现优于传统的 OFDMA，这有利于其在 5G 高干扰环境（如高速和小区边缘通信）中的应用。ISIM-OFDMA 的发射机结构如图 3-9 所示，有 4 个子块，每个子块包含两个子载波。对于每个子块，比特"0"被映射到第一子载波；比特"1"被映射到第二子载波，并且由激活的子载波发送正交调幅（quadrature amplitude modulation，QAM）符号。在子载波级交织之后，每个子块的元素被分散到频域中。

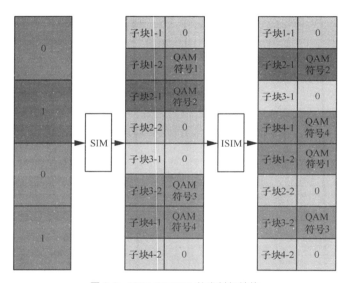

图 3-9　ISIM-OFDMA 的发射机结构

（9）具有迭代译码的多用户位交织编码调制

网络信息论表明，联合编码技术是一种能够实现容量域理论边界的非正交多址技术。然而，由于最大似然译码的极端复杂性，联合编码多址系统需要涡轮解码方案。具有迭代译码的多用户位交织编码调制（multi-user bit-interleaved coded modulation with iterative decoding，MU-BICM-ID）技术是一种容量逼近联合编码调制技术，其主要原理是通过不同的信道编码配置、比特交织或星座映射来区分不同的用户。以双用户多址访问为例，图 3-10 给出了 MU-BICM-ID 的系统模型。

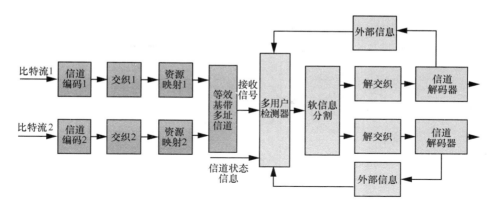

图 3-10　MU-BICM-ID 的系统模型

在每个发送器上，将比特流进行信道编码、交织并映射到符号，然后发送到等效基带多址信道。由此，多个用户信号被叠加到接收端。

在接收端，为了接近容量区域的边界，每个用户的检测器和信道解码器所采用的算法都是软进软出的，多用户检测和信道解码是迭代进行的。首先，多用户检测器利用接收信号和用户的信道状态信息来计算所有传输比特的软信息。然后，将计算出的软信息进行分割和解交织，将先验信息发送给每个用户的信道解码器。信道解码器计算传输比特的外部信息，并将计算出的外部信息作为先验信息反馈给多用户检测器，以帮助检测。因此，在 MU-BICM-ID 系统中，外部信息在多用户检测器和信道解码器之间进行迭代交换，实现了涡轮解码的多用户检测。

因此，MU-BICM-ID 技术适用于高用户过载的上行大规模连接场景，并且能够极大地增加用户过载。此外，MU-BICM-ID 还适用于具有对称或非对称用户的高频谱效率上行多址场景。

（10）格分多址

格分多址（lattice partition multiple access，LPMA）是基于多级栅格码的能够保证下行用户公平性的叠加发送方案，它利用栅格码的结构特性来抑制用户间的共信道干扰。在用户具有相似信道条件的场景中，可以通过分配不同的格来复用用户。其收发流程如图 3-11 所示。

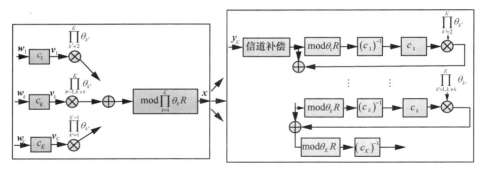

图 3-11 LPMA 的收发流程

图 3-11 中，w_k 是用户 k 想要的信号；c_k 是用户 k 的前向纠错编码模块；v_k 是由 w_k 生成的码字；R 是整数 $\mathbb{Z}$ 的环或高斯整数 $\mathbb{Z}[i]$ 的环或艾森斯坦整数 $\mathbb{Z}[w]$ 的环；$(c_k)^{-1}$ 是对用户 k 解前向纠错编码模块；θ_l 是权重系数（质数），用来构成栅格码。

因此在发送端，栅格叠加编码可以由以下步骤完成。

步骤 1 设计叠加编码的映射功能函数，即

$$w\left(\boldsymbol{v}_1,\cdots,\boldsymbol{v}_K\right) \triangleq \left(\sum_{k=1}^{K} \boldsymbol{v}_k \prod_{k'=1,k'\neq l}^{K} \theta_{k'}\right) \bmod \prod_{k=l}^{K} \theta_k R \tag{3-1}$$

步骤 2 生成栅格码，即

$$\boldsymbol{x} = \beta\left(w\left(\boldsymbol{v}_1,\cdots,\boldsymbol{v}_K\right)+\boldsymbol{u}\right)$$

其中，$\boldsymbol{x}$ 是 K 个用户的栅格码；$\boldsymbol{u}$ 是一种使平均传输功率最小化的固定抖动；β 是满足功率约束的比例因子；w 是映射函数，它将线性码字 $\boldsymbol{v}_k$ 映射成一个栅格码字。

在一个基站服务 K 个用户的场景中，用户 k 处的叠加信号可以表示为

$$\boldsymbol{y}_k = h_k \boldsymbol{x} + \boldsymbol{z}_k \tag{3-2}$$

其中，$\boldsymbol{x}$ 表示从基站发出的栅格码；h_k 表示基站到用户 k 的信道系数；$\boldsymbol{z}_k$ 表示噪声，服从复高斯分布。由此，基于模块格运算的串行干扰消除译码方法可以被用来进行多用户检测。

（11）多种 NOMA 方案

除了上述 NOMA 方案外，还有 4 个由不同公司提出的 NOMA 方案。其中，3 个方案是基于扩展的 NOMA 方案，分别为富士通提出的低密度扩展签名向量扩展

（low density spread- signature vector extension，LDS-SVE）[43]、频域扩展（frequency domain spreading，FDS）[44]和英特尔提出的低码率扩展（low code rate spreading，LCRS）[44]方案。这些方案将用户符号映射到多个资源块上，以获得更多的分集增益。MTK 提出的重复分割多址（repetition division multiple access，RDMA）是一种基于交织 NOMA 方案，该方案可以很容易地分离不同用户的信号，借助于调制符号的周期移位重复可以同时获得时间和频率的分集[45]。

现有主要协作型 NOMA 方案的对比如表 3-2 所示[46]。

表 3-2   现有主要 NOMA 方案的对比

NOMA 方案	方式	接收端检测方法
PD-NOMA	功率域叠加	SIC
SCMA	符号扩展	MPA
MUSA	符号扩展	MMSE-SIC
PDMA	符号扩展	MPA、SIC-MPA、SIC
LSSA	符号扩展	MMSE-SIC
RSMA	符号扩展	MMSE-SIC
IGMA	符号扩展	MPA、SIC-MPA、SIC
IDMA	比特扩展	ESE-PIC
NCMA	符号扩展	MMSE-SIC、ESE-PIC
NOCA	符号扩展	MMSE-SIC、ESE-PIC
LDS-SVE	符号扩展	MPA、SIC-MPA、SIC
FDS	符号扩展	MMSE-SIC
LCRS	比特扩展	ESE-PIC
RDMA	符号扩展	MMSE-SIC

从理论上讲，码域 NOMA 能够借助扩频序列（码字）来实现扩频增益。但是，上述功率域 NOMA 不能轻易获得这种好处。我们还可以根据主要 NOMA 方案的信令技术和复杂度进行比较。在功率域 NOMA 中，SIC 是主要的干扰消除技术之一，MMSE-SIC 的复杂度为 $O(K^3)$，其中 K 为支持的用户数。因此 SIC 的复杂度明显低于 MUD，特别是在 K 比较大的情况下。并且在协同多点传输（CoMP）中 NOMA 的实现会带来相对较高的复杂度，对此问题的解决方法已经在文献[47]中进行了讨论。

另外，在码域 NOMA 中，必须在接收机处知道特定的扩频序列或码本，以支持 MUD，这也将增加信令成本，尤其是在接收机不知道哪些用户处于活跃状态时。在 LDS-CDMA、LDS-OFDM、SCMA 和 SAMA 中，基于 MPA 接收机的复杂度与 $O\left(|X|^{\omega}\right)$ 呈线性关系，其中，$|X|$ 表示星座集 X 的基数，ω 表示叠加在每个码片或子载波上的非零信号的最大数量。

6G 愿景跨越式地提出了富有挑战性的更大规模的接入场景。协作型 NOMA 技术难以承受急剧增大的连接规模和过载因子，同时以容量界为设计目标的协作型接入模式也由于单用户平均信道速率的迅速降低而失效。而非协作型 NOMA 技术更适应于这样的挑战，其适用于传输特点为大规模上行短包数据传输的物联网，内容一般是定时数据上报、日志传输以及机器通信信息等。

非协作接入区别于之前的集中式协作场景，去掉协作中心以及协作过程后，系统拥有更低的资源开销和时延。并且所有用户采用相同的码本，发送信号在信道中随机叠加，也区别于功率域或码域叠加技术的稀疏扩展方式。接入规模的扩大使原有基于逼近多址信道容量域的设计目标失效，非协作型 NOMA 考虑用户平均差错率最低的优化目标，同时，从固定因子图设计转向以时隙 ALOHA 为模式的随机碰撞规则。而非协作型 NOMA 利用有限码长效应对抗用户数的巨量增长。

因此，非协作型 NOMA 的特征总结为以下三点：以平均差错率为优化目标、以非协作传输为基本模式、以有限码长效应为理论基础。非协作型 NOMA 在大规模物联网场景下有更好的应用。

| 3.2 SCMA |

不同于 PD-NOMA 简单地将所有用户的信号叠加在同一个时频资源块上，SCMA 采用稀疏叠加的方式，即一个时频资源块上只叠加部分用户的信号。

3.2.1 SCMA 的基本结构

SCMA 发送系统结构如图 3-12 所示。

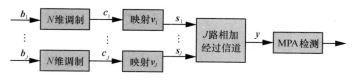

图 3-12　SCMA 发送系统结构

首先，将第 j 个用户的 M bit $\boldsymbol{b}_j$ 映射为 D 个码字 $\boldsymbol{c}_j$，映射关系由子星座图 $\boldsymbol{g}_j$ 决定。然后，将 $\boldsymbol{c}_j$ 通过子复用关系矩阵 $\boldsymbol{v}_j$ 映射到 K 个正交资源上，即 $\boldsymbol{s}_j = \boldsymbol{c}_j \boldsymbol{v}_j$。最后，将 $\boldsymbol{s}_j$ 叠加传输，经过信道在接收端收到的符号向量为 $\boldsymbol{y} = \sum\limits_{j=1}^{J} \operatorname{diag}(\boldsymbol{h}_j)\boldsymbol{s}_j + \boldsymbol{n}$。其中，$\boldsymbol{n}$ 为加性高斯白噪声，$\boldsymbol{h}_j$ 为第 j 个用户发送的符号向量 $\boldsymbol{s}_j$ 所经历的信道的信息，$\operatorname{diag}(\boldsymbol{h}_j)$ 为用 $\boldsymbol{h}_j$ 作为主对角线元素的对角矩阵。

SCMA 编码器的目标是将 N 个用户复用在 K 个正交资源上（$N > K$）。假设共有 N 个资源元素（RE），给每个用户分配 d_v 个 RE。用户 $k, k \in \{1, 2, \cdots, K\}$ 和 RE 的分配关系由扩展矩阵 $\boldsymbol{S}_k$ 表示，维度为 $N \times d_v$。$\boldsymbol{S}_k$ 的每一行对应一个 RE，由于 SCMA 的稀疏结构，$\boldsymbol{S}_k$ 的每一列中只有一个非零元素，其位置由分配给用户 k 的一个 RE 对应的行确定。例如，当 $d_v = 2$ 且 $N = 4$ 时，如果将第一个用户分配给第二个和第四个 RE，则 $\boldsymbol{S}_1$ 为

$$\boldsymbol{S}_1 = \begin{bmatrix} 0 & 0 \\ 1 & 0 \\ 0 & 0 \\ 0 & 1 \end{bmatrix} \tag{3-3}$$

SCMA 系统的完整扩展矩阵是一个 $N \times (K d_v)$ 的矩阵，表示为 $\boldsymbol{S} = [\boldsymbol{S}_1, \cdots, \boldsymbol{S}_K]$。其中，$\boldsymbol{S}$ 的每个 d_v 列对应于每个用户。也就是说，$\boldsymbol{S}$ 的第一个 d_v 列（即矩阵 $\boldsymbol{S}$ 的第一列至第 d_v 列）构成 $\boldsymbol{S}_1$，第二个 d_v 列（即第 $d_v + 1$ 列至第 $2d_v$ 列）构成 $\boldsymbol{S}_2$，通常来说，$\boldsymbol{S}$ 的第 k 个 d_v 列（即第 $(k-1)d_v + 1$ 列至第 kd_v 列）构成 $\boldsymbol{S}_K$。例如，$K = 6$，$N = 4$，$d_v = 2$ 的满负荷 SCMA 系统的扩展矩阵 $\boldsymbol{S}$ 如式（3-4）所示，维度为 4×12。

$$\boldsymbol{S} = \begin{bmatrix} 0 & 0 & 1 & 0 & 1 & 0 & 0 & 0 & 1 & 0 & 0 & 0 \\ 1 & 0 & 0 & 0 & 0 & 1 & 0 & 0 & 0 & 0 & 1 & 0 \\ 0 & 0 & 0 & 1 & 0 & 0 & 1 & 0 & 0 & 0 & 0 & 1 \\ 0 & 1 & 0 & 0 & 0 & 0 & 0 & 1 & 0 & 1 & 0 & 0 \end{bmatrix} \tag{3-4}$$

为简便表示，令 $\boldsymbol{f}_k = \text{diag}\left(\boldsymbol{S}_k\boldsymbol{S}_k^{\text{T}}\right)$，$\boldsymbol{f}_k$ 的第 n 个元素表示第 n 个 RE 分配给了第 k 个用户。用户和正交资源之间的复用关系可用复用矩阵 $\boldsymbol{F}$ 表示，$\boldsymbol{F} = [\boldsymbol{f}_1, \cdots, \boldsymbol{f}_K]$，是一个 $N \times K$ 的矩阵，其每列的非零元素用来标识分配给每个用户的 d_v 个 RE。同样地，$\boldsymbol{F}$ 的每一行有 d_c 个非零元素，标识分配给每个 RE 的用户。对于式（3-3）中的示例，复用矩阵为

$$\boldsymbol{F} = \begin{bmatrix} 0 & 1 & 1 & 0 & 1 & 0 \\ 1 & 0 & 1 & 0 & 0 & 1 \\ 0 & 1 & 0 & 1 & 0 & 1 \\ 1 & 0 & 0 & 1 & 1 & 0 \end{bmatrix} \tag{3-5}$$

$\boldsymbol{F}$ 的第一列对应于第一个用户，其被分配给第二个和第四个 RE；$\boldsymbol{F}$ 的第二列对应于第二个用户，其被分配给第一个和第三个 RE，依次类推。此外，$\boldsymbol{F}$ 的第一行对应与第一个 RE，第二个、第三个和第五个用户使用。

复用矩阵也可以用因子图来表示，$\boldsymbol{F}$ 的因子图如图 3-13 所示。

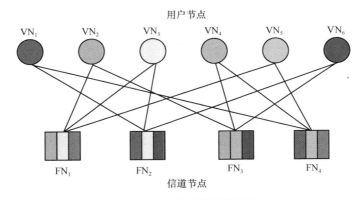

图 3-13　复用关系因子图表示

图 3-13 中，圆圈为因子图中的用户节点，即变量节点（variant node，VN），代表用户发送的信息；方块为因子图当中的函数节点（function node，FN）也就是在正交资源上传输的码字。在因子图中，函数节点的度 $d_v = \dfrac{DN}{K}$，是 $\boldsymbol{F}$ 每一行中不为零的元素数目，表示一个正交资源上叠加用户的码字数量；而用户节点的度 $d_u = D$，同时 D 也是 $\boldsymbol{F}$ 每一列中不为零的元素数目，表示一个用户使用的正交资

源数目。因此我们可以得出，SCMA 系统的复用指数为 $\lambda = \dfrac{N}{K} = \dfrac{d_v}{D}$，即正交资源上复用的用户数目，显然，在 SCMA 系统中，我们可以使 $\lambda > 1$，以此超越传统正交复用方式获得过载复用的好处。上述复用矩阵的资源映射方式如图 3-14 所示。

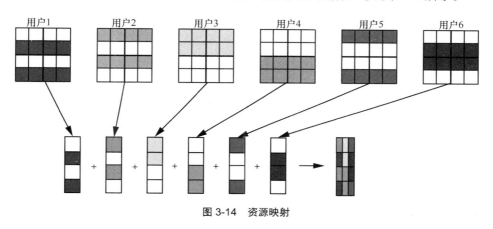

图 3-14　资源映射

3.2.2　SCMA 码本设计建模

根据 3.2.1 节的描述，SCMA 码本设计问题涉及找到最佳的扩展矩阵 $\boldsymbol{S}^*$ 以及最佳的多维星座 χ^*，可以定义为

$$\boldsymbol{S}^*, \chi^* = \underset{\boldsymbol{S}, \chi}{\arg\max}\, f\big(\Gamma\big(\boldsymbol{S}, \chi; N, M, d_v, K\big)\big) \tag{3-6}$$

其中，$\boldsymbol{S} = [\boldsymbol{S}_1, \cdots, \boldsymbol{S}_K]$；$\chi = \chi_1 \chi_2 \cdots \chi_K$；$\Gamma(\cdot)$ 为码本生成函数；$f(\cdot)$ 为设计准则，即该优化问题中的有效函数。对于上行 SCMA 系统，文献[48-49]讨论了次优的优化方法，该方法先查找 $\boldsymbol{S}^*$，然后查找 χ^*。当系统满载时，存在的唯一解决方案 $\boldsymbol{S}^* = \boldsymbol{S}$。此时，SCMA 系统的优化问题可简化为

$$\chi^* = \underset{\chi}{\arg\max}\, f\big(\Gamma\big(\boldsymbol{S}^*, \chi; N, M, d_v, K\big)\big) \tag{3-7}$$

此时的问题是找到 N 个不同的 M 点 d_v 维复星座。为了进一步简化该优化问题，SCMA 多维星座设计通常分两个步骤：首先，设计大小为 M 的 d_v 维母星座 χ^+，其

中的每个元素代表一个星座点，$\boldsymbol{x}_m^+ = \left(x_{1,m}^+, \cdots, x_{d_v,m}^+\right)^{\mathrm{T}}, m \in \{1, \cdots, M\}$；然后，对母星座执行一些用户特定的旋转，以生成用户特定的多维星座。即

$$\chi_k = \left\{\boldsymbol{\Delta}_k \boldsymbol{x}_m^+ \mid \boldsymbol{x}_m^+ \in \chi^+\right\} \tag{3-8}$$

其中，$\boldsymbol{\Delta}_k$ 代表用户特定的旋转矩阵，维度为 $d_v \times d_v$。因此，$\chi = \left\{\boldsymbol{\Delta}_k \boldsymbol{x}_m^+\right\}$，式（3-7）中的优化问题变为

$$\left\{\boldsymbol{\Delta}_k^*\right\}, \chi^{+*} = \underset{\{\boldsymbol{\Delta}_k\}, \chi^+}{\arg\max} \, f\left(\boldsymbol{\Gamma}\left(\boldsymbol{S}^*, \left\{\boldsymbol{\Delta}_k \boldsymbol{x}_m^+\right\}; N, M, d_v, K\right)\right) \tag{3-9}$$

上述方法作为次优方法，通常分别找到母星座和用户特定的旋转矩阵。

3.2.3 基于优化互信息的码本设计

接收码字边缘分布的特性一部分受到信道的影响，另一部分受到码本自身特性的约束。在 MPA 的迭代过程中，由于消息传递机制的存在，在不同正交资源上发送的码字的边缘分布之间存在相关性。而这种相关性来源于映射矩阵的构造。假如不同正交资源的信道特性不相关，那么在一个信道上损失的信息可能借助其他信道上的信息恢复出来。也就是说，如果要利用这种信息传递的特性来对抗信道带来的信息损失，那么需要对 MPA 检测准则中的边缘分布进行整体考虑。基于互信息的码本设计正是基于这样的问题来确定效用函数的。

定义用户 j 的发送码字 s_j 与接收码字 y 之间的互信息为 $I(s_j; y)$，则

$$I\left(s_j; y\right) = H\left(s_j\right) - H\left(s_j \mid y\right) =$$
$$\log_2 M - \mathrm{E}\left\{\sum_{m=1}^{M} \frac{p\left(s_j = s_{j,m}, y\right)}{p(y)} \log_2 \frac{p\left(s_j = s_{j,m}, y\right)}{p(y)}\right\} \tag{3-10}$$

其中，$s_{j,m}$ 是第 j 个用户码本当中的第 m 个码字，而

$$p\left(s_j = s_{j,m}, y\right) = \left(\frac{1}{M}\right)^J \sum_{s_j = s_{j,m}} \left(\frac{1}{\pi N_0}\right)^k \exp\left(-\frac{\left\|y - \sum_{i=1}^{J} \mathrm{diag}\left(\boldsymbol{h}_i\right) s_i\right\|^2}{N_0}\right) \tag{3-11}$$

结合 MPA 的原理，$H(s_j)$ 是变量节点的信息熵，而 $H(s_j|y)$ 是函数节点的信息熵。互信息 $I(s_j;y)$ 是从函数节点向变量节点传递的信息量。从统计的角度看，互信息取决于码本自身的设计，也描述了从变量节点向函数节点传递信息的能力。或者说，它体现了 SCMA 码本自身通过内在结构来对抗信道所产生的不确定性的能力。因此，码本设计问题的效用函数可以用互信息来度量。

我们可以将效用函数确定为

$$f(\cdot) = \min_{j=1,\cdots,J} I\left(s_j;y\right) \tag{3-12}$$

进一步，式（3-12）可以表示为

$$\min_{\theta} Q_0(\theta) = -R$$
$$\text{s.t.} \ Q_j(\theta) = R - I\left(s_j;y\right) \leqslant 0, j = 1,\cdots,J \tag{3-13}$$

其中，θ 由映射矩阵的非零元素 $a_{k,j} = \mathrm{e}^{\mathrm{j}\theta_{k,j}}$ 的极角 $\theta_{k,j}$ 组成；效用函数 Q_j 也组成一个 J 维的函数向量，代表每一个用户的互信息函数。通过式（3-20）可以发现，互信息的表达式是组合积分形式，也就是说，上述最优化问题不能保证目标函数的凸性，也不能直接推导出闭式解。因此，我们采用内点法进行求解。为了提高算法的收敛速度，我们在解空间中随机生成多个局部求解器的起点，在每一个子求解上分别求得局部最优解，然后比较各个子求解域产生的最优解，最终获得全局最优解。对于每一个局部求解器，其 KKT（Karush-Kuhn-Tucker）条件为

$$\nabla Q_0(\theta) + \sum_{j=1}^{J} \lambda_j \nabla Q_j(\theta) = \frac{1}{\mu} \tag{3-14}$$

其中，∇ 为 Nabla 算符，罚函数因子 μ 表征了求解的质量。当 μ 足够大时，式（3-14）所描述的条件接近真实的最优解条件。因此在每一个局部求解器中，我们还要引入内迭代来逐步运用内点法求解。对于这样的组合积分问题，式（3-14）给出的只是近似的对偶问题条件。具体来说，每一个迭代中求解式（3-13）所描述问题的原问题和对偶问题，综合原问题和对偶问题的结果和误差来使算法逐步收敛。也就是说，这个过程是逐步通过修正项 $\Delta\theta$ 和 $\Delta\lambda$ 来逐步逼近局部最优解的，同时引入残差来计量迭代的效果。具体的综合方法可描述为

$$\begin{bmatrix} \nabla^2 Q_0(\theta) + \sum_{j=1}^{J} \lambda_j \nabla^2 Q_j(\theta) & G(\boldsymbol{Q})^{\mathrm{T}} \\ -\mathrm{diag}(\lambda)G(\boldsymbol{Q}) & -\mathrm{diag}(G(\boldsymbol{Q})) \end{bmatrix} \begin{bmatrix} \Delta\theta \\ \Delta\lambda \end{bmatrix} = \begin{bmatrix} d \\ p \end{bmatrix} \tag{3-15}$$

其中，$G(\boldsymbol{Q})$ 是函数向量 $\boldsymbol{Q}$ 的梯度，可以直接通过差分得到；d 和 p 分别是对偶问题和原问题的残差。这里同时考虑了原问题及其对偶问题，通过两个问题的同步逼近来获得收敛。

至此，我们得到了式（3-13）所描述的优化问题的解。由于采用随机起始点，因此算法求解的效果也有一定的随机性。但是当随机起始点的规模达到一定程度时，其结果可以逐渐覆盖整个解空间，并且收敛到全局最优解。因此算法的效果一定程度上依赖于搜索的规模。

3.2.4　降低误比特率的 SCMA 设计

基于 ML 准则，我们可以认为，码本的性能由旋转叠加后的高维星座点之间的欧氏距离决定。基于星座点的判决我们通常考虑其成对差错概率，也就是两两星座点之间的欧氏距离。假设 $x_a \in C$，而且在 x_a 中的 s_j^a 是第 j 个用户发送的码字，则 x_a 有 M^J 种可能的取值。同时假设 $x_b \in C$ 且 $s_j^b \neq s_j^a$，因此 x_b 有 $(M-1)M^{J-1}$ 种可能的取值。我们可以得出第 j 个用户码字的误符号率（symbol error rate，SER）上界为

$$P_j(e) \leqslant \frac{1}{M^J} \sum_{x_a} \left(\sum_{x_b, s_j^b \neq s_j^a} P(x_a \to x_b) \right) \tag{3-16}$$

其中，e 为错误事件，$P(x_a \to x_b)$ 为第 j 个用户的联合成对差错概率。对于单个用户来说，成对差错概率项应该有 $(M-1)M^{2J-1}$ 个。在 AWGN 信道下，成对差错概率由星座点之间的欧氏距离决定，即

$$P(x_a \to x_b) = \mathrm{erfc}\left(\sqrt{\frac{\|x_a - x_b\|^2}{2N_0}} \right) \tag{3-17}$$

其中，$\mathrm{erfc}(x) = \dfrac{1}{2\pi}\displaystyle\int_{x}^{+\infty} \mathrm{e}^{t^2/2}\mathrm{d}t$。至此我们得到了基于 ML 准则的 SCMA 码本差错概率分析方法，同时也得出了码本设计的一个效用函数为

$$f(\cdot) = \min \|x_a - x_b\|$$ （3-18）

这就是基于欧氏距离的码本设计思想，通过设计旋转叠加之后的高维星座，使星座点之间的最小欧氏距离尽可能的大，从而使其误码率降低。

码本设计先固定基本的母星座，通过调整旋转角度产生每个用户的码本，再进行叠加生成总的星座。由于 SCMA 码字的各个维度之间相互独立，因此我们可以考虑在每个维度上分别设计星座特性的方法。对于用户 j 在单个正交资源 k 上发送的码字 $s_j^{(k)}$ 的星座 g_j^k，其旋转前的原型星座可以先确定下来，我们将其记为 g。给定调制阶数 M，我们可以设计一个符合要求的欧氏距离的 g。一般来说，我们将 g 设计为幅移键控（amplitude shift keying，ASK）或者 QAM 星座。定义星座旋转算子为 Δ_j^k，则 $g_j^k = \Delta_j^k g$。星座旋转算子的作用是对原型星座进行整体旋转。因为在快变衰落信道当中，接收信号的星座相对于原始星座是旋转和伸缩的变换结果。具体来说，假设发送的符号为 $x = [x_1, x_2, \cdots, x_l]$，信道响应为 $h = [h_1, h_2, \cdots, h_l]$，噪声向量为 n，则接收信号为 $r = h^T * x + n$，其中 $E[h_i^2] = 1$。在这里 x 可以被看作用户信息经过原型星座 g 调制后映射而成的码字，那么 h 的作用就是对这些码字做旋转叠加。对于单个用户 j 在单个正交资源上发送的码字，我们可以认为其经过了这样一个信道：旋转后的星座相对于原星座，其欧氏距离特性不改变，但是其维度分集特性会改变。所谓维度分集，就是星座在信道中经历衰落时，在不同分量上可能产生的衰落方向数目不同而造成对性能的影响。假设 ASK 或者 QAM 的同相分量和正交分量是独立衰落的，那么对普通的 ASK 或者 QAM 进行旋转可以增加其维度分集数。这样我们只需要单独地设计每一个 Δ_j^k 即可达到对每个用户的星座增加维度分集的效果。假设星座 g_j^k 的维度数为 L，$x, y \in g_j^k$，定义星座的最小 L 维距离为

$$d_{p,\min}^{(L)}(g_j^k) = \prod_{x_i \neq y_i}^{L} |x_i - y_i|$$ （3-19）

则对于每一个星座 g_j^k，我们只需要设计旋转算子使其最小 L 维距离最大即可，这样就能使星座获得最大的维度分集增益。我们可得到关于 Δ_j^k 的最优化问题为

$$\Delta_j^k = \arg \max_{\Delta_j^k} d_{p,\min}^{(L)}(\Delta_j^k g)$$
$$\text{s.t. } g$$ （3-20）

星座旋转算子的作用相当于给每一个星座点乘上一个旋转因子 $e^{j\theta}$，对 Δ 的求解

也就相当于对 θ 的求解。经过推导，我们将高维星座的整体设计问题转化为对多个低维子星座的单独设计问题。基于 SCMA 的稀疏扩频结构，我们只需要保证 $\theta_{j,k_1} \neq \theta_{j,k_2}(k_1 \neq k_2)$ 和 $\theta_{j_1,k} \neq \theta_{j_2,k}(j_1 \neq j_2)$，因此可以容许 θ 的重复。当稀疏矩阵 $\boldsymbol{F}$ 的维度增大时，θ 的相对重复率是可以提高的，这样可以减轻设计的复杂度。

我们可以直接使用线性搜索的方式求解每一个 Δ_j^k。这样的组合优化问题一般可以求出多个指标相近的解，但是解的数量毕竟是有限的。由于 k 相同的星座存在直接的叠加关系，因此这些星座必须两两不同才能保证最大的差异性。综合上述条件，假设得到的解的组数是 k，那么我们可以给出 Δ_j^k 组 k 相同的星座分配不同的解，然后通过交织的方式得到其余 k 相同叠加组的星座。

3.2.5 SCMA 性能

首先，我们给出 PD-NOMA 的性能。PD-NOMA 下行链路的系统级仿真参数如表 3-3 所示。

表 3-3 PD-NOMA 下行链路的系统级仿真参数

仿真参数	值
拓扑结构	蜂窝小区每 3 个扇区构成一个网元实体，共 19 个网元实体
宏观网元实体间距离/m	500
系统带宽/ MHz	10
载波频率/ GHz	2.0
eNB 与用户之间的信道	ITU UMa
天线配置	2Tx/2Rx（Tx 表示发送天线，Rx 表示接收天线）
流量模式	全缓冲
叠加传输中叠加信号数/个	2
发送方案	单点传输方案和多用户叠加传输

小区平均有 10 个和 20 个用户时，PD-NOMA 下行链路的系统仿真结果如图 3-15 所示，可以看出，相比 OMA，PD-NOMA 能够获得明显的性能增益。

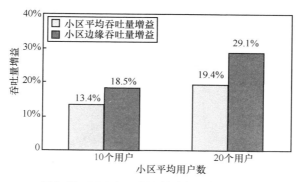

图 3-15　PD-NOMA 下行链路的系统仿真结果

从图 3-15 可以看出，小区平均用户数为 10 个时，相比于 OMA，PD-NOMA 可以获得 13.4%的小区平均吞吐量增益，可以获得 18.5%的小区边缘吞吐量增益；小区平均用户数为 20 个时，相比于 OMA，PD-NOMA 可以获得 19.4%的小区平均吞吐量增益，可以获得 29.1%的小区边缘吞吐量增益，增益随着小区平均用户数的增加而增加。

接下来给出 SCMA 的性能。首先，给出 6 种信道模型如下。

（1）FSC：每个用户在其 RE 上观察到相同信道系数的未编码衰落。

（2）FIC：每个用户在其 RE 上观察到独立信道系数的未编码衰落。

（3）FFSC：每个用户在其 RE 上观察到相同信道系数的编码快衰落。

（4）FFIC：每个用户在其 RE 上观察到独立信道系数的编码快衰落。

（5）SFSC：每个用户在其 RE 上观察到相同信道系数的编码准静态衰落。

（6）SFIC：每个用户在其 RE 上观察到独立信道系数的编码准静态衰落。

然后，讨论不同的 SCMA 码本设计方法在不同场景中的仿真性能，将信噪比定义为星座图中每比特的平均能量除以噪声方差。

1. 未编码场景

未编码场景下，FSC 和 FIC 中 4 点二维复星座的误码率分别如图 3-16 和图 3-17 所示[50]，4-Peng、4LQAM、4CQAM、T4QAM、4-Bao、4-Beko、4-LDS 表示不同的星座映射，具体描述如文献[50]所示。

从图 3-16 和图 3-17 可知，FSC 和 FIC 对误码率性能有一定影响。此外，不同信噪比下多用户检测器也会影响系统的性能。我们放大了低信噪比下未编码系统的误码率性能，注意到多用户干扰的存在改变了低信噪比时误码率曲线的排序。

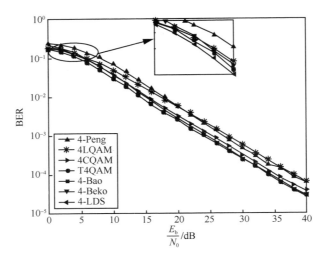

图 3-16　未编码场景下 FSC 中 4 点二维复星座的误码率

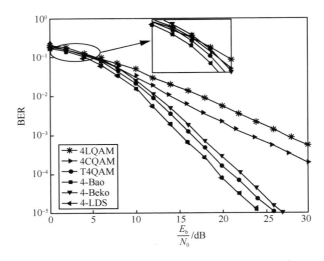

图 3-17　未编码场景下 FIC 中 4 点二维复星座的误码率

2. 高速率 Turbo 码场景

高速率 Turbo 编码（码率 $R = \dfrac{4}{5}$）的 SCMA 系统中，FFSC、FFIC、SFSC 和 SFIC 中 4 点星座的误帧率（frame error rate，FER）如图 3-18～图 3-21 所示[50]。

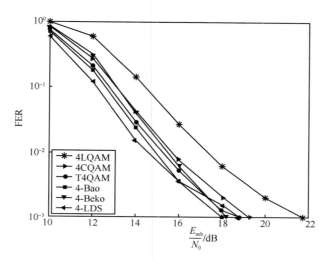

图 3-18　FFSC 中 4 点星座的 FER

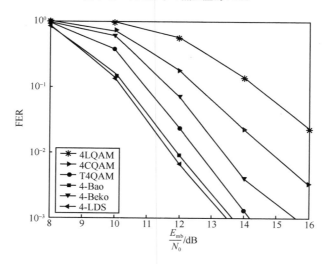

图 3-19　FFIC 中 4 点星座的 FER

从图 3-18 可以看出，4-LDS 是最佳选择，4-Bao 的 FER 性能比 4-LDS 差。从图 3-19 可以看出，4-LDS 和 4-Bao 的 FER 性能优于其他星座。

由于在准静态衰落情况下，整个码字的传输期间每个信道系数都是恒定的，系统性能很差，因此，在准静态衰落场景中，应该关注的是更高的信噪比区域。

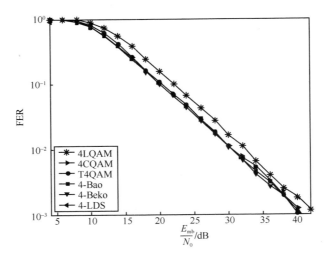

图 3-20　SFSC 中 4 点星座的 FER

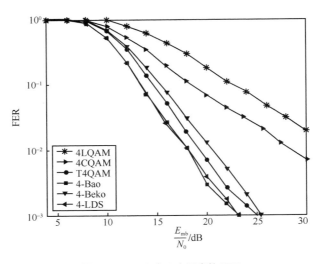

图 3-21　SFIC 中 4 点星座的 FER

　　从图 3-20 中可以看到，SFSC 中 4 点星座的 FER 变化趋势与 FSC 在高信噪比下未编码场景的误码率变化趋势一致。从图 3-21 中可以看到，对于 10^{-2} 的目标 FER，SFIC 中 4 点星座的 FER 变化趋势与 FIC 在相应的信噪比下的未编码场景的误码率变化趋势一致。

| 3.3　PDMA |

3.2 节详细介绍了 SCMA，本节将详细介绍 PDMA。不同于 SCMA 中每个用户、信道节点的度都一样，PDMA 节点的度可以不一样。

3.3.1　PDMA 的基本结构

不失一般性，此处认为发送端和接收端均只有一个天线。

在发送端，一个 PDMA 编码器将调制信号 x_k 映射到多个资源块上产生一个 PDMA 调制向量 $\boldsymbol{v}_k$。在接收端，一个多用户检测算法将被用来检测多用户的数据。在下行 PDMA 系统中有 K 个用户，并且他们的数据将按照 PDMA 模式被映射到 N 个资源块上，其中 PDMA 模式是一个向量，由 K 个 PDMA 模式向量组成的矩阵称为 PDMA 矩阵。第 k 个用户的 PDMA 调制向量 $\boldsymbol{v}_k$ 是根据 PDMA 模式 $\boldsymbol{g}_k$ 将第 k 个用户的调制信号 x_k 按照式（3-21）扩展得到的。

$$\boldsymbol{v}_k = \boldsymbol{g}_k x_k,\ 1 \leqslant k \leqslant K \qquad (3\text{-}21)$$

其中，$\boldsymbol{g}_k$ 是一个 $N \times 1$ 维的二元向量，其元素是"1"或"0"，"1"表示用户数据被映射到相应的资源块上，"0"表示不映射到该资源块。K 个用户在 N 个资源块上的 PDMA 模式组成了 PDMA 模式矩阵 $\boldsymbol{G}_{\text{PDMA}}^{[N,K]}$，它的维度是 $N \times K$。

$$\boldsymbol{G}_{\text{PDMA}}^{[N,K]} = [\boldsymbol{g}_1, \boldsymbol{g}_2, \cdots, \boldsymbol{g}_K] \qquad (3\text{-}22)$$

它的设计应当遵循以下原则。

（1）在模式矩阵中，拥有不同"1"数目的模式向量的数目应该最大化。

（2）应尽量减少具有相同"1"数目的模式向量的数目。

根据以上原则，N 个正交资源块能够支持的用户最大数目为

$$\text{C}_N^1 + \text{C}_N^2 + \cdots + \text{C}_N^N = 2^N - 1 \qquad (3\text{-}23)$$

其中，C_N^n 表示一个集合 N 的所有 n 个元素组合的数目。

例如，$N=3$，$K=7$ 的模式矩阵可以设计为式（3-24），其因子图如图 3-22 所示。

$$G_{\text{PDMA}}^{[3,7]} = \begin{bmatrix} 1 & 1 & 0 & 1 & 1 & 0 & 0 \\ 1 & 1 & 1 & 0 & 0 & 1 & 0 \\ 1 & 0 & 1 & 1 & 0 & 0 & 1 \end{bmatrix}$$

（3-24）

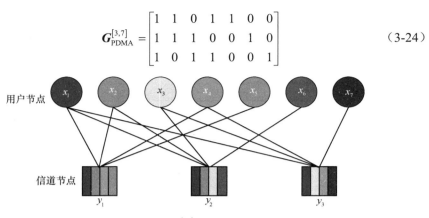

图 3-22　$G_{\text{PDMA}}^{[3,7]}$ 的因子图

我们认为每个用户都被分配一个 PDMA 模式，PDMA 编码后，基站处的多路数据流叠加在一起并被及时发送出去。在接收端，第 k 用户的接收信号 $\boldsymbol{y}_k$ 可以表达成如下形式。

$$\boldsymbol{y}_k = \text{diag}(\boldsymbol{h}_k)\sum_{i=1}^{K}\boldsymbol{g}_i x_i + \boldsymbol{n}_k = \left(\text{diag}(\boldsymbol{h}_k)\boldsymbol{G}_{\text{PDMA}}^{[N,K]}\right)\boldsymbol{x} + \boldsymbol{n}_k =$$

$$\boldsymbol{H}_k \boldsymbol{x} + \boldsymbol{n}_k \boldsymbol{H}_K = \left(\text{diag}(\boldsymbol{h}_k)\boldsymbol{G}_{\text{PDMA}}^{[N,K]}\right)$$

（3-25）

其中，$\boldsymbol{n}_k$ 表示接收端第 k 个用户受到的干扰和噪声，$\boldsymbol{h}_k$ 是第 k 个用户下行信道响应向量，$\boldsymbol{y}_k, \boldsymbol{n}_k, \boldsymbol{h}_k$ 均是长度为 N 的列向量；$\text{diag}(\boldsymbol{h}_k)$ 表示一个对角矩阵，对角线上的元素为 $\boldsymbol{h}_k$ 内的元素；$\boldsymbol{H}_k$ 表示第 k 个用户在 N 个资源块的 PDMA 等效信道响应矩阵；$\boldsymbol{x}$ 可表示为

$$\boldsymbol{x} = [x_1, x_2, \cdots, x_K]^{\text{T}}$$

（3-26）

$\boldsymbol{H}_{\text{CH}} = [\boldsymbol{h}_1, \boldsymbol{h}_2, \cdots, \boldsymbol{h}_k]$ 的第 (n,k) 个元素表示第 k 个用户到基站在第 n 个资源块上的信道响应。

过载率被定义为用户数量与资源块数量的比值。它表示了相对于正交机制的复用倍数。以 $N=3, K=6$ 为例，过载率 $\alpha = \dfrac{K}{N} = 200\%$，该例子的模式矩阵可表示为

$$G_{\text{PDMA}}^{[3,6]} = \begin{bmatrix} 1 & 1 & 0 & 1 & 0 & 0 \\ 1 & 0 & 1 & 0 & 1 & 0 \\ 0 & 1 & 1 & 0 & 0 & 1 \end{bmatrix}$$

（3-27）

相应地，第 k 个用户的接收信号可以写为

$$y_k = \mathrm{diag}(h_{1k}, h_{2k}, h_{3k}) G_{\mathrm{PDMA}}^{[3,6]} (x_1, x_2, \cdots, x_6)^{\mathrm{T}} + (n_{1k}, n_{2k}, n_{3k})^{\mathrm{T}} =$$

$$\begin{bmatrix} h_{1k} & h_{1k} & 0 & h_{1k} & 0 & 0 \\ h_{2k} & 0 & h_{2k} & 0 & h_{2k} & 0 \\ 0 & h_{3k} & h_{3k} & 0 & 0 & h_{3k} \end{bmatrix} (x_1, x_2, \cdots, x_6)^{\mathrm{T}} + (n_{1k}, n_{2k}, n_{3k})^{\mathrm{T}}$$

$$（3\text{-}28）$$

上述过程是对调制信号 x_k 直接进行 PDMA 编码的，星座映射和 PDMA 编码可以通过将用户的数据比特流映射到 PDMA 调制向量同时实现。这是一种联合 PDMA 调制机制同时完成 PDMA 编码和星座映射的方法。在这种联合调制机制中，第 k 个用户根据 PDMA 模式向量生成的候选 PDMA 调制向量集就是码本。码本是离线产生的并且在收发端成对保存。一旦用户的模式向量被确定，相应的码本就是确定的。因此，联合 PDMA 调制就是基于用户的数据比特从码本中选择一个 PDMA 调制向量。码本中的向量和与其相关的 PDMA 模式具有相同的稀疏性，即零元素出现在相同的位置。实际上，向量中的非零元素是高维空间中的多维星座。联合 PDMA 调制在高维空间内同时完成了 PDMA 编码和星座映射。

3.3.2 提高吞吐量的 PDMA

由式（3-28）可知，在接收端每个用户的接收信号里都包含 3 部分内容，即用户 k 想要的信号、干扰信号和噪声信号。为了便于进一步分析，将式（3-28）展开为

$$y_{n,k} = g_{n,k} b_{n,k} p_{n,k} x_k + \sum_{j=1, j \neq k}^{K} g_{n,j} b_{n,j} p_{n,j} x_j + z_k \qquad （3\text{-}29）$$

其中，k 和 n 分别表示第 k 个用户和第 n 个资源块，$y_{n,k}$ 表示 y_k 的第 n 元素，$g_{n,k}$ 表示 g_k 的第 n 个元素，$p_{n,k}$ 表示第 k 个用户在第 n 个资源块上的发送功率，$z_k \sim \mathrm{N}(0, \sigma^2)$ 表示高斯随机噪声，$b_{n,k}$ 表示第 k 个用户在第 n 个资源块上的信道增益。

$$b_{n,k} = \frac{h_{n,k}}{d_k^{\beta}} \qquad （3\text{-}30）$$

其中，$h_{n,k}$ 为 H_{CH} 的第 n 行第 k 列元素，d_k 为用户 k 到基站的距离，β 为损耗因子。当接收端采用基于 SIC 的多用户检测算法时，由于 SIC 检测算法会从接收信号中减

去前面用户的重建信号，因此第 k 个用户在第 n 个资源块处的干扰为

$$I_{n,k} = \sum_{j=k+1}^{K} g_{n,j} b_{n,j} p_{n,j} x_j \tag{3-31}$$

用户 k 的吞吐量可以表示为

$$C_k = \sum_{n=1}^{N} C_{k,n}$$

$$C_{k,n} = \log_2 \left(1 + \frac{g_{n,k} b_{n,k} p_{n,k}}{I_{n,k} + \sigma_k^2} \right) \tag{3-32}$$

总的吞吐量可以表示为

$$C_k = \sum_{n=1}^{N} C_{k,n}$$

$$C = \sum_{k=1}^{K} \sum_{n=1}^{N} \log_2 \left(1 + \frac{g_{n,k} b_{n,k} p_{n,k}}{I_{n,k} + \sigma_k^2} \right) \tag{3-33}$$

由上述分析可知，在有限的总发送功率限制下，可以通过合理的分配功率使总吞吐量最大，这个问题可以表示为

$$\max_{g_{n,k}, p_{n,k}} \sum_{k=1}^{K} \sum_{n=1}^{N} \log_2 \left(1 + \frac{g_{n,k} b_{n,k} p_{n,k}}{I_{n,k} + \sigma_k^2} \right) \tag{3-34}$$

其约束条件为

$$\sum_{k=1}^{K} \sum_{n=1}^{N} p_{n,k} \leqslant P \tag{3-35}$$

$$p_{n,k} \geqslant 0 \tag{3-36}$$

$$\sum_{k=1}^{K} g_{n,k} \leqslant L \tag{3-37}$$

其中，L 表示一个资源块上最多能够叠加的用户数目。式（3-35）表示总功率限制。式（3-37）表示控制每个资源的用户数量，以确保适当的 PDMA 矩阵稀疏性，将接收端检测算法的复杂度保持在理想的水平。下面将详细介绍功率分配方法。

此处的功率分配方法[51]是基于迭代注水（iterative water flooding，IWF）算法提出的。式（3-34）中的优化问题是一个非凸优化问题，因为其中的约束条件二元常

量 $g_{n,k}$ 是非凸的。这个优化问题可以用迭代的方式解决。我们首先假设所有的用户都映射到所有的资源，也就是说模式矩阵的所有元素均为 1。上述的优化问题可以改写为

$$\max_{g_{n,k}p_{n,k}} \sum_{k=1}^{K} \sum_{n=1}^{N} \log_2\left(1 + \frac{b_{n,k}p_{n,k}}{I_{n,k} + \sigma_k^2}\right)$$ （3-38）

约束条件不变。为了便于分析，我们把这种干扰当作噪声。于是我们可以进一步得到一个如下的拉格朗日函数。

$$L\left(p_{n,k}, \lambda\right) = \sum_{k=1}^{K} \sum_{n=1}^{N} \log_2\left(1 + \frac{b_{n,k}p_{n,k}}{I_{n,k} + \sigma_k^2}\right) + \lambda\left(P - \sum_{k=1}^{K} \sum_{n=1}^{N} p_{n,k}\right)$$ （3-39）

其中，λ 表示拉格朗日乘子。求拉格朗日函数关于 $p_{n,k}$ 的偏导，我们可以得到 $p_{n,k}$ 表达式为

$$p_{n,k} = \left(\frac{1}{\lambda \ln 2} - \frac{1}{\gamma_{n,k}}\right)^{+}$$

$$\gamma_{n,k} = \frac{p_{n,k}b_{n,k}}{I_{n,k} + \sigma_k^2}$$ （3-40）

其中，$(x)^{+} = \max\{0, x\}$。在 IWF 算法中，我们可以通过多次迭代获得 $p_{n,k}$。如果第 k 个用户在第 n 个资源块上被分配的功率 $p_{n,k} = 0$，则相应的 $g_{n,k} = 0$。然后，计算映射到相同资源块的用户的最大数量，如果式（3-40）中的条件不满足，那么从过载最多的资源块上删除 $C_{n,k}$ 最小的用户。删除一个用户后，模式矩阵中将被更新，其中元素 $g_{n,k} = 0$。同时，更新的 PDMA 矩阵将更新干扰。重复上述过程，直到满足式（3-40）中的条件。

3.3.3　降低 BLER 的 PDMA

将 MIMO 技术与 PDMA 技术结合能够显著提高发送端的可靠性[52]。现考虑只有一个基站的下行发送场景，该基站与多个用户通信，基站配有 N_t 个发送天线，每个用户分别配 N_r 个接收天线。与上述的 PDMA 不同，此处的 PDMA 中用户与基站均使用多天线而非单个天线。根据文献[53]中使用的几何散射模型，将小区内的所

有用户划分为 J 个正交空间簇，每个簇有 K 个用户，然后为每个簇分配适当的 PDMA 模式矩阵。接下来，集群中的 K 个用户根据它们与基站间的距离选择相应的 PDMA 模式。PDMA 模式划分的基本准则是高增益的模式被划分给小区边缘用户，而低增益的模式则被划分给小区中心的用户。这样的划分准则使小区内的所有用户能够公平通信并且提高了边缘用户的吞吐量。PDMA 模式的稀疏性允许使用低复杂性 MPA，该算法性能逼近 ML 检测性能，即使系统承载了大量的层。

基于上述模式划分思想，下面将详细介绍 PDMA 基本发送单元（basic transmission unit，BTU）。

用户数据占用的 PDMA BTU 由基站或用户表示。BTU 由时频资源块、PDMA 模式和导频序列组成，如图 3-23 所示，两个时频资源块上定义了 3 个独特的 PDMA 模式，每个模式对应 4 个导频序列。

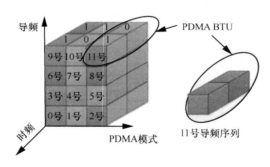

图 3-23　PDMA 的 BTU

导频资源和 PDMA 模式矩阵资源的分配按照如下方式进行：0 号～2 号，3 号～5 号，6 号～8 号，9 号～11 号的 BTU 有着同样的导频资源但是不同的 PDMA 模式。然而 0 号、3 号、6 号、9 号 BTU 有着相同的 PDMA 模式 $g_1 = [1,1]^T$ 和不同的导频序列。1 号、4 号、7 号、10 号 BTU 有着相同的 PDMA 模式 $g_2 = [1,0]^T$ 和不同的导频序列。同理，2 号、5 号、8 号、11 号 BTU 有着相同的 PDMA 模式 $g_3 = [0,1]^T$ 和不同的导频序列。BTU 的选择按照如下规则进行。

（1）每个用户的数据流对应一个或多个模式。

（2）具有相似空间特征的多个用户占用具有不同 PDMA 模式的 BTU。

（3）在许多用户需要传输数据的情况下，低关联性的用户可以使用相同模式的

BTU。但是，它们对应的解调参考信号（DMRS）资源应该是不同的，并且不同的 DMRS 资源由 BS 表示或由用户随机选择。

发送端有 N_t 个发送天线，这 N_t 个发送天线共享 N 个子载波，第 k 个用户第 n_r 个天线上接收到的来自基站的信号可以表示为

$$y_k^{n_r} = \sum_{n_t=1}^{N_t} \mathrm{diag}\left(h_k^{n_r n_t}\right) W X^{n_t} + n_k^{n_r}$$
$$k = 1,2,3,\cdots,K, n_r = 1,2,3,\cdots,N_r \qquad (3\text{-}41)$$

其中，$X^{n_t} = [X_1^{n_t}\ X_2^{n_t}\ \cdots\ X_K^{n_t}] = [x_1^{n_t} g_1\ x_2^{n_t} g_2\ \cdots\ x_K^{n_t} g_K] \in \mathbb{C}^{N \times K}$，这里的 g_i 指 PDMA 模式。

$W \in \mathbb{C}^{N_t N \times n_t N}$ 是预编码矩阵。$h_k^{n_r n_t} \in \mathbb{C}^{N \times 1}$ 是基站第 n_t 个发送天线到用户第 n_r 个接收天线之间 N 个资源块上的信道增益。$n_k^{n_r} \sim \mathrm{CN}(0, I)$ 是用户 k 在天线 n_r 上的噪声。用户 k 上所有 N_r 个天线上接收信号可以表示为

$$y_k = \sum_{n_t=1}^{N_t} \sum_{k=1}^{K} \mathrm{diag}\left(h_k^{n_t}\right) w \begin{bmatrix} x_k^{n_t} \\ x_k^{n_t} \\ \vdots \\ x_k^{n_t} \end{bmatrix} + n_k \qquad (3\text{-}42)$$

其中，$h_k^{n_t} = \left[\left(h_k^{1,n_t}\right)^T\ \left(h_k^{2,n_t}\right)^T\ \cdots\ \left(h_k^{N_r,n_t}\right)^T\right]^T \in \mathbb{C}^{N_r,N \times 1}$。式（3-42）可以进一步展开为

$$y_k = \sum_{n_t=1}^{N_T} \sum_{k=1}^{K} \mathrm{diag}\left(h_k^{n_t}\right) w \begin{bmatrix} x_k^{n_t} \\ x_k^{n_t} \\ \vdots \\ x_k^{n_t} \end{bmatrix}_{N_r N \times 1} + n_k =$$

$$\sum_{n_t=1}^{N_T} \mathrm{diag}\left(h_k^{n_t}\right) w \begin{bmatrix} x_k^{n_t} \\ x_k^{n_t} \\ \vdots \\ x_k^{n_t} \end{bmatrix}_{N_r N \times 1} + \sum_{n_t=1}^{N_T} \sum_{i \neq k} \mathrm{diag}\left(h_i^{n_t}\right) w \begin{bmatrix} x_i^{n_t} \\ x_i^{n_t} \\ \vdots \\ x_i^{n_t} \end{bmatrix}_{N_r N \times 1} + n_k \qquad (3\text{-}43)$$

其中，第二项是其他用户对用户 k 的干扰，可以用 ψ_k 表示。

在上述基本模型的基础上，我们考虑 MIMO-PDMA 的发送端设计。

MIMO-PDMA 发送端可以采用与 LTE 类似的分集方式实现非正交空时或空频

分块编码。由于非正交性，多个用户的数据流可以不正交地叠加在同一时空或空频资源块上。与正交性相比，这相当于在原始数据流之前乘以 PDMA 模式矩阵，然后进行空频块编码（space-frequency block coding，SFBC），将编码符号映射到空频资源块上。这相当于 PDMA 和多天线的直接组合，即多用户数据信息在时频资源上非正交叠加，再通过多天线进行传输。发送端数据传输过程如下。在基站中，传输给多个用户的数据首先由信道编码器进行编码。然后，由 PDMA 编码器和调制器进行重新编码和调制，可通过基站电源控制指令修改分配给每个用户的电源，将功率修改后的调制符号映射到一个或多个传输层（传输层总数为 L）。PDMA 资源映射规则描述如下：PDMA 模式矩阵中的元素"1"表示数据映射到时间和频率资源上，而元素"0"表示没有映射。最后，利用 OFDM 调制将数据以适当的频率调制到子载波上，生成每个天线端口的 OFDM 符号。在 PDMA 编码调制过程中（这一过程是不同于目前的 LTE MIMO 系统的主要部分），编码后的数据通过 PDMA 模式映射到物理资源块。应注意的是，PDMA 编码调制允许多个用户共享同一个资源块，进一步提高系统容量。在 MIMO-PDMA 下行传输过程中，该方法的主要任务是选择最佳的功率分配因子，使加权和数据速率最大。

$$\tau_{\text{opt}} = \arg\max\left\{\sum_{k=1}^{K} \frac{f\left(\text{SINR}_K\left(\alpha_1, \alpha_2, \cdots, \alpha_K\right)\right)}{\overline{R}_K}\right\}$$

$$\text{s.t.} \left\|\left(\alpha_1, \alpha_2, \cdots, \alpha_K\right)\right\| \leqslant 1 \tag{3-44}$$

其中，$f(\text{SINR}_K(\alpha_1, \alpha_2, \cdots, \alpha_K))$ 是关于信号与干扰加噪声比（signal to interference plus noise ratio，SINR）的函数，表示当最佳功率分配因子是 τ_{opt} 时用户 k 的数据速率；$\overline{R}_K$ 表示用户 k 的平均数据速率；$\|\cdot\|$ 表示矩阵元素总和；约束条件表示每个 RE 上的总功率分配因子之和必须小于或等于 1。由式（3-44）可知，最优功率分配是指对变量值进行多维度的优化，这使最优功率分配的计算变得复杂，因此本节考虑了一种次优总功率分配方法，即固定总功率分配因子。对于固定总功率分配因子，系统将为用户设置一个递归因子 μ 作为用户的总功率分配因子。首先，系统根据用户的信道增益对所有用户进行升序排序，更多的功率将分配给排名靠前的用户。假设用户总功率为 P_T，则分配给用户 k 的功率为

$$P_k = \begin{cases} \mu P_T, k = 1 \\ \mu\left(1 - \sum_{i=1}^{k-1} P_i\right), 1 \leqslant k \leqslant K \end{cases} \tag{3-45}$$

通过使用固定总功率分配因子，发送端和接收端可以对每个用户的功耗进行预测，使扩频和解调的速度更快，复杂度更低。另一方面，我们应该注意到，递归因子 μ 是固定的，求解功率分配因子的过程无法根据用户的信道收益实时改变。因此，与全搜索功率分配因子相比，固定总功率分配因子是一种次优的功率分配方法。对于 PDMA 下行网络，功率分配的目的是保持用户之间的公平性，合理分配功率，减少干扰，同时，提高小区的平均吞吐量和边缘用户的吞吐量。功率分配的核心思想是离基站越远的用户分配的功率越大，离基站越近的用户分配的功率越小。

接收端检测的基本思想是构造等价的接收信号的频域模型，它是基于 PDMA 编码模式矩阵和 SFBC 的组合，然后将等效的接收信号和等效的信道响应矩阵发送到检测器。下行 MIMO-PDMA 系统结构如图 3-24 所示。

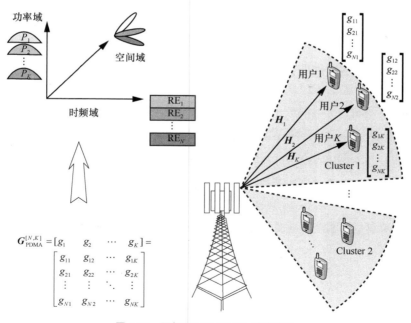

图 3-24　下行 MIMO-PDMA 系统结构

如果采用 2 发 2 收的下行天线配置，使用图 3-24 所示的两个时频资源块（即 Cluster 1 与 Cluster 2）来传输 3 个用户的数据的 PDMA 矩阵 $G_{\text{PDMA}}^{[2,3]}$，则两个接收天线上的 PDMA 与 SFBC 组合的总等效接收信号为

$$y = \frac{1}{\sqrt{2}} H \text{diag}(\alpha_1, \alpha_1, \alpha_2, \alpha_2, \alpha_3, \alpha_3)\sqrt{P}WX + n \tag{3-46}$$

其中，

$$H = \begin{bmatrix} H_1 & H_2 & H_3 \end{bmatrix}$$

$$H_1 = \begin{bmatrix} h_{11,f_1}^{(1)} & h_{12,f_1}^{(1)} & h_{11,f_2}^{(1)*} & h_{12,f_2}^{(1)*} & h_{21,f_1}^{(1)} & h_{22,f_1}^{(1)} & h_{21,f_2}^{(1)*} & h_{22,f_2}^{(1)*} \\ -h_{11,f_2}^{(1)} & -h_{12,f_2}^{(1)} & h_{11,f_1}^{(1)*} & h_{12,f_1}^{(1)*} & -h_{21,f_2}^{(1)} & -h_{22,f_2}^{(1)} & h_{21,f_1}^{(1)*} & h_{22,f_1}^{(1)*} \end{bmatrix}^T$$

$$H_2 = \begin{bmatrix} h_{11,f_1}^{(2)} & h_{12,f_1}^{(2)} & h_{11,f_2}^{(2)*} & h_{12,f_2}^{(2)*} & 0 & 0 & 0 & 0 \\ -h_{11,f_2}^{(2)} & -h_{12,f_2}^{(2)} & h_{11,f_1}^{(2)*} & h_{12,f_1}^{(2)*} & 0 & 0 & 0 & 0 \end{bmatrix}^T$$

$$H_3 = \begin{bmatrix} 0 & 0 & 0 & 0 & h_{21,f_1}^{(3)} & h_{22,f_1}^{(3)} & h_{21,f_2}^{(3)*} & h_{22,f_2}^{(3)*} \\ 0 & 0 & 0 & 0 & -h_{21,f_2}^{(3)} & -h_{22,f_2}^{(3)} & h_{21,f_1}^{(3)*} & h_{22,f_1}^{(3)*} \end{bmatrix}^T \tag{3-47}$$

n 表示干扰和噪声；P 是一个物理资源块上的总功率；$X = (x_{1,f_1}, x_{1,f_2}^{*}, x_{2,f_1}, x_{2,f_2}^{*}, x_{3,f_1}, x_{3,f_2}^{*})$，$x_{i,f_k}$ 表示第 i 个用户在第 k 个子载波上的数据符号。将 PDMA 与 SFBC 结合时需要考虑的要点是偶数子载波的数据需要在检测前进行共轭。这种特性使在 Turbo 解码器前需要对 LLR 进行一些修改。假设用户 1 的数据符号是 x_{1,f_1} 和 x_{1,f_2}，采取 QPSK 调制，那么偶数子载波上的第二个数据符号 x_{1,f_2} 就会在检测之前会被共轭到 x_{1,f_2}^{*}。这个共轭操作将使第二个数据的符号发生变化。因此，与第二个数据符号对应的 LLR 需要进行符号反转。对于 MIMO-PDMA 单元中的一个用户，在接收端干扰来自其他用户和信道噪声。在干扰较大的情况下，检测性能会大大受损。因此，需要考虑一种先进的检测算法。给定接收信号 y 和 PDMA 等效信道响应矩阵 H，发射调制符号 x 的最佳检测算法为

$$\hat{x} = \arg\max_{x} \Pr(x|y, H) \tag{3-48}$$

式（3-48）的联合最优解可以通过部分解的近似得到，利用贝叶斯规则进行进一步推导可得

$$\hat{x}_k = \arg\max_{s \in \Im_k} \sum_{x_{\text{PDMA}}, x_k = s} \Pr(x) \prod_{n \in N_v(k)} \Pr(y|x) \tag{3-49}$$

其中，$\mathfrak{I}_k$ 是一个由用户 k 的所有星座组成的集合，$N_v(k) = \{j \mid \boldsymbol{G}_{\text{PDMA}}^{[N,K]}(j,k) \neq 0,$
$1 \leq j \leq N\}$ 为用户 k 的 PDMA 映射模式对应的时频资源块指标集。式（3-48）可以
通过 MPA 检测算法求解。接收机主要由涡轮解码器和 MPA 检测器组成，用户 k 第
m 位编码比特的外部 LLR 为

$$L_{\text{ext}}(c_{k,m}) = \ln\left(\frac{\Pr(c_{k,m}=1 \mid y)}{\Pr(c_{k,m}=0 \mid y)}\right) - \ln\left(\frac{\Pr(c_{k,m}=1)}{\Pr(c_{k,m}=0)}\right) =$$
$$L_{\text{pos}}(c_{k,m}) - L_{\text{pri}}(c_{k,m}) \tag{3-50}$$

其中，$L_{\text{pos}}(c_{k,m})$ 表示在之前的迭代中由信道解码器给出的 $c_{k,m}$ 后验 LLR，$L_{\text{pri}}(c_{k,m})$ 表
示先验 LLR。将 $C_{k,m}^+$ 和 $C_{k,m}^-$ 定义为编码位的集合。

$$\begin{cases} C_{k,m}^+ \triangleq \left\{ \begin{matrix} \left(c_{k,1},...,c_{k,m-1},1,c_{k,m+1},...,c_{k,Q}\right) \\ c_{k,j} \in \{0,1\}, j \neq m \end{matrix} \right\} \\ C_{k,m}^- \triangleq \left\{ \begin{matrix} \left(c_{k,1},...,c_{k,m-1},0,c_{k,m+1},...,c_{k,Q}\right) \\ c_{k,j} \in \{0,1\}, j \neq m \end{matrix} \right\} \end{cases} \tag{3-51}$$

其中，$Q = \log_2 M$ 表示 M 个星座图的调制阶数，$c_{k,m}$ 分别为 1 和 0。

将 $S_{k,m}^+$ 和 $S_{k,m}^-$ 定义为由 $C_{k,m}^+$ 和 $C_{k,m}^-$ 映射的调制符号的集合，于是可得

$$L_{\text{pos}}(c_{k,m}) = \ln\left(\frac{\Pr(c_{k,m}=1 \mid y)}{\Pr(c_{k,m}=0 \mid y)}\right) =$$
$$\ln\left(\frac{\sum_{s \in S_{k,m}^+} \Pr(x_k = s \mid y)}{\sum_{s \in S_{k,m}^-} \Pr(x_k = s \mid y)}\right) =$$
$$\ln\left(\frac{\sum_{s \in S_{k,m}^+} \exp\left(L_{\text{pos}}(x_k = s)\right)}{\sum_{s \in S_{k,m}^-} \exp\left(L_{\text{pos}}(x_k = s)\right)}\right) \approx$$
$$\max_{s \in S_{k,m}^+}\left\{L_{\text{pos}}(x_k = s)\right\} - \max_{s \in S_{k,m}^-}\left\{L_{\text{pos}}(x_k = s)\right\} \tag{3-52}$$

式（3-52）使用了 max-log 近似算法，即 $\ln(\exp(a)+\exp(b)) \approx \max(a,b)$，可以将
x_k 的后验 LLR 定义为 $L_{\text{pos}}(x_k = s) = \ln\dfrac{\Pr(x_k = s \mid y)}{\Pr(x_k = s_0 \mid y)}$，基于贝叶斯准则，可以进一步

得到

$$L_{\text{pos}}(x_k = s) = \ln \frac{\sum_{x_k = s}^{x \in \mathfrak{I}} \Pr(y \mid x) \Pr(x)}{\sum_{x_k = s_0}^{x \in \mathfrak{I}} \Pr(y \mid x) \Pr(x)} = \sum_{j \in N_v(k)} \ln \frac{\sum_{x_k = s}^{x \in \mathfrak{I}} \left(\Pr(y_j \mid x) \prod_{k \in N_C(j)} \Pr(x_k) \right)}{\sum_{x_k = s_0}^{x \in \mathfrak{I}} \left(\Pr(y_j \mid x) \prod_{k \in N_C(j)} \Pr(x_k) \right)} \quad （3\text{-}53）$$

其中，$\Pr(x_k)$ 表示先验概率，$\mathfrak{I}$ 表示用户的星座图集合，s 表示来自 $\mathfrak{I}$ 的任意星座点，s_0 表示对应全零位序列的来自 $\mathfrak{I}$ 的具体星座点，$\Pr(y_j \mid x)$ 为

$$\Pr\left(y_j \mid \boldsymbol{x}\right) = \frac{1}{\pi \sigma^2} \exp\left\{ -\frac{1}{2\sigma^2} \left| y_j - \boldsymbol{H}_j x \right|^2 \right\} \quad （3\text{-}54）$$

其中，$\boldsymbol{H}_j$ 表示矩阵 $\boldsymbol{H}$ 的第 j 行，σ^2 表示噪声的功率。在外部第 w 次和第 t 次迭代过程中，从用户节点传到信道节点的信息为

$$\begin{aligned} L_{\text{pos}}^{t,w} (x_k = s) &= \\ x_k \to y_j \\ \sum_{\hat{j} \in N_v(k) \setminus j} L_{\text{pos}}^{t-1,w}(x_k = s) &+ L_{\text{pos}}^{t-1,w}(x_k = s) = \\ x_k \leftarrow y_j &\quad c_k \to x_k \\ \sum_{\hat{j} \in N_v(k) \setminus j} L_{\text{pos}}^{t-1,w}(x_k = s) &+ \sum_{m=1}^{Q} L_{\text{pri}}^{w-1}(c_{k,m}) \quad （3\text{-}55） \\ x_k \leftarrow y_j \end{aligned}$$

其中，$N_v(k) \setminus j$ 是由 $N_v(k)$ 中除 j 个资源块以外所有元素组成的集合。于是从信道节点到用户节点的传播信息为

$$L_{\text{pos}}^{t,w} (x_k = s) \simeq \max_{\substack{k \in N_c(j) \setminus k \\ x_k = s}} \{\mathfrak{R}\} - \max_{\substack{k \in N_c(j) \setminus k \\ x_k = s_0}} \{\mathfrak{R}\} \quad （3\text{-}56）$$

其中，$N_c(k) \setminus j$ 是由 $N_c(k)$ 中除 j 个资源块以外所有元素组成的集合，$\mathfrak{R} = -\frac{1}{2\sigma^2} \left| y_j - \boldsymbol{H}_{\text{PDMA},j} \boldsymbol{x} \right|^2 + \sum_{\substack{k' \in N_c(j) \setminus k \\ x_{k'} \to y_j}} L_{\text{pos}}^{t,w}(x_{k'})$ 。

3.3.4 PDMA 性能

PDMA 链路级仿真参数如表 3-4 所示[21]。

表 3-4 PDMA 链路级仿真参数

仿真参数	值
载波频率/GHz	2
系统带宽/MHz	10
信道模型	UMa-NLoS
调制与编码方式	QPSK，码率为 1/2，LTE Turbo
天线配置	1Tx/2Rx
信道估计	完美
混合自动重传	否
上行过载率	150%，200%，300%
上行平均信噪比	所有用户一样

PDMA 上行链路的仿真性能如图 3-25 所示[21]。

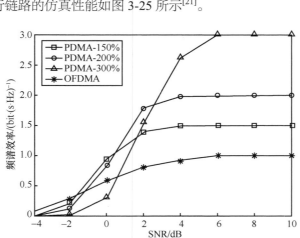

图 3-25 PDMA 上行链路的仿真性能

从图 3-25 可知，在高信噪比下过载率分别为 150%、200% 和 300% 的 PDMA 相比于 OFDMA 频谱效率分别增加了 50%、100% 和 200%。

PDMA 系统级仿真参数如表 3-5 所示[21]。

表 3-5 PDMA 系统级仿真参数

仿真参数	值
拓扑结构	蜂窝小区，19 个网元实体和 57 个扇区
每个小区的用户数	10，20，30
载波频率/GHz	2
带宽/MHz	上行：5 下行：10
基站间距离/m	500
信道模型	ITU UMa
天线个数	上行：1Tx/2Rx 下行：2Tx/2Rx
天线配置	上行：用户垂直极化，基站±45°交叉极化 下行：用户、基站±45°交叉极化
信道估计	完美
调度	上行：非授权 下行：比例公平
最大混合自动重传次数	上行：0　下行：3
流量模型	上行：带有小数据包的突发流量 下行：完全缓冲流量

OFDMA 和 PDMA 上行系统仿真性能如图 3-26 所示[21]。

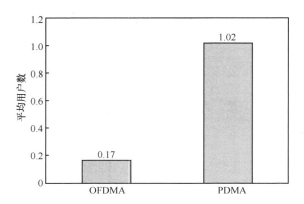

图 3-26　OFDMA 和 PDMA 上行系统仿真性能

如图 3-26 所示，在系统丢包率为 1%的情况下，PDMA 所支持的平均用户数比

OFDMA 增加了 500%，其原因如下：首先，与 OFDMA 相比，PDMA 提供了更大的资源池，因此 PDMA 的冲突概率低于 OFDMA；其次，PDMA 采用的 BP-IDD 接收机在发生碰撞时的干扰处理能力更强。

PDMA 下行系统相对于 OFDMA 的频谱效率增益如图 3-27 所示[21]。

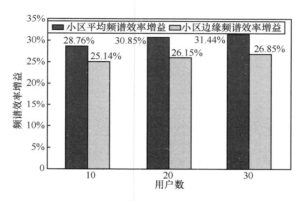

图 3-27　PDMA 下行系统相对于 OFDMA 的频谱效率增益

从图 3-27 可以看出，与 OFDMA 相比，小区边缘频谱效率和小区平均频谱效率都可以获得大约 30%的增益；并且增益随着单元中用户数的增加而增加，因为用户越多，在 PDMA 中越容易找到合适的用户进行配对。

| 3.4　MUSA |

3.4.1　MUSA 原理

MUSA[54]是中兴公司为其 SIC 接收机提出的，该接收机具有非正交扩频序列，也是一种依赖于码域复用的 NOMA 方案，可以看作一种改进的 CDMA 的方案。在 MUSA 中，用户数据使用特殊的扩频序列进行扩频，然后这些扩频后的数据被重叠并通过信道传输；在接收端，使用 SIC 接收机来解调和恢复每个用户的数据。图 3-28 给出了 MUSA 的基本思想。

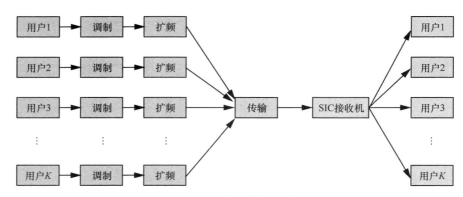

图 3-28　MUSA 的基本思想

在 MUSA 系统的上行链路中,特定用户的所有传输符号都乘以相同的扩频序列(同一用户的不同符号也可以使用不同的扩频序列)。然后,扩频后的所有符号通过相同的时频资源进行传输,如 OFDM 子载波。在接收端,可通过线性处理和 SIC 检测算法,按照用户的信道条件将不同用户的数据进行分离。在 MUSA 系统的下行链路中,用户分为 G 组。在每一组中,不同用户的符号通过不同的功率比例系数进行加权,再进行叠加。长度为 G 的正交序列可用作扩频序列,对 G 组叠加符号进行扩频。更具体地,同一组的用户使用相同的扩频序列,而不同组之间的扩频序列是正交的。这样,在接收端就可以消除组间干扰。SIC 可以利用相关功率差来消除组内干扰。在 MUSA 中,扩频序列应具有较低的互相关关系,以便在接收机处实现近乎完美的干扰消除。

MUSA 提出了一种简化访问过程的免授权访问策略,这使上行 MUSA 适用于物联网,因为上行链路传输没有被严格调度,并且传输许可不是以每个用户为基础发送的[50]。图 3-29 显示了 300%用户过载的 MUSA 示例,其中,C 为选择的码字,S 为传输信号。

MUSA 实现了无授权传输和更高的用户过载性能,这对提高连接效率非常重要。对于 MUSA,每个调制符号使用长度为 L 的复扩频码进行扩频,并在 R 个正交资源上传输。如果访问网络的用户数量为 N,用户过载可定义为

$$\text{useroverloading} = \frac{N}{L} \times 100\% \tag{3-57}$$

相比于传统的 CDMA,MUSA 中使用的是很短的三元复数扩频序列,利用其较好的互相关特性将用户区分开,同时又具有传统 CDMA 长扩频序列所不具有的过载

特性。因此，MUSA 的理想接收机应该是与相关器结合的 SIC，当然也可以利用三元复数序列的特性进行线性最小均方误差（minimum mean square error，MMSE）-SIC。与 CDMA 类似，MUSA 扩频序列的互相关特性直接影响性能，而好的扩频序列组的数量也决定了系统的容量。

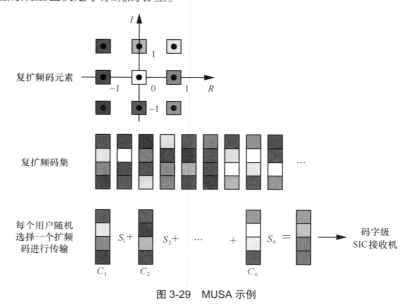

图 3-29　MUSA 示例

3.4.2　MUSA 性能分析

本节对 MUSA 的性能进行分析。MUSA 的仿真参数如表 3-6 所示[54]。

表 3-6　MUSA 的仿真参数

调度程序	无授权调度程序
用户数	6
资源数	4
调制方式	QPSK
扩频码	使用 3 种码字：二进制码 $\{-1,1\}$，三进制码 $\{-1,0,1\}$，五进制码 $\{-2,-1,0,1,2\}$ 以随机方式生成，短码长度为 4
信道估计	瑞利衰落信道
SIC 接收机排序方法	SINR，SNR、Norm

上述条件下 MUSA 的仿真性能如下。不同 SIC 接收机排序方法的二进制扩频码仿真结果如图 3-30 所示[54]。

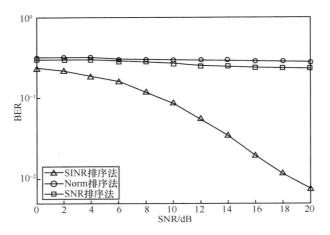

图 3-30　不同 SIC 接收机排序方法的二进制扩频码仿真结果

从图 3-30 可知，使用二进制扩频码时，SINR 排序法的 SIC 接收机比其他排序法的 SIC 接收机具有更好的 BER 性能。

使用 SNR 排序法的 SIC 接收机，不同类型扩频码的仿真结果如图 3-31 所示。

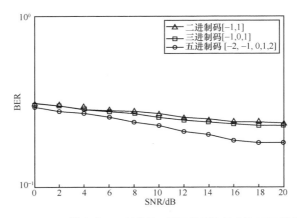

图 3-31　SNR 排序法 SIC 接收机，不同类型扩频码的 BER 性能

从图 3-31 可知，使用 SNR 排序法的 SIC 接收机时，五进制码的 BER 性能优于其他扩频码，二进制码和三进制码的 BER 性能大致相同。

从 3.1 节的理论分析可知，上行 NOMA 不需要功率控制即可提高容量，而下行 NOMA 的容量提升需要通过功率控制实现，同时上行 NOMA 和下行 NOMA 都可以通过进一步调整功率实现用户间公平性的优化。因此，NOMA 技术能够满足未来容量需求。SCMA、与 SCMA 有相同因子图的 PDMA、PDMA 和 MUSA 在瑞利衰落信道中过载率为 150%时的 BER 如图 3-32 所示[47]。

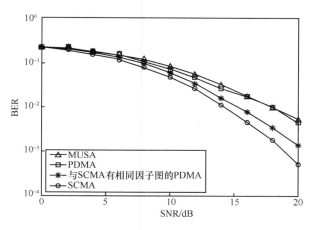

图 3-32　多种 NOMA 技术 BER 性能

从图 3-32 可以看出，随着 SNR 的增加，SCMA、PDMA 与 SCMA 有相同因子图的 PDMA 和 MUSA 的 BER 都在下降，SCMA 下降的速度最快，与 SCMA 有相同因子图的 PDMA 次之，PDMA 和 MUSA 性能相当，下降速度最慢。

下面比较 SCMA、PDMA 和 MUSA 相对于 OMA 的上行吞吐量增益，仿真参数如表 3-7 所示，仿真结果如图 3-33 所示[54]。

表 3-7　仿真参数

仿真参数	值
用户数	12
信道资源数	4RE
天线	1Tx/2Rx
信道	场衰落信道
接收算法	SCMA：MPA PDMA：BP MUSA：SIC

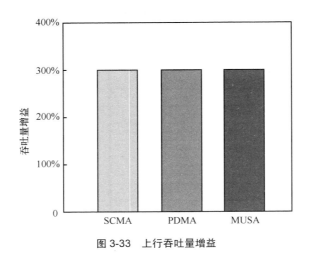

图 3-33　上行吞吐量增益

从图 3-33 可以看出，当过载率为 300%时，SCMA、PDMA 和 MUSA 相对于 OMA 的上行吞吐量增益都能达到 300%。

从 BER 和上行吞吐量增益仿真结果可以看出，NOMA 相对于 OMA 可以增加吞吐量，但是其增加了接收机的复杂度；并且相同配置下，SCMA 的 BER 性能较好，但是其星座图的设计是无规则的，较为复杂，而 PDMA 的星座图则相对较为规则。

3.5　免授权多址接入

基于参考信号的竞争式免调度接入中，参考信号的碰撞会限制其性能。本节考虑一种基于纯数据（Data-only）的竞争式免调度接入方案，其盲检测接收机充分利用数据本身的特点来实现多用户检测，避免了参考信号的碰撞并减少了资源开销，因而可取得很高的业务负载。高负载接入性能还受限于小区间干扰。Data-only 接入信号不包含小区级处理，每个小区基站的盲检测接收机会对所有接收到的用户信号，包括靠近本小区的相邻小区用户信号，进行解调译码和干扰消除。这实质上实施了小区间干扰消除，因而能明显减少相邻小区的强干扰，进而提升系统的负载。而且 Data-only 盲检测接收机实现小区间干扰消除并不会增加很多额外的复杂度，这是传统小区间干扰消除方法所不具备的优点。

基于 Data-only 的 MUSA 方案是在基本 MUSA 方案基础上设计的，在发送端仍然采用长度较短的低互相关复数序列对调制符号进行扩展，在接收端采用盲检测干扰消除接收机。该方案中，用户设备（UE）发送的数据帧结构如图 3-34 所示。可以看到，UE 发送的数据中并不包含参考信号等资源开销，因此称之为 Data-only。UE 发送的数据中，除了有效载荷，还携带 UE ID，当 UE 数据被解码成功后，可以用于 UE 识别；还可以携带扩展序列 ID，用于信号重构和干扰消除。

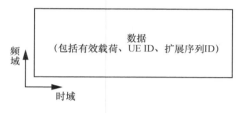

图 3-34　UE 发送的数据帧结构

基于 Data-only 的 MUSA 方案如图 3-35 所示。第 k 个 UE 发送的数据 d_k 中可以包括有效载荷以及 UE ID、扩展序列 ID 等，$k = 1, 2, \cdots, K$。

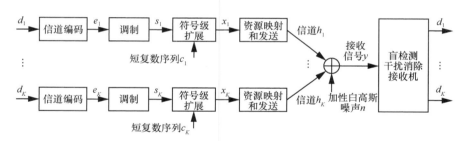

图 3-35　基于 Data-only 的 MUSA 方案

在发送端，UE 首先对 d_k 进行信道编码得到编码后的比特 e_k，再进行调制，得到调制符号 s_k。这里可以采用 BPSK、QPSK 等低阶调制方式，一方面适用于小分组、偶发以及弱覆盖等场景，另一方面有利于接收机利用低阶调制符号的星座图的几何结构进行盲检测。然后，使用长度较短的低互相关复数序列 c_k 对调制符号 s_k 进行扩展处理，得到扩展后的符号 x_k。其中，对于复数扩展序列的长度 L，一个比较典型的取值是 4，也可以取其他值，如 2、6 等。采用短序列有利于降低发射机和接收机的处理复杂度和时延，例如，可减少高负载接收所需的 MMSE 协方差矩阵的维度，从而简化求逆。而复数序列相对于实数序列具有更大的设计自由度，有利于获取更多的低互相关序列，从而可以更好地保证免调度传输的性能。当然，序列数量也不宜过多，因为过多的序列理论上难以取得低互相关性，且会增加盲检测的复杂度。该方案中，复数扩展序列的元素来自集合 $\{1, i, -1, -i\}$，当 $L = 4$ 时，可以得到 64 条归一化互相关绝对值小于 0.8 的序列 w。UE 从该序列集合中随机选择复数扩展序列 c_k。使用长度为 L 的复数扩展序列 c_k 对调制符号 $s_{k,j}$ 进行扩展，会得到 L 个扩展后的符号 $\{x_{k,j,1}, x_{k,j,2}, \cdots, x_{k,j,L}\}$，其中，$j = 1, 2, \cdots, J$，$J$ 为调制符号数量。最后，将符号 x_k 映射到传输资源上并进行发送。对每个调制符号进行扩展后得到的 L 个符号将映射到连续的资源上，这样可以充分利用信道相关性来简化盲检测。K 个 UE 可以共享相同的传输资源，实现多用户共享接入。

由于没有参考信号，接收机需要利用接收到的数据符号进行盲检测，进一步结合串行干扰消除实现多用户接收检测。基于 Data-only 的 MUSA 方案采用的盲检测干扰消除接收机的处理过程如图 3-36 所示。

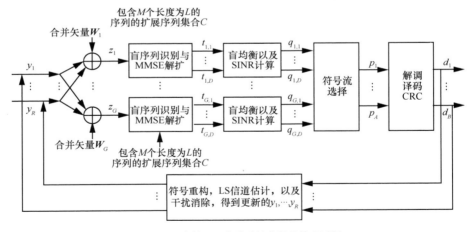

图 3-36　盲检测干扰消除接收机的处理过程

接收机主要处理步骤包括多天线盲合并、盲序列识别与解扩、盲均衡，以及解调译码和干扰消除等，具体描述如下。

（1）多天线盲合并。按照预设的合并矢量 W_g 将多个接收天线上接收到的信号进行空域盲合并，可以在空域上实现多用户干扰抑制，得到合并后的信号 z_g。其中，

$g = 1, 2, \cdots, G$，G 为预设的合并矢量的数量。对于两个接收天线的情况，可以预设 6 个合并矢量，即 $\boldsymbol{W} = \left\{ (1,0), (0,1), \left(\dfrac{1}{2}, \dfrac{1}{2} \right), \left(\dfrac{1}{2}, -\dfrac{1}{2} \right), \left(\dfrac{1}{2}, \dfrac{\mathrm{i}}{2} \right), \left(\dfrac{1}{2}, -\dfrac{\mathrm{i}}{2} \right) \right\}$。

（2）盲序列识别与 MMSE 解扩。将多天线盲合并后得到的信号 z_g 转换为 $L \times J$ 维的矩阵 $\boldsymbol{Z}_g$，其中，L 是扩展序列维度，即扩展序列的长度；J 是调制符号维度，即 UE 发送的调制符号的数量。那么，可以近似得到统计协方差矩阵为

$$R_{Z_g} = \frac{\boldsymbol{Z}_g \boldsymbol{Z}_g^{\mathrm{H}}}{J} \tag{3-58}$$

进一步，根据式（3-59）所示的度量准则，从包含 M 个长度为 L 的序列的扩展序列集合 C 中识别出 D 个具有最小度量的序列，记为 $C_{D,g}$，作为在合并矢量 $\boldsymbol{W}_g$ 下识别出来的可能被 UE 使用的扩展序列。对于 SINR 较高的符号流，该识别度量通常较小。盲序列识别可以明显降低盲检测过程的复杂度。

$$C_{D,g} = \arg \min{}_{(D)} \, \boldsymbol{c}_m^{\mathrm{H}} \boldsymbol{R}_{Z_g}^{-1} \boldsymbol{c}_m, \, m = 1, \cdots, M \tag{3-59}$$

其中，$\boldsymbol{c}_m$ 为扩展序列向量。然后，使用识别出的 D 个序列分别对 $\boldsymbol{Z}_g$ 进行 MMSE 解扩，得到符号流 $t_{g,d}$，即

$$t_{g,d} = \tilde{\boldsymbol{c}}_d^{\mathrm{H}} \boldsymbol{R}_{Z_g}^{-1} \boldsymbol{Z}_g, \quad d = 1, \cdots, D, \quad \tilde{\boldsymbol{c}}_d \in C_{D,g} \tag{3-60}$$

（3）盲均衡。由于没有信道信息，上述盲解扩只实现了多用户干扰抑制，但并没有实现信道均衡。而如果一个扩展序列与某个 UE 匹配，上述盲解扩后得到的符号流中会存在相应用户的数据调制符号流，其星座点分布是该 UE 发送的原始符号星座点的缩放旋转，如图 3-37 所示。图 3-37（a）是 UE 发送的原始 BPSK 符号星座图，图 3-37（b）是盲解扩后仍然带有信道缩放旋转的 BPSK 符号星座图。根据该星座点分布特征，可以通过分区匹配（partition matching，PM）方法得到星座点的缩放和相位旋转量，实现盲信道估计。然后，对缩放和相位旋转量进行补偿便可将星座点恢复到原始星座点周围实现盲均衡，得到均衡后的符号流 $q_{g,d}$，星座图如图 3-37（c）所示。存在的一个问题是，盲均衡存在相位模糊问题，也就盲均衡后所得 BPSK 符号有可能是正确均衡所得符号被旋转 180° 得到的符号，如图 3-37（c）所示，三角形所表示的符号如果被正确均衡后应该是在+1 点附近的，但由于盲均衡存在相位模糊问题，这些三角形所表示的符号被均衡到−1 附近了，即发生了 180°相位模糊，这会影响后续的解调译码。相位模糊问题也可以考虑通过其他方法来解决，这里暂不讨论。

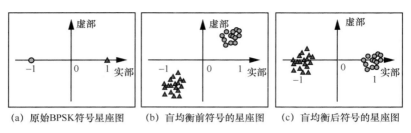

(a) 原始BPSK符号星座图　　(b) 盲均衡前符号的星座图　　(c) 盲均衡后符号的星座图

图 3-37　原始 BPSK 符号和盲均衡前后符号的星座图

（4）解调译码。利用盲均衡后得到的符号流计算每个符号流的误差向量幅度（error vector magnitude，EVM）或等效 SINR。然后，对 SINR 进行排序，选择 SINR 较高的多个（如 4 个）符号流作为候选符号流 p_a，$a=1,\cdots,A$。进一步地，尝试对各个候选符号流进行解调译码。每个候选符号流是否能译码成功取决于循环冗余校验的结果。由于存在相位模糊问题，可以考虑将信号的多种可能性送入译码器进行解码，例如，对于 BPSK，可以将 p_a 和 $-p_a$ 均进行译码尝试。假设译码后得到 B 个译码正确的比特流 d_b，$b=1,\cdots,B$，从 d_b 中提取 UE ID，即可得知是哪个 UE 的数据被正确接收。

（5）干扰消除。利用当前所有译码正确的 UE 的重构符号进行最小二乘（least squares，LS）联合信道估计，得到或更新信道估计结果。然后，进行干扰消除，得到更新的接收信号 y_r，$r=1,\cdots,R$，用于下一轮盲检测。随着被正确译码的 UE 数量越来越多，LS 联合信道估计结果会越来越准确。如此迭代，当不存在任何 UE 的数据可以被正确接收时，接收检测过程结束。

上述描述侧重于盲检测干扰消除接收机的关键步骤，除此之外，还存在一些其他因素需要考虑。例如，对于衰落信道，在上述盲信道估计以及 LS 信道估计中，可以分段应用上述方法，并进行适当的平滑处理。对于上述盲检测干扰消除接收机，盲检测过程的复杂度约为 $O(IG(L^3+JL^2+JLD))$。其中，I 是整个接收检测过程的迭代次数，与用户数量 K 有关；G 是预设的多天线接收信号合并矢量的数量，与接收天线数量有关，当采用单个接收天线时，$G=1$；J 是 UE 发送的调制符号的数量；L 是扩展序列的长度；D 是通过盲序列识别从扩展序列集合 C 中识别出来的扩展序列的数量。需要说明的是，由于 MUSA 方案使用的复数扩展序列的元素来自集合 $\{1,i,-1,-i\}$，序列元素仅实部或虚部有值，而且实部或虚部的取值为 1 或 -1，这使涉及扩展序列的计算复杂度比较低，只需要执行加法运算。盲均衡采用的 PM 方法也比较简单，只需要执行加法运算即可完成对星座相位旋转量的估计，不需要复杂的欧氏距离计算。对于解调译码，由于每次迭代对多个符号流进行译码，存在相位模糊问题，而且需要多次迭代，译码模块会导致一定的复杂度。对于利用所有译码正确的 UE 的重构符号进行 LS 联合信道估计，可以通过矩阵递增求逆方法，将其复杂度控制在较低的水平。综上所述，基于 Data-only 的免调度 MUSA 方案充分利用了数据本身和调制符号星座图的统计特征来实现多用户盲检测，不依赖参考信号进行用户识别与信道估计，从而可以避免受到参考信号资源以及参考信号碰撞的限制，可以节省参考信号资源开销。而且，该方案可以通过空域、码域、功率域和星座域的多用户分辨力来保证性能，有利于支持更多的 UE 数量或业务负载。此外，利用该方案，基站每轮检测都是通过盲检测接收机对强信号进行识别检测和干扰消除，当该强信号来自相邻小区时，很自然地就完成了小区间干扰消除这个过程，这样基站再解调本小区的边缘弱用户时就不会受到相邻小区强干扰的影响，因而可显著提升本小区边缘用户的检测性能，进而可以提高免调度高过载系统性能。再进一步，本小区可以通过基站间接口将正确接收的数据传递给相邻小区，或者将正确接收的数据传递给上级服务器，这有利于改善边缘用户的性能，因为处于小区边缘的用户接收能力较弱，而且其小区发现过程是存在误差的。上述做法在一定程度上淡化了小区划分或小区概念，或者说是一种根据上行信号强度的小区划分，即处于小区交界的用户上行信号只要被任何一个小区译码正确，都算传输成功。这实际上提供了一种很好的宏分集效果。这种宏分集需要利用基站间接口或上级服务器，也需要改变传统的系统仿真方法。即使不考虑这种宏分集带来的增益，仅仅考虑小区间干扰消除的增益，已经可以得到非常显著的性能提升。

| 3.6　本章小结 |

本章首先对协作型 NOMA 进行了理论分析，从上下行 NOMA 链路的容量域特性可知，上行 NOMA 不需要功率控制即可提高容量，而下行 NOMA 的容量提升需要通过功率控制实现。同时，上行 NOMA 和下行 NOMA 都可以通过进一步调整功率实现用户间公平性的优化。而上行 NOMA 相对于有功率控制的 OMA 能更好地实现用户间公平性优化，并且相对于普通 OMA 的容量域提升空间比下行链路更高。紧接着本章分别介绍了 PD-NOMA、SCMA、PDMA 和 MUSA 这 4 种典型的 NOMA 方案，并给出了各种方案的性能，可以发现 PD-NOMA 能够带来的吞吐量增益比其他 3 种 NOMA 方案低，而在同样的过载率下，SCMA、PDMA 和 MUSA 这 3 种方案能达到相同的吞吐量增益。随着 SNR 的增加，SCMA、PDMA 和 MUSA 的 BER 都在下降，SCMA 下降的速度最快，与 SCMA 有相同因子图的 PDMA 次之，PDMA 和 MUSA 性能相当，下降速度最慢。因此，SCMA 的 BER 性能较好，但是其星座图的设计是无规则的、较复杂，而 PDMA 的星座图则相对较规则。基于上述特点，协作型 NOMA 的未来研究方向应包括以下几点。

（1）协作型 NOMA 的码本模式设计。

（2）与 MIMO 技术结合，进一步提升容量。

（3）设计低复杂度的检测算法。

（4）降低开销，降低功耗。

┃ 参考文献 ┃

[1] BOULOGEORGOS A AA, ALEXIOU A, MERKLE T, et al. Terahertz technologies to deliver optical network quality of experience in wireless systems beyond 5G[J]. IEEE Communications Magazine, 2018, 56(6): 144-151.

[2] ZHANG Z Q, XIAO Y, MA Z, et al. 6G wireless networks: vision, requirements, architecture, and key technologies[J]. IEEE Vehicular Technology Magazine, 2019, 14(3): 28-41.

[3] SCOTT A W, FROBENIUS R. RF measurements for cellular phones and wireless data systems[M]. New Jersey: John Wiley & Sons, 2008.

[4] LI H X, RU G Y, KIM Y, et al. OFDMA capacity analysis in MIMO channels[J]. IEEE Transactions on Information Theory, 2010, 56(9): 4438-4446.

[5] BOCCARDI F, HEATH R W, LOZANO A, et al. Five disruptive technology directions for 5G[J]. IEEE Communications Magazine, 2014, 52(2): 74-80.

[6] ISLAM S M R, ZENG M, DOBRE O A. NOMA in 5G systems: exciting possibilities for enhancing spectral efficiency[J]. arXiv Preprint, arXiv: 1706.08215, 2017.

[7] BENJEBBOUR A, SAITO K, LI A X, et al. Non-orthogonal multiple access (NOMA): con-

cept, performance evaluation and experimental trials[C]//Proceedings of 2015 International Conference on Wireless Networks and Mobile Communications (WINCOM). Piscataway: IEEE Press, 2015: 1-6.

[8] RAJAPPAN G S, HONIG M L. Signature sequence adaptation for DS-CDMA with multipath[J]. IEEE Journal on Selected Areas in Communications, 2002, 20(2): 384-395.

[9] HUANG J C, PENG K W, PAN C Y, et al. Scalable video broadcasting using bit division multiplexing[J]. IEEE Transactions on Broadcasting, 2014, 60(4): 701-706.

[10] DING Z G, YANG Z, FAN P Z, et al. On the performance of non-orthogonal multiple access in 5G systems with randomly deployed users[J]. IEEE Signal Processing Letters, 2014, 21(12): 1501-1505.

[11] BAYESTEH A, YI E, NIKOPOUR H, et al. Blind detection of SCMA for uplink grant-free multiple-access[C]//Proceedings of 2014 11th International Symposium on Wireless Communications Systems (ISWCS). Piscataway: IEEE Press, 2014: 853-857.

[12] MEDJAHDI Y, TRAVERSO S, GERZAGUET R, et al. On the road to 5G: comparative study of physical layer in MTC context[J]. IEEE Access, 2017, 5: 26556-26581.

[13] BENJEBBOUR A, SAITO Y, KISHIYAMA Y, et al. Concept and practical considerations of non-orthogonal multiple access (NOMA) for future radio access[C]//Proceedings of 2013 International Symposium on Intelligent Signal Processing and Communication Systems. Piscataway: IEEE Press, 2013: 770-774.

[14] 未来移动通信论坛. 5G 白皮书[R]. 2020.

[15] ZENG M, YADAV A, DOBRE O A, et al. Capacity comparison between MIMO-NOMA and MIMO-OMA with multiple users in a cluster[J]. IEEE Journal on Selected Areas in Communications, 2017, 35(10): 2413-2424.

[16] HOSHYAR R, WATHAN F P, TAFAZOLLI R. Novel low-density signature for synchronous CDMA systems over AWGN channel[J]. IEEE Transactions on Signal Processing, 2008, 56(4): 1616-1626.

[17] RAZAVI R, HOSHYAR R, IMRAN M A, et al. Information theoretic analysis of LDS scheme[J]. IEEE Communications Letters, 2011, 15(8): 798-800.

[18] HOSHYAR R, RAZAVI R, AL-IMARI M. LDS-OFDM an efficient multiple access technique[C]//Proceedings of 2010 IEEE 71st Vehicular Technology Conference. Piscataway: IEEE Press, 2010: 1-5.

[19] AL-IMARI M, XIAO P, IMRAN M A, et al. Uplink non-orthogonal multiple access for 5G wireless networks[C]//Proceedings of 2014 11th International Symposium on Wireless Communications Systems (ISWCS). Piscataway: IEEE Press, 2014: 781-785.

[20] ZHANG S Q, XU X Q, LU L, et al. Sparse code multiple access: an energy efficient uplink

approach for 5G wireless systems[C]//Proceedings of 2014 IEEE Global Communications Conference. Piscataway: IEEE Press, 2014: 4782-4787.

[21] CHEN S Z, REN B, GAO Q B, et al. Pattern division multiple access—a novel nonorthogonal multiple access for fifth-generation radio networks[J]. IEEE Transactions on Vehicular Technology, 2017, 66(4): 3185-3196.

[22] ALIAS M Y, CHEN S, HANZO L. Multiple-antenna-aided OFDM employing genetic-algorithm-assisted minimum bit error rate multiuser detection[J]. IEEE Transactions on Vehicular Technology, 2005, 54(5): 1713-1721.

[23] WOLFGANG A, CHEN S, HANZO L. Parallel interference cancellation based turbo space-time equalization in the SDMA uplink[J]. IEEE Transactions on Wireless Communications, 2007, 6(2): 609-616.

[24] CHEN S, HANZO L, LIVINGSTONE A. MBER space-time decision feedback equalization assisted multiuser detection for multiple antenna aided SDMA systems[J]. IEEE Transactions on Signal Processing, 2006, 54(8): 3090-3098.

[25] CHEN S, WOLFGANG A, HARRIS C J, et al. Symmetric RBF classifier for nonlinear detection in multiple-antenna-aided systems[J]. IEEE Transactions on Neural Networks, 2008, 19(5): 737-745.

[26] CHEN S, LIVINGSTONE A, DU H Q, et al. Adaptive minimum symbol error rate beamforming assisted detection for quadrature amplitude modulation[J]. IEEE Transactions on Wireless Communications, 2008, 7(4): 1140-1145.

[27] ZHANG J K, CHEN S, MU X M, et al. Turbo multi-user detection for OFDM/SDMA systems relying on differential evolution aided iterative channel estimation[J]. IEEE Transactions on Communications, 2012, 60(6): 1621-1633.

[28] ZENG J, LI B, SU X, et al. Pattern division multiple access (PDMA) for cellular future radio access[C]//Proceedings of 2015 International Conference on Wireless Communications & Signal Processing (WCSP). Piscataway: IEEE Press, 2015: 1-5.

[29] 3GPP.Low code rate and signature based multiple access scheme for new radio: document TSG RAN1 #85[R]. 2016.

[30] 3GPP.Discussion on multiple access for new radio interface: document TSG RAN WG1 #84bis[R]. 2016.

[31] 3GPP.Initial views and evaluation results on non-orthogonal multiple access for NR uplink: document TSG RAN WG1[R]. 2016.

[32] 3GPP.Candidate NR multiple access schemes: document TSG RAN WG1 #84b[R]. 2016.

[33] 3GPP.Non-orthogonal multiple access candidate for NR: document TSG RAN WG1 #85[R]. 2016.

[34] KUSUME K, BAUCH G, UTSCHICK W. IDMA vs. CDMA: analysis and comparison of two

multiple access schemes[J]. IEEE Transactions on Wireless Communications, 2012, 11(1): 78-87.

[35] 3GPP. Considerations on DL/UL multiple access for NR: document TSG RAN WG1 #84bis[R]. 2016.

[36] MEDRA A, DAVIDSON T N. Flexible codebook design for limited feedback systems via sequential smooth optimization on the grassmannian manifold[J]. IEEE Transactions on Signal Processing, 2014, 62(5): 1305-1318.

[37] 3GPP. Non-orthogonal multiple access for new radio: document TSG RAN WG1 #85[R]. 2016.

[38] HUANG J C, PENG K W, PAN C Y, et al. Scalable video broadcasting using bit division multiplexing[J]. IEEE Transactions on Broadcasting, 2014, 60(4): 701-706.

[39] WANG B C, DAI L L, YUAN Y F, et al. Compressive sensing based multi-user detection for uplink grant-free non-orthogonal multiple access[C]//Proceedings of 2015 IEEE 82nd Vehicular Technology Conference. Piscataway: IEEE Press, 2015: 1-5.

[40] SHAH-MANSOURI V, DUAN S Y, CHANG L H, et al. Compressive sensing based asynchronous random access for wireless networks[C]//Proceedings of 2013 IEEE Wireless Communications and Networking Conference. Piscataway: IEEE Press, 2013: 884-888.

[41] WUNDER G, JUNG P, WANG C. Compressive random access for post-LTE systems[C]//Proceedings of 2014 IEEE International Conference on Communications Workshops. Piscataway: IEEE Press, 2014: 539-544.

[42] HONG J P, CHOI W, RAO B D. Sparsity controlled random multiple access with compressed sensing[J]. IEEE Transactions on Wireless Communications, 2015, 14(2): 998-1010.

[43] 3GPP. Initial LLS results for Ul non-orthogonal multiple access: document TSG RAN WG1 #85[R]. 2016.

[44] 3GPP. Multiple access schemes for new radio interface: document TSG RAN WG1 #84bis[R]. 2016.

[45] 3GPP. New uplink non-orthogonal multiple access schemes for NR: document TSG RAN WG1 #86[R]. 2016.

[46] 3GPP. Categorization and analysis of MA schemes: document TSG RAN WG1 meeting #86bis[R]. 2016.

[47] TANG W W, KANG S L, ZHAO J L, et al. Design of MIMO-PDMA in 5G mobile communication system[J]. IET Communications, 2020, 14(1): 76-83.

[48] PATZOLD M, HOGSTAD B O. A wideband space-time MIMO channel simulator based on the geometrical one-ring model[C]//Proceedings of IEEE Vehicular Technology Conference. Piscataway: IEEE Press, 2006: 1-6.

[49] YUAN Z F, YU G H, LI W M, et al. Multi-user shared access for Internet of things[C]// Pro-

ceedings of 2016 IEEE 83rd Vehicular Technology Conference. Piscataway: IEEE Press, 2016: 1-5.

[50] HU F, XIE D, SHEN S W. On the application of the Internet of things in the field of medical and health care[C]//Proceedings of 2013 IEEE International Conference on Green Computing and Communications and IEEE Internet of Things and IEEE Cyber, Physical and Social Computing. Piscataway: IEEE Press, 2013: 2053-2058.

[51] VAMEGHESTAHBANATI M, MARSLAND I D, GOHARY R H, et al. Multidimensional constellations for uplink SCMA systems—a comparative study[J]. IEEE Communications Surveys & Tutorials, 2019, 21(3): 2169-2194.

[52] EID E M, FOUDA M M, TAG E A S, et al. Performance analysis of MUSA with different spreading codes using ordered SIC methods[C]//Proceedings of 2017 12th International Conference on Computer Engineering and Systems (ICCES). Piscataway: IEEE Press, 2017: 101-106.

[53] WANG B C, WANG K, LU Z H, et al. Comparison study of non-orthogonal multiple access schemes for 5G[C]//Proceedings of 2015 IEEE International Symposium on Broadband Multimedia Systems and Broadcasting. Piscataway: IEEE Press, 2015: 1-5.

[54] WANG Y M, REN B, SUN S H, et al. Analysis of non-orthogonal multiple access for 5G[J]. China Communications, 2016, 13(S2): 52-66.

第 4 章

巨址接入技术

6G 愿景中，一项重要的技术突破是由 5G 的重要场景之一海量机器类型通信向超海量机器类型通信的继续演进。届时，物联网场景的连接规模将极大提升，这对 6G 的空口网络在接入规模与调度开销方面提出了巨大的挑战。因此，6G 网络有必要设计一种基于非协作机制且支持超大规模连接数的接入技术。本章首先介绍巨址接入技术的基本概念，对巨址接入技术进行信息论分析，指出该技术理论上的巨大潜力；然后，对巨址接入技术的两种实现方案——内外码级联方案与压缩感知方案进行介绍；最后，对该技术的发展前景与研究方向进行展望。

| 4.1　概述 |

随着 5G 技术标准化逐渐完成，学界和工业界开始展望未来的 6G 技术。其中一项重要的 6G 愿景是从 5G 的重要场景之一 ——mMTC 向超大规模机器类型通信（ultra-massive machine type communication，umMTC）的继续演进，工业界也称其为从 IoE 向 HIIoE 的进化。移动通信系统中连接规模增长趋势如图 4-1 所示[1]。

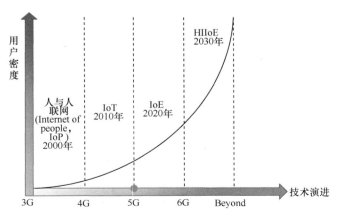

图 4-1　移动通信系统中连接规模增长趋势

物联网场景的连接规模将从现有的 $10^6/\mathrm{km}^2$ 增长到 $10^6 \sim 10^7/\mathrm{km}^2$，在支持高能量效率的同时，支持更大量低功耗和低复杂度的设备[2]。设备会随机突发短数据包，并且资源分配的导频和调度开销可能超过实际的信息载荷。这意味着 6G 的空口网络将会面临更大的挑战。虽然 5G 系统中已经引入协作型 NOMA 技术来提升频谱效率，同时使能非授权以提供更灵活高效的接入，但 6G 场景对现有技术依然提出了很大的挑战，具体有以下几个方面。

（1）更大的接入规模。HIIoE 中包括人、处理程序、数据以及物的大规模智能连接，且无线网络需要同时为至少数百万个不频繁但是高并发通信的设备提供服务。

（2）每用户自由度（过载因子）远超现有水平。现有的协作型 NOMA 技术只支持 $1.5 \sim 3$ 的过载因子，超过该范围则系统性能可能会严重下降。但是 6G 系统中，过载因子随机动态变化，峰值远超现有水平，可保证通信质量的过载因子在 $10 \sim 100$ 量级[2]。

（3）从非授权接入转向非协作接入。5G 提出非授权访问概念，用以解决低时延场景或无全局调度场景下的突发随机访问问题，使用户可以在公共无线信道中机会性地独立完成接入以及数据传输。但是非授权模式依然需要协作中心的接入，以识别和协调活跃用户的传输行为，维持特定的传输结构，并且带来了一定的资源开销和链路时延，而这些问题会在接入规模进一步扩大后更加凸显。但非协作接入不需要任何导频和协作信息传输，用户发送的信号在信道中随机碰撞。

因此，在 6G 网络中有必要设计一种基于非协作机制且支持超大规模连接数的接入技术。首先，新的接入技术必须适应用户数的巨量增长。传统 MAC 信道理论分析在发送码长 n 趋于无穷大时固定活跃用户数 K_a 下的和容量问题，并以此为接入技术的设计目标，协作型 NOMA 正是在此目标下相对于 OMA 的提升。但显然，当活跃用户数趋于无穷大时，多址干扰随之增多，平均每个子信道的容量趋近于 0，即

$$\frac{1}{K_a}\log_2(1+K_a P) \overset{K_a \to \infty}{\to} 0 \qquad (4\text{-}1)$$

非协作 NOMA 结合场景需求转换设计思路，固定码长 n 为有限值，而用户总数 K 可趋于无穷大，并且发送功率 P 有限，追求在此条件下尽可能对每个用户正确译码。因此需要采用平均每用户差错概率（per user probability of error，PUPE）来定

义系统的设计目标，即

$$\min \frac{1}{K_a} \sum_{j=1}^{K_a} \mathbb{P}\left[E_j\right]$$ （4-2）

其中，$\mathbb{P}$ 表示概率，E_j 表示第 j 个用户的错误事件。

这也是非协作型与协作型 NOMA 技术的一项根本区别。当系统中存在接近"无数个"用户时，经典的多用户信息理论中对每个用户的消息进行正确译码的要求是难以满足的。而且，从实际的角度来看，用户通常不关心其他用户的消息是否被正确译码。

其次，新的接入技术需要从非授权访问升级为非协作访问，以提供低时延、低资源开销、更加灵活的接入。Clazzer 等[3]在 6G 场景要求下对现有的非协作接入机制及其与接收端信号处理算法的组合方案进行了考察，提出时隙 ALOHA 模式是一种有前景的方案，如图 4-2 所示。

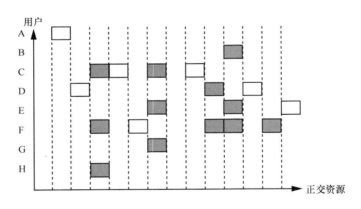

图 4-2 时隙 ALOHA 模式示意

图 4-2 中，横轴为 n 个正交资源，纵轴为 K_a 个用户。长度为 n 的数据帧被划分为 L 个长度为 n_1 的子帧块，$L = \dfrac{n}{n_1}$，每个子帧块为一个正交资源块，用户密度 $\mu = \dfrac{K_a}{VT}$，V 为分配的时隙个数。每个用户随机挑选子帧块发送长度为 n_1 的码字，则每个资源上的过载因子服从二项分布。根据上述模型，普通时隙 ALOHA 的错误率即发生碰撞的概率，如式（4-3）所示，其中 Bino() 为二项分布函数。

$$P_{\mathrm{e}} \approx \mathbb{P}\left[\mathrm{Bino}\left(K_{\mathrm{a}}-1,\frac{1}{L}\right)>0\right] \approx \frac{K_{\mathrm{a}}}{L}\mathrm{e}^{\frac{K_{\mathrm{a}}}{L}} \tag{4-3}$$

进一步地，编码时隙 ALOHA（code slotted-ALOHA，CS-ALOHA）通过对每个叠加码块进行编码，使其在接收端可以彼此区分而恢复。根据编码自身特性，每个资源上能够容忍的最大碰撞数 T 是固定值。则其错误率为关于 T 的函数，即

$$1-\mathbb{P}\left(\mathrm{Bino}\left(K_{\mathrm{a}}-1,\frac{\mu T}{K}\right)<T\right) \tag{4-4}$$

因此，这种接入模式也被称为 T-ALOHA。可以发现，该模式下所有用户共享一个码本而不需要协作中心的分配。接收端译码器仅需要恢复从活动用户发出的信息，而不需要恢复该组用户的具体身份，由此实现非协作访问。这也说明系统中容许用户消息的随机碰撞，并且采用编码来合理消除用户间干扰（inter user interference，IUI）。每个资源块上的过载因子是可变的，并且完全取决于叠加编码的自身性能。

最后，新的接入技术需要有合适的理论工具来指导设计。抛开渐近性分析回到实际情况，虽然 HIIoE 场景中用户总量非常大，但在一定时间内，只有小部分用户处于活跃状态，且活跃用户数与传输的总块长（总正交资源数）依然可比。因此，巨址接入的过载因子依然是有限的。同时，每个用户在有限码长内发送固定的少量信息比特。根据 Polyanskiy 等[4]提出的有限码长（finite block length，FBL）编码理论，在活跃用户密度低于一定阈值时，保证特定错误率所需的最小每比特能量基本保持与单用户场景相同的水平，这说明此时理想接收机可以消除所有的多址干扰。因此，上述设定可将用户密度控制在合理范围内，从而利用 FBL 效应来对抗接入规模的巨量增长。

综上所述，非协作 NOMA 技术以 PUPE 为优化目标、以 CS-ALOHA 为基本模式和以 FBL 为理论基础，能够应对协作型 NOMA 在未来 6G 超大规模物联网场景下所面临的性能、时延、资源开销等挑战，是一种富有前景的大规模接入技术。

目前，非协作接入技术领域已经有了一些关键性的进展。Polyanskiy[5]在 2017 年基于非协作 NOMA 概念提出了巨址接入理论，他基于上述 3 个设计思想提出了巨址

接入的理论性能界，基于该性能界对巨址接入的基本性能特点进行了渐近分析，作为其理论基础。我们将在 4.2 节中对此进详细介绍。但是文献[5]中并未给出具体的实现方式。Ordentlich 和 Polyanskiy[6]提出了一种基于内外码级联的低复杂度实现架构。另外，Vem 等[7]基于压缩感知提出一种新的实现方式，我们将在 4.3 节中给出具体介绍。

| 4.2　巨址接入信息论分析 |

4.2.1　巨址接入的误差上界

设总用户数为 K ，活跃用户数为 K_a ，块长为 n ，用户 i 的消息为 $W_i \in [M]$ 且等概率发送，编码器映射为 $f:[M] \to \mathcal{X}^n$ ，译码器映射为 $g:\mathcal{Y}^n \to \binom{[M]}{K_a}$ ，典型的高斯随机接入信道定义如下

$$Y = X_1 + \cdots + X_{K_a} + Z, \quad Z \sim \mathcal{N}(0,1) \tag{4-5}$$

其 PUPE 定义为

$$\frac{1}{K_a} \sum_{j=1}^{K_a} \mathbb{P}\left[E_j\right] \leqslant \epsilon \tag{4-6}$$

其中， $E_j \triangleq \{W_j \notin g(Y^n)\} \bigcup \{W_j = W_i, i \neq j\}$ 是第 j 个用户的错误事件。在有限能量条件 $\| f(j) \|_2^2 \leqslant nP$ 下，每比特能量 $\frac{E_b}{N_0} \triangleq \frac{nP}{2\log_2 M}$ ；频谱效率为 $S = \frac{K_a}{n} \log_2 M$ ，单位为比特/自由度。

首先，根据假设，用户消息碰撞率几乎可以忽略，即

$$\mathbb{P}\left[\bigcup_{i \neq j} \{W_j = W_i\}\right] \leqslant \frac{\binom{K_a}{2}}{M} \tag{4-7}$$

为了便于分析,我们将叠加后发送的码字视为一个整体。假设有 M 个码字 $c_1, \cdots,$

$c_M \overset{\text{i.i.d.}}{\sim} \mathcal{N}(0, P')$。根据有限功率条件，对于任意码字 $\|c_{W_j}\|_2^2 > nP$，用户 j 在此信道上传输全 0 码字。对于任意编码符号集 $S \subset [M]$，我们可以得到叠加码字 $c(S) \triangleq \sum_{j \in S} c_j$，而译码器输出 K_a 大小的检测符号集 $\hat{S}$，且使检出码字与接收信号的汉明距离 $\|c(\hat{S}) - Y^n\|_2^2$ 最小。根据式(3)，我们假设 $W_j \in [M]$ 不重复，同时根据 PUPE 的定义，设

$$G = \frac{1}{K_a} \sum_{j=1}^{K_a} 1\{W_j \notin \hat{S}\} \tag{4-8}$$

显然，$\mathbb{E}[G]$ 的上界就是误差上界，且 G 的上界为 1。设用户消息 $W_j \in [M]$ 均匀采样，且 $X_j = c_{W_j}$。依据最小汉明距离准则，我们重新定义误差度量 G 为总变化距离。

$$G = \frac{1}{K_a} |S \setminus \hat{S}| = \frac{1}{2K_a} d_H(S, \hat{S}) \tag{4-9}$$

其中，$d_H(\cdot, \cdot)$ 表示汉明距离。码字的变化距离分布由 Gallager 界和用户信息密度确定，定义距离函数 $F_t \triangleq \{|S \setminus \hat{S}| = t\}$，则 $P[F_t] \leqslant \min(p_t, q_t)$，其中，$p_t$ 由 Gallager 界确定，q_t 由互信息密度确定。

第一步，由 Gallager 界确定 p_t。令 $S_0 \subset [K_a], S_0' \subset [M] \setminus [K_a]$ 为 t 大小的子集。定义码字误判的错误事件为 $F(S_0, S_0') \triangleq \{\|c(S_0) - c(S_0') + Z\|_2 < \|Z\|_2\}$，且 $F(S_0) \triangleq \bigcup_{S_0'} F(S_0, S_0')$。设辅助参量 $\rho, \rho_1 \in [0, 1]$ 和 $\lambda > 0$。根据切诺夫不等式

$$\mathbb{E}\left[e^{-\gamma\|\sqrt{a}Z + u\|_2^2}\right] = \frac{e^{\frac{\gamma\|u\|_2^2}{1+2a\gamma}}}{(1+2a\gamma)^{\frac{n}{2}}}, \quad \forall \gamma > -\frac{1}{2a} \tag{4-10}$$

可以对 $F(S_0, S_0')$ 完成放缩，即

$$\mathbb{P}[F(S_0, S_0') \mid c(S_0), Z] \leqslant e^{E_1(c(S_0), Z)} \tag{4-11}$$

其中，$E_1(c(s_0), Z) = \lambda\left(\|Z\|_2^2 - \frac{\|c(S_0) + Z\|_2^2}{1 + 2tP'\lambda}\right)$。接下来，根据 Gallager 的 ρ -和事件概率放缩 $P[\bigcup_j A_j] \leqslant \left(\sum_j \mathbb{P}[A_j]\right)^\rho$，得到 $P[F(S_0) \mid c(S_0), Z]$ 的上界为

$$P\big[F(S_0)\,|\,c(S_0),Z\big] \leqslant \binom{M-K_a}{t}^{\rho} e^{\rho E_1(c(S_0),Z)} \tag{4-12}$$

对所有 $c(s_0)$ 求期望并再次使用切诺夫不等式，得到 $P\big[F(S_0)\,|\,Z\big]$ 的上界为

$$\mathbb{P}\big[F(S_0)\,|\,Z\big] \leqslant \left(\frac{M^t}{t!}\right)^{\rho} e^{+b\|Z\|_2^2 - na}$$

$$a = \frac{\rho}{2}\log_2(1+2P't\lambda) + \frac{1}{2}\log_2(1+2P't\mu)$$

$$b = \rho\lambda - \frac{\mu}{1+2P't\mu}$$

$$\mu = \frac{\rho\lambda}{1+2P't\lambda} \tag{4-13}$$

再进行一次 Gallager 的 ρ-和事件概率放缩，得到误差上界为

$$p_t = P\Big[\bigcup_{S_0} F(S_0)\Big] \leqslant \mathbb{E}\left[\left(\sum_{S_0}\mathbb{P}\big[F(S_0)\,|\,Z\big]\right)^{\rho_1}\right] = e^{-nE(t)} \tag{4-14}$$

第二步，用互信息下界确定 q_t。定义最小码字信息密度为

$$I_t = \min_{S_0} i_t\big(c(S_0); Y\,|\,c(S_0^c)\big)$$

$$i_t(a;y\,|\,b) = nC_t + \frac{\log_2 e}{2}\left(\frac{|y-b|_2^2}{1+P't} - |y-a-b|_2^2\right) \tag{4-15}$$

其中，$C_t = \frac{1}{2}\log_2(1+P't)$。固定互信息阈值 γ，即可定义误差事件 $\tilde{F} = \{I_t \leqslant \gamma\}$。则码字误判事件根据信息密度可以写为

$$F(S_0, S_0') = \left\{i_t\big(c(S_0'); Y\,|\,c(S_0^c)\big) > i_t\big(c(S_0); Y\,|\,c(S_0^c)\big)\right\} \tag{4-16}$$

因此，根据信息密度的性质可得

$$P\big[F(S_0)\,|\,c_1, \cdots, c_{K_a}, Y\big] \leqslant \exp\{ntR_1 - \gamma\}1_{\tilde{F}^c} + 1_{\tilde{F}} \tag{4-17}$$

对所有 S_0 取并集可得

$$q_t = \inf_{\gamma}\mathbb{P}\big[I_t \leqslant \gamma\big] + \exp\{n(tR_1 + R_2) - \gamma\} \tag{4-18}$$

至此我们得到固定功率限制 $P' < P$ 条件下，K_a 个用户应用 (M, n, ϵ) 编码在高斯随机接入信道下进行随机接入的 PUPE 上界为

$$\epsilon \leqslant \sum_{t=1}^{K_{\mathrm{a}}} \frac{t}{K_{\mathrm{a}}} \min(p_t, q_t) + p_0 \tag{4-19}$$

其中,

$$p_0 = \frac{\binom{K_{\mathrm{a}}}{2}}{M} + K_{\mathrm{a}} \mathbb{P}\left[\frac{1}{n}\sum_{j=1}^{n} Z_j^2 > \frac{P}{P'}\right] \tag{4-20}$$

$$p_t = \mathrm{e}^{-nE(t)} \tag{4-21}$$

$$E(t) = \max_{0 \leqslant \rho, \rho_1 \leqslant 1} - \rho\rho_1 t R_1 - \rho_1 R_2 + E_0(\rho, \rho_1)$$

$$E_0 = \rho_1 a + \frac{1}{2}\log_2(1 - 2b\rho_1) \tag{4-22}$$

$$a = \frac{\rho}{2}\log_2(1 + 2P't\lambda) + \frac{1}{2}\log_2(1 + 2P't\mu)$$

$$b = \rho\lambda - \frac{\mu}{1 + 2P't\mu}, \mu = \frac{\rho\lambda}{1 + 2P't\lambda} \tag{4-23}$$

$$\lambda = \frac{P't - 1 + \sqrt{D}}{4(1 + \rho_1\rho)P't}$$

$$D = (P't - 1)^2 + 4P't\frac{1 + \rho\rho_1}{1 + \rho} \tag{4-24}$$

$$R_1 = \frac{1}{n}\log_2 M - \frac{1}{nt}\log_2(t!)$$

$$R_2 = \frac{1}{n}\log_2\binom{K_a}{t} \tag{4-25}$$

$$q_t = \inf_{\gamma} \mathbb{P}\left[I_t \leqslant \gamma\right] + \exp\left\{n(tR_1 + R_2) - \gamma\right\} \tag{4-26}$$

4.2.2　基于误差上界的理论性能分析

首先,根据前述误差上界可以进行 E_{b}/N_0 与活跃用户数的折中关系的非渐近性分析。通过该分析可以直接得出巨址接入在保证 PUPE 指标对抗接入规模以及过载因子增长方面的性能优势。

正交接入、随机编码的可实现性 NOMA(random-coding achievability NOMA)、将干扰看作噪声的 NOMA(TIN-NOMA,treat interference as noise-NOMA)、随机

编码 CDMA、线性矩阵求逆、编码时隙 ALOHA（CS-ALOHA）、香农限的对比[5]
如图 4-3 所示。随机编码的可实现性 NOMA 与香农限给出了多用户接入的理论界。
正交接入模式能量开销随着活跃用户数增加而急剧增加，并且与香农限之间存在明
显差距；而 CS-ALOHA 模式（随机编码或规则编码）采用不同时隙的分割来进行
多用户的接入，随着接入规模增大，碰撞概率增加，性能下降；普通 NOMA 由于
在该场景只能选择 TIN 模式（即 TIN-NOMA），随着活跃用户数增加，SIC 接收机
压力增大。其余技术如随机编码 CDMA、线性矩阵求逆等在多用户接入的情况下也
面临接收机压力大、用户碰撞严重的问题。而巨址接入展现出了其性能优势：在活
跃用户数较少时，巨址接入所需的每比特信噪比几乎不变，随着活跃用户数的进一
步增加，逐渐接近有限长度界，说明巨址接入相比其他模式更能承载用户数的大量
增长。

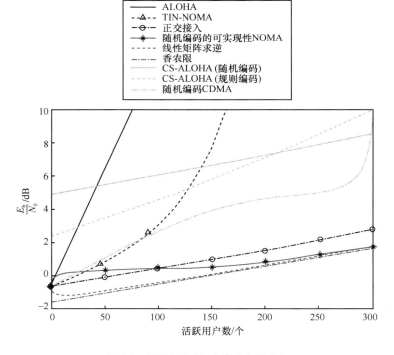

图 4-3　不同多址接入方案的性能对比

为了更好地体现巨址接入应对大规模接入场景时的性能特点，我们对固定差错概率 ϵ 和用户密度 μ（$0 < \mu \ll 1$），用户总数和帧长趋于无穷大（$K, n \to \infty, k = \mu n$）时，$\dfrac{E_b}{N_0}$ 与频谱效率 $S = (K \log_2 M)/n$ 的折中关系进行渐近性分析。在此条件下虽然 $K, n \to \infty$，但是由于用户密度保持在较低水平，FBL 效应依然能够得到保证。定义总功率为 $P_{tot} = KP$，则 $\dfrac{E_b}{N_0} = P_{tot}/2S$。最佳性能界由费诺不等式

$$(1-\epsilon)S \leqslant \frac{1}{2}\log_2(1+P_{tot}) + \mu h(\epsilon) \tag{4-27}$$

以及

$$\frac{S}{\mu} \leqslant -\log_2 Q\left(\sqrt{\frac{P_{tot}}{\mu}} + Q^{-1}(1-\epsilon)\right) \tag{4-28}$$

共同决定，其中，$Q(\cdot)$ 为标准正态分布的右尾函数，$h(\cdot)$ 为熵函数。对于 TDMA 和 FDMA 这样的正交多址方式，直接将 K 个用户均匀分配在 n 个正交资源上，保证频谱效率 S 的最低能量由香农界决定。对于 TIN-NOMA，$P = P_{tat}/(\mu n)$，根据文献[4]中的 DT 界可得

$$\epsilon \leqslant \mathbb{P}[Z > u] + M\mathbb{P}\left[Z > \sqrt{\frac{P_{tot}}{(1+P_{tot})\mu}} - u\right] \tag{4-29}$$

而对于巨址接入，在渐近性分析中由于每个用户相当于使用了不同的码本，因此达到频谱效率 S 的最低总功率满足

$$P_{tot}^* = E_{min}(P_{tot}, \epsilon) > 0$$
$$E_{min}(P_{tot}, \epsilon) = \min_{\epsilon \leqslant \theta \leqslant 10 \leqslant \rho, \rho_1 \leqslant 1} -\rho\rho_1\theta S - \rho_1\mu h(\theta) + E_0(\rho, \rho_1) \tag{4-30}$$

$K, n \to \infty$，固定 $\mu = K_a/n = 10^{-3}, \epsilon = 10^{-3}$ 时，E_b/N_0 与频谱效率的折中关系如图 4-4 所示。可以看到，相对于正交接入以及 TIN-NOMA，巨址接入的频谱效率更接近最佳性能界。对于巨址接入，图 4-4 中 A 点与 B 点将整条曲线分为 3 段：A 点上方部分由距离 $t = K$ 的码字决定；AB 点之间的部分主要由 $\epsilon K < t < K$ 的码字决定；B 点以下的部分由 $t = \epsilon K$ 的码字决定。

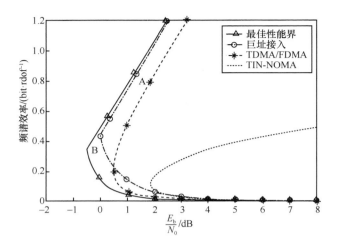

图 4-4　$\dfrac{E_{\mathrm{b}}}{N_0}$ 与频谱效率的折中关系

|4.3　基本方案 |

本节介绍的巨址接入实现模式由 Ordentlich 和 Polyanskiy[6]在 2017 年提出，采用内外码级联方案实现接近 4.2 节所述随机编码的可实现性 NOMA 性能界的大规模接入性能。

4.3.1　内外码级联方案总体结构

内外码级联方案总体结构如图 4-5 所示。

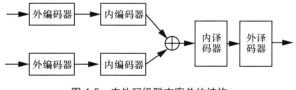

图 4-5　内外码级联方案总体结构

内外码级联方案的设计思路是较为直接的。由于用户码字的发送采用非协作机制，同一资源上存在叠加碰撞，构成一个二元加法信道（binary adder channel, BAC），因此用户信息载荷首先进入外编码器，编码后使接收机能够恢复参与模 2 加的各个用户的消息。外编码器的输出码字进入第二级编码器即内编码器，以对抗信道中的噪声，使接收机能够恢复模 2 加的和，最终输出各用户的码字并在信道上叠加。接收端的译码器与发送端的编码器呈镜像翻转关系，接收码字先送入内译码器完成运算前传（compute-and-forward, CoF）阶段，再通过外译码器逆向恢复出叠加在一起的多用户各自的码字，即 BAC 阶段。级联编码器对用户信息进行一次性编码，所有用户使用同一种编码器。

4.3.2　内外码级联方案编码器设计

根据前述的模型，确定活跃用户数 $K_a = \mu n$（μ 为用户密度，n 为时隙 ALOHA 的总码块长），用户信息比特长度 $k = \log_2 M$ 以及频谱效率 $\rho = \dfrac{k K_a}{n}$ 后，系统有两个主要的设计参数：同一时隙上的可解碰撞上限 T 以及总的时隙划分子块数 $V = K_a / (\alpha T)$（$\alpha \in [0,1]$ 为待定参数）。从总体上来看，每个用户的码本 $\mathcal{C} \subset \mathbb{F}_2^{\bar{n}}$ 含有 $|\mathcal{C}| = 2^k = 2^{\bar{n}R}$ 个码字，其中，码长 $\bar{n} = \dfrac{n}{V} = \alpha T \dfrac{n}{K_a}$，码率 $R = \dfrac{\rho}{\alpha T}$。而该码本由内码与外码级联而成。

内码的设计比较自由。作为信道可靠性编码，只要是在二元对称信道下高效的线性编码都可以，例如 LDPC 码、Turbo 码或 Polar 码。内码 $\mathcal{C}_{\mathrm{lin}} \subset \mathbb{F}_2^{\bar{n}}$ 的码率为 R_{lin}，生成矩阵为 $\boldsymbol{G} \in \mathbb{F}_2^{\bar{n}R_{\mathrm{lin}} \times \bar{n}}$，则

$$\mathcal{C}_{\mathrm{lin}} = \left\{ \boldsymbol{a}\boldsymbol{G} : \boldsymbol{a} \in \mathbb{F}_2^{1 \times \bar{n}R_{\mathrm{lin}}} \right\} \tag{4-31}$$

外码 $\mathcal{C}_{\mathrm{BAC}} \subset \mathbb{F}_2^{\bar{n}R_{\mathrm{lin}}}$ 的选择需要适应 BAC 的特性，设计上更为特殊。可以考虑利用 BCH 码的特性，选取校验矩阵的列进行映射叠加，构成在 BAC 下至多可解 T 个叠加的码字。很容易得出，这样的 BCH 码满足最小汉明距离 $d_{\min} \geqslant 2T + 1$。其码率满足 $R_{\mathrm{lin}} R_{\mathrm{BAC}} = \dfrac{k}{\bar{n}} = R$，则最终的级联码本 $\mathcal{C}$ 为

$$\mathcal{C} = \left\{ \boldsymbol{c}_{\mathrm{BAC}} \boldsymbol{G} : \boldsymbol{c}_{\mathrm{BAC}} \in \mathcal{C}_{\mathrm{BAC}} \right\} \tag{4-32}$$

因此该级联码的编码过程如下。首先，用户 i 将其消息 W_i 送入外编码器生成外码字 $\boldsymbol{c}_{\mathrm{BAC},i} \in \mathcal{C}_{\mathrm{BAC}}$，然后送入内编码器得到码字，即

$$\boldsymbol{c}_i = \boldsymbol{c}_{\mathrm{BAC},i} \boldsymbol{G} \in \mathcal{C} \tag{4-33}$$

接着，编码完成的码字 $\boldsymbol{c}_i$ 经过 BPSK 调制得到 $\boldsymbol{x}_i = 2\sqrt{VP}\left(\boldsymbol{c}_i - \dfrac{1}{2}\right)$，其中 $\|\boldsymbol{x}_i\|^2 = nP$。根据时隙 ALOHA 规则，每个用户在子块上的发送行为是完全随机的。对于用户 i，其信息 $\boldsymbol{x}_i$ 在 V 个子块上是均匀分布的。因此，可以得到因碰撞行为超出可解上限的错误事件发生的概率为 $\Pr(E_{1,i}) = 1 - \Pr\left(\mathrm{Bino}\left(K_{\mathrm{a}} - 1, \dfrac{\alpha T}{K_{\mathrm{a}}}\right) < T\right) \triangleq \epsilon_1$。

其中，$\mathrm{Bino}\left(K_{\mathrm{a}} - 1, \dfrac{\alpha T}{K_{\mathrm{a}}}\right)$ 表示均值为 $K_{\mathrm{a}} - 1$、方差为 $\dfrac{\alpha T}{K_{\mathrm{a}}}$ 的二项分布。

译码器在每一个叠加子块上都进行相同的操作。$\boldsymbol{y}_i$ 为信道输出，$\boldsymbol{z}_i$ 为 AWGN 信道的噪声，$i_1, \cdots, i_L$ 为叠加在该子块上的用户。注意到，当 $L > T$ 时可能引发错误事件 $E_{1,i}$，只有当 $L \leqslant T$ 时才能正确译码。内译码器的输入端为

$$\boldsymbol{y}_{\mathrm{CoF},i} = \left[\frac{1}{2\sqrt{VP}}\boldsymbol{y}_i + \frac{L}{2}\right]\bmod 2 = \left[\sum_{j=1}^{L}\boldsymbol{c}_{i_j} + \tilde{\boldsymbol{z}}_i\right]\bmod 2 \tag{4-34}$$

记 $\boldsymbol{c}_i = \sum\limits_{j=1}^{L}\boldsymbol{c}_{\mathrm{BAC},i_j}$，$\hat{\boldsymbol{c}}_i^{\oplus}$ 为内译码器的译码结果。若内码无法对抗信道中的噪声，则会发生错误事件 $E_{2,i}$，导致下一级输入中带有不可逆错误。显然，$\Pr(E_{2,i})$ 由内码自身的差错性能决定。接下来，外译码器将会根据 $\hat{\boldsymbol{c}}_i^{\oplus}$ 对 BAC 叠加的内容进行译码，得到各个用户自身的译码结果 $\widetilde{\mathcal{L}}(\boldsymbol{y}_{\mathrm{BAC},1}) = \{\hat{\boldsymbol{c}}_{\mathrm{BAC},1}, \cdots, \hat{\boldsymbol{c}}_{\mathrm{BAC},L}\} \in \mathcal{C}_{\mathrm{BAC}}^{L}$。由于已经满足了条件 $L \leqslant T$，因此这里的错误事件 $E_{3,i}$ 只可能由叠加的任意两个用户的发送信息相同导致，而这个概率通常非常小，为

$$\epsilon_3 \triangleq \Pr(E_{3,i} \mid \bar{E}_{1,i}, \bar{E}_{2,i}) = \Pr\left(\bigcup_{i \neq j}\{W_i = W_j\}\right) \leqslant \frac{\binom{T}{2}}{2^k - 1} \tag{4-35}$$

由此，每个用户自身的发送信息 $\hat{W}_i$ 可以被成功译出。结合前述分析，也可以得到该级联码的差错概率 $\epsilon = \epsilon_1 + \epsilon_2 + \epsilon_3$。

4.3.3　压缩感知方案发送端设计

压缩感知方案依然采用时隙 ALOHA 模式进行用户码块的叠加。与级联码方案不同的是，每个用户的信息在时隙上重复多次随机发送，而不是只发送一次。因此，多个用户的重复叠加模式在子块之间构成因子图，使每个子块上独立完成译码后还可以进行块间 SIC。

压缩感知方案的基本编码结构如图 4-6 所示。

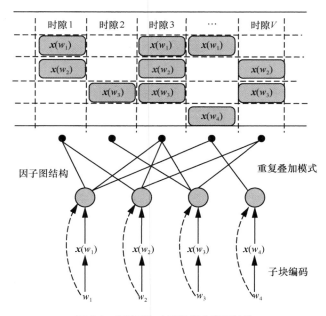

图 4-6　压缩感知方案的基本编码结构

每个用户共享码本，在每个子块上通过压缩感知和 SC-LDPC[8]编码完成多址码和纠错码的功能，将消息 w_i 映射为码字 $x(w_i)$，并且通过统一的随机调度函数 $g:[1:M] \mapsto \{0,1\}^V$ 将 $x(w_i)$ 重复映射到一定的时隙上。根据 SC-LDPC 的性质，对其码字按一定规律交织后叠加将会生成因子图扩展后的 LDPC，这个过程类似于 LDPC 码设计中的原模图增长，因此其叠加编码后生成的依然是对应级联码内码的信道可靠性编码。同时，如果交织图样在接收端可知，则借助级联因子图结构可以在接收端恢复每一个叠加用户的消息，因此 SC-LDPC 码也相当于级联码结构中的外码。其子块发送结构如图 4-7 所示。

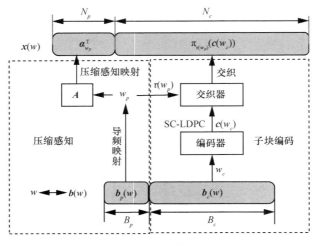

图 4-7　子块发送结构

每个用户发送的信号由两部分构成，即经过压缩感知映射的前导序列和经过 SC-LDPC 编码交织的信息载荷。$b(w)$ 为用户的编码器输入，由两部分构成，即长度分别为 B_p 和 B_c 的原始导频 $\boldsymbol{b}_p(w)$ 和信息载荷 $\boldsymbol{b}_c(w)$。将导频 $\boldsymbol{b}_p(w)$ 映射到导频序号参数 w_p，再通过哈希函数 $\tau(w_p)$ 生成交织器的整数参数，该参数将决定交织器的所有交织图样。而信息载荷 $\boldsymbol{b}_c(w)$ 经过 SC-LDPC 编码后根据 $\tau(w_p)$ 完成交织，产生编码后载荷 $\pi_{\tau(w_p)}\big(\boldsymbol{c}(w_c)\big)$。同时选取压缩感知矩阵 $\boldsymbol{A}$ 的第 w_p 列的转置 $\boldsymbol{a}_{w_p}^{\mathrm{T}}$ 作为映射后的导频。编码完成的码块 $\boldsymbol{x}(w)$ 按照图 4-6 所示的时隙 ALOHA 模式发送。

SC-LDPC 编码交织后在信道中与其他用户的 SC-LDPC 码块对应叠加，可以在接收端通过级联因子图结构的 BP 译码器译出每一个叠加码字，只要交织器的交织图样已知，便可以在接收端重构其空间耦合结构进行译码。前导序列的压缩感知映射规则由交织器配置决定，因此交织器的配置由压缩感知映射后的前导序列承载，在接收端通过检测前导序列可以恢复出交织器配置。交织的目的在于在接收端通过迭代算法消除多址干扰，而发送端可以保持相同的 SC-LDPC 编码结构。

4.3.4　压缩感知方案接收端设计

接收端的处理过程主要分为 3 个步骤：导频译码、子块译码以及块间 SIC。其中，导频译码需要对压缩感知映射后的叠加导频进行译码，恢复每个用户对应的导频 $\boldsymbol{b}_p(w)$ 及其对应的导频序号参数 w_p；子块译码根据导频译码的结果恢复 $\tau(w_p)$，进行 SC-LDPC 译码恢复该子块上叠加的 $\boldsymbol{b}_c(w)$；而块间 SIC 根据重复叠加的因子图结构，以每一个子块的译码结果为输入再次进行干扰消除。具体流程如下。

1.　导频译码

导频中承载着每个用户 SC-LDPC 编码交织器的交织图样信息，因此在对信息载荷译码之前需要先对导频进行译码。经过压缩感知映射后的导频与其他导频叠加在一起，根据压缩感知矩阵的稀疏性可以使用相关译码器或者列表译码器对参与叠加的每个导频序号进行恢复。

子块 j 经过压缩感知映射后的导频经过信道，在接收端的输入为

$$y_j\left[1:N_{\mathrm{p}}\right] = \sum_{i \in \mathcal{N}_j} \boldsymbol{a}_{w_{\mathrm{p},i}}^{\mathrm{T}} + z_j\left[1:N_{\mathrm{p}}\right] \tag{4-36}$$

其中，$z_j\left[1:N_{\mathrm{p}}\right]$ 为信道中的噪声。上述结构可以转换为典型的压缩感知问题，即

$$y_j\left[1:N_{\mathrm{p}}\right]^{\mathrm{T}} = \boldsymbol{A}v + z_j\left[1:N_{\mathrm{p}}\right]^{\mathrm{T}} \tag{4-37}$$

其中，$\boldsymbol{A}$ 为压缩感知矩阵；$v \in \{0,1\}^{M_{\mathrm{p}}}$ 为稀疏映射向量，将其从 $y_j\left[1:N_{\mathrm{p}}\right]^{\mathrm{T}}$ 中恢复出来，即可反解出参与叠加的每个用户的导频配置集合 $\mathcal{P}_j = \left\{w_{\mathrm{p},i}; i \in \mathcal{N}_j\right\}$，其中 i 为用户序号。

有两种典型的压缩感知译码器可供选择。一种是相关译码器，通过将接收信号与感知矩阵的每一列进行相关操作，则最佳的 $\mathcal{P}_j$ 估计值 $\hat{\mathcal{P}}_j$ 即相关函数对应前 $|\mathcal{P}_j|$ 大的相关峰值的位置序号集合（表示选取了哪几列参与叠加）。相关函数搜索窗由调度函数 g 确定。另一种是列表译码器。首先对式（4-37）采用非负最小二乘或 l_1-正则化 LASSO（least absolute shrinkage and selection operator），得到 $\bar{v}$ 的估计值 $\hat{v}$。但是 $\hat{v}$ 不一定满足所要求的稀疏特性，因此需要对该估计值进行阈值限制操作，形成一个非负的导频序号列表 $\mathcal{P}_{\mathrm{list}} = \{k : \bar{v}_k > \eta\}$，其中 η 为阈值。接着在此列表中对符合式（4-38）条件的 $\mathcal{P}_j$ 进行搜索。

$$\widehat{\mathcal{P}}_j = \underset{\mathcal{P} \subseteq \mathcal{P}\min}{\arg\min} \left\| \boldsymbol{y}_j \left[1:N_{\mathrm{p}}\right]^{\mathrm{T}} - \sum_{k \in \mathcal{P}} \boldsymbol{A} \boldsymbol{e}_k \right\|_2^2 \qquad (4\text{-}38)$$

其中，$\boldsymbol{e}_k$ 为 $\mathbb{R}^{M_p}$ 空间中的基向量。由此，当 $\left|\widehat{\mathcal{P}}_j\right| \leqslant T$ 时，导频译码器能够输出对应的导频配置集合估计值 $\widehat{\mathcal{P}}_j = \left\{ \hat{w}_{p,i}; i \in \mathcal{N}_j \right\}$，同时为子块译码提供交织器配置信息。

2. 子块译码

恢复出导频后，每个用户的 SC-LDPC 编码交织器图样即可恢复，因此在接收端恢复完整的多用户叠加因子图，通过 BP 算法可以在该因子图上进行多级迭代，译出每个用户各自的信息比特。经过导频译码，将导频配置集合 $\widehat{\mathcal{P}}_j$ 重新输入与发送端相同的哈希函数 $\tau(w_p)$，SC-LDPC 码的交织图样即可得出。为了表述方便，接下来的算法描述均以两用户叠加的情况为例。在接收端经过解调后的信息载荷部分接收信号为

$$\boldsymbol{y}_j \left[N_{\mathrm{p}}+1:N_{\mathrm{s}}\right] = \pi_{\tau(w_{p,1})} \left(\boldsymbol{c}(w_{c,1})\right) + \pi_{\tau(w_{p,2})} \left(\boldsymbol{c}(w_{c,2})\right) + \boldsymbol{z}_j \left[N_{\mathrm{p}}+1:N_{\mathrm{s}}\right] \qquad (4\text{-}39)$$

其中，$\pi_{\tau(w_{p,i})}(\cdot)$ 为第 i 个用户导频参数 $\tau(w_{p,i})$ 决定的交织器映射，$\boldsymbol{z}_j \left[N_{\mathrm{p}}+1:N_{\mathrm{s}}\right]$ 为信道中的噪声。接下来需要根据确定的因子图结构进行 SC-LDPC 的联合 BP 译码。两用户叠加的 SC-LDPC 译码结构如图 4-8 所示。

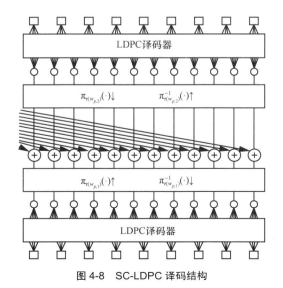

图 4-8　SC-LDPC 译码结构

图 4-8 中，□表示比特节点（用户发送信息 $w_{c,i}$），〇代表 LDPC 校验节点（经过 LDPC 编码后的码字 $c(w_{c,i})$），而⊕表示 MAC 节点即用户信息经过交织叠加后得到的符号。首先，两个 LDPC 译码器分别执行各自的 BP 译码过程，在比特节点和校验节点之间执行软信息内迭代。然后，校验节点更新后经过交织器映射进入外循环，更新 MAC 节点的软信息。而 MAC 节点再返回输出软信息，经过反交织操作更新校验节点的信息，完成一次外循环操作。LDPC 译码器在更新后的校验节点信息下进入内循环，重新执行 BP 算法，完成各用户的 LDPC 译码迭代，再进入外循环。重复执行上述内外循环，联合 BP 算法完成用户 1 和用户 2 各自的比特节点的更新，输出各用户信息载荷的译码结果。

3．块间 SIC

由于用户的信息在子块间通过调度器构成了重复叠加的因子图结构，因此在每个子块上的用户信息译出后，还可以执行块间 SIC，进一步提升译码性能。在各个子块完成 SC-LDPC 译码后，恢复出的各用户信号 $w_{c,i}$ 根据图 4-6 所示的重复叠加因子图结构执行 SIC 操作，该因子图由调度函数 g 决定。将对应的多址干扰从各子块上减去，再重复执行译码操作。直到所有子块上的 K_a 个码字被译出，或任意块上都只有少于 T 个译码结果，块间 SIC 即可停止。此时可将全部 K_a 个活跃用户的信息译出。

4.3.5　实现方案性能对比

对应于 4.2.2 节中根据误差上界进行的 $\dfrac{E_b}{N_0}$ 与活跃用户数 K_a 的折中关系的非渐近性分析，本节在对实现方案进行性能评估时也采取相同的指标。设定典型场景为每用户信息载荷 $k = 100$ bit，总码长时隙数为 $n = 30\,000$，PUPE 为 0.05。不同实现方案[9-11]性能对比如图 4-9 所示。

图 4-9 中，Polar+Random Spreading 表示在非规则重复时隙 ALOHA（irregular repetition slotted ALOHA，IRSA）的基础上进一步采用随机扩展策略提高性能[11]。

可以观察到，TIN-NOMA 和传统时隙 ALOHA 方案在用户数增长后性能急剧下降，而巨址接入模式对用户数增长都表现出良好的适应性。压缩感知方案（Polar

编码下）的性能相较于级联码方案的性能更接近理论性能界。但同时，压缩感知方案的编码和译码复杂度更高，压缩感知映射和 SC-LDPC 级联译码以及块间 SIC 引入了大量的迭代过程，同时由于块间 SIC 还引入了一定的调度机制。相对来说，级联码方案更易实现。

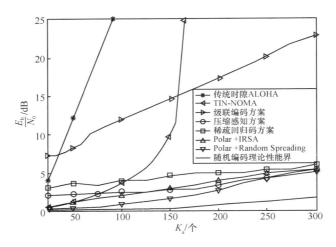

图 4-9　不同实现方案性能对比

|4.4　本章小结|

与第 3 章的协作型 NOMA 不同，非协作型 NOMA 的主要应用场景为超大规模物联网，适合短包、高并发、低时延的随机接入。理论证明，巨址接入技术可突破协作型 NOMA 的容量域限制问题，接近单用户可靠性的理论界限，从而保证活跃用户数不断增长时系统依然能保证用户载荷的有效传输，实现非协作接入。同时，在此设计思想指导下的实现方案都能够适应用户数的增长而不出现性能的急剧下降，并且逐渐接近理论性能界。

但是，在该领域依然存在一些未解决的问题，可以作为未来的研究方向，主要如下。

（1）更高效或更高性能的码本模式设计。级联码模式虽然简单直接，但是其性能与理论性能界差距较大，只能基本实现巨址接入的设计目标；而压缩感知模式正好与之相反，性能高，但复杂度因接收端的多层迭代算法而急剧增长。不管是哪一种方案，其性能与理论性能界之间依然存在明显的差距，这说明码本设计在性能上还有较大的提升空间。同时，复杂度也是需要解决的问题。复杂的码构造将带来较高的处理时延以及较大的实现难度。

（2）加入用户区分。目前的巨址接入设计都不考虑接收信号的来源识别，只考虑多用户信息的成功分离。但是压缩感知模式让我们看到了这种可能性，通过合理的导频映射能够构造出有利于用户身份识别的信号结构，从而适应更广泛的场景。

（3）衰落信道、非完美 CSI 条件下的性能提升。根据非协作 NOMA 的设计特点，系统只能提供有限精度的 CSI，并且很可能不提供。在这种情况下，接收机需要在接收端通过一定的均衡算法对抗衰落信道，并且要有较强的稳健性。

（4）物理层安全与隐私。非协作 NOMA 技术可以不区分用户，因此对用户载荷的同步加密很难实现，需要有新的技术来保证独立于高层安全的物理层安全。又由于所有用户共享码本，因此需要防止物理层窃听的发生。

目前，与大规模天线技术结合的设计模式都还在单链路层面，而巨址接入与大规模天线技术结合将会进一步提升容量，但同时会带来复杂度的增长。因此，设计低复杂度的线性系统也是重要的研究方向。

┃ 参考文献 ┃

[1]　WU Y P, GAO X Q, ZHOU S D, et al. Massive access for future wireless communication systems[J]. IEEE Wireless Communications, 2020, 27(4): 148-156.

[2]　SAAD W, BENNIS M, CHEN M Z. A vision of 6G wireless systems: applications, trends, technologies, and open research problems[J]. IEEE Network, 2020, 34(3): 134-142.

[3]　CLAZZER F, MUNARI A, LIVA G, et al. From 5G to 6G: has the time for modern random access come?[J]. arXiv Preprint, arXiv: 1903.03063, 2019.

[4]　POLYANSKIY Y, POOR H V, VERDU S. Channel coding rate in the finite blocklength regime[J]. IEEE Transactions on Information Theory, 2010, 56(5): 2307-2359.

[5]　POLYANSKIY Y. A perspective on massive random-access[C]//Proceedings of 2017 IEEE International Symposium on Information Theory. Piscataway: IEEE Press, 2017: 2523-2527.

[6]   ORDENTLICH O, POLYANSKIY Y. Low complexity schemes for the random access Gaussian channel[C]//Proceedings of 2017 IEEE International Symposium on Information Theory. Piscataway: IEEE Press, 2017: 2528-2532.

[7]   VEM A, NARAYANAN K R, CHAMBERLAND J F, et al. A user-independent successive interference cancellation based coding scheme for the unsourced random access Gaussian channel[J]. IEEE Transactions on Communications, 2019, 67(12): 8258-8272.

[8]   MITCHELL D G M, LENTMAIER M, COSTELLO D J. Spatially coupled LDPC codes constructed from protographs[J]. IEEE Transactions on Information Theory, 2015, 61(9): 4866-4889.

[9]   FENGLER A, JUNG P, CAIRE G. SPARCs and AMP for unsourced random access[C]// Proceedings of 2019 IEEE International Symposium on Information Theory. Piscataway: IEEE Press, 2019: 2843-2847.

[10] PRADHAN A K, AMALLADINNE V K, NARAYANAN K R, et al. Polar coding and random spreading for unsourced multiple access[C]//Proceedings of ICC 2020 - 2020 IEEE International Conference on Communications. Piscataway: IEEE Press, 2020: 1-6.

[11] MARSHAKOV E, BALITSKIY G, ANDREEV K, et al. A polar code based unsourced random access for the Gaussian MAC[C]//Proceedings of 2019 IEEE 90th Vehicular Technology Conference. Piscataway: IEEE Press, 2019: 1-5.

第 5 章

新型多载波技术

多载波技术在提升系统吞吐量，提升频谱效率等方面具有重要意义。在 6G 系统中，传统的 OFDMA 技术已经无法满足大规模接入场景下的需求。本章首先介绍 FBMC 与 UFMC 两种基于加窗或滤波的波形设计方法；然后，介绍基于时频二维波形设计的 GFDM 技术；最后，对不同的技术进行了对比。

| 5.1　概述 |

　　OFDMA 是 4G 与 5G 的标准多址方案，是一种典型的频域正交多址方案。其每一个时频资源块上的波形均与其他资源块上的波形相互正交，因此在接收端只需通过时频变换即可完成解复用。其因复杂度低、频谱效率高以及与 MIMO 系统相容性好等特性成为两代移动通信技术的基础波形设计方案。但是 6G 的各场景相对于 5G 都有着更高的指标要求，需要考虑在 OFDM 的基础上针对相应指标进行改进和优化。

　　新的波形需要适应更大规模的连接。4.1 节介绍了 6G 中大规模接入的典型场景 HIIoE，并且提出在此场景下采用非协作方案的 NOMA 技术。但是从波形层面，OFDMA 技术在此场景下依然面临一些挑战：矩形脉冲的高带外泄露效应，简称为 OOB（out-of-band）效应，使其在衰落信道中更容易出现子载波间干扰；循环前缀的使用在短包通信场景下占用了过多的信息载荷空间，降低了频谱效率；系统要求精确的时频同步以保证较低的小区内和小区间多用户干扰，但是大规模机器通信场景下终端和分布式基站的同步能力十分受限，干扰问题将会凸显[1]。因此，为了改进 OFDM 系统的上述缺点，许多基于加窗或滤波的波形设计方法进入了研究者的视野。基于滤波器组的多载波（filter-bank based multi-carrier，FBMC）在每一个 OFDM

子载波上进行滤波；而基于整体滤波的多载波（universal filtered multi-carrier，UFMC）的粒度更大，以频率资源块（resource block，RB），通常由 6 个子载波组成，为单位进行滤波。广义频分复用（generalized frequency division multiplexing，GFDM）则将滤波延伸到时频二维。通过上述滤波设计的 OFDM 波形变为非正交状态。此类非正交多址技术使 OOB 效应大大降低，减少了 CP 的开销。同时，通过相应的接收机设计，上述非正交波形能够有效对抗由大规模连接场景中的时频同步问题带来的多址干扰。

因此，与协作型和非协作型 NOMA 技术类似，频域多址技术的总体发展趋势也是按照场景需求从正交转向非正交设计。本章将沿此脉络展开，5.2 节和 5.3 节介绍 FBMC 和 UFMC 这两种基于滤波的多载波技术，5.4 节介绍基于时频二维波形设计的 GFDM 技术。

| 5.2 FBMC |

与 OFMD 技术相比[2-3]，FBMC 依赖于将频谱分成多个正交子带，对每个子载波应用滤波功能来实现多载波传输。OFDMA 和 FBMC 的基本原理如图 5-1 所示。由于 FBMC 的旁瓣比 OFMD 弱，因此由旁瓣引起的载波间干扰变得非常小，且不需要插入循环前缀或保护间隔，可以大大提高频谱效率[4]。并且由于载波不再必须是正交的，FBMC 可以灵活地控制每个子载波的带宽和它们之间的重叠程度，还可以在一定程度上灵活地避免相邻子载波之间的干扰[5]。由于 FBMC 系统中子载波不再需要同步，因此采用 FBMC 的系统可以解决可能的同步误差和色散问题。因此，可以在每个子载波上分别处理同步、信道估计和检测[6]。

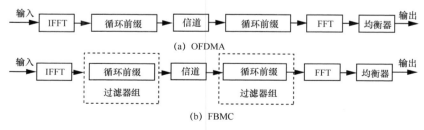

图 5-1 OFDMA 和 FBMC 的基本原理

FBMC 被认为是 5G 系统的候选多载波技术，吸引了越来越多研究人员的关注，目前 FBMC 已经在许多领域得到应用。MIMO 信道中，OFDM 和 FBMC 的 BER 性能比较如图 5-2 所示[7]，其中 K 为子载波数量。

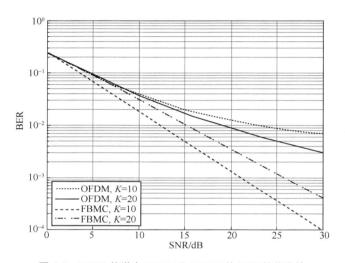

图 5-2　MIMO 信道中 OFDM 和 FBMC 的 BER 性能比较

从图 5-2 可以看出，随着信噪比的增加，FBMC 具有比 OFDM 更低的 BER，这是因为 OFDM 易受码间干扰的影响，特别是在多用户大规模 MIMO（massive MIMO，M-MIMO）信道中。而 FBMC 在 M-MIMO 信道中实现了自均衡，得到了更低的 BER。

FBMC 也有许多缺点。例如，由于子载波彼此不正交，子载波之间会有干扰。实际上，为了满足对频率响应特性的特定要求，FBMC 中原型滤波器的长度要远大于子信道的数量，这也导致了其复杂性较高并且不利于硬件实现[8]。

| 5.3　UFMC |

如 5.2 节所述，尽管 FBMC 在理论上有许多优点，但在实际应用中实现起来非常复杂。尤其是 FBMC 要求滤波器的长度必须大于子信道数量，所以实现的复杂度很高。为了解决这个问题，文献[9]提出了通用滤波多载波（universal filtered multi- carrier，

UFMC）。UFMC 集合了 OFDM 和 FBMC 的优点，同时消除了它们的缺点。在 OFDM 中，滤波是在整个频带上进行的，而 FBMC 滤波是在每个子载波上进行的。UFMC 的设计原理不同于 OFDM 和 FBMC[10]，UFMC 平衡了两种波形设计方法的滤波功能。首先，将整个频带分成多个子带，然后对每个包括多个子载波的子带进行 UFMC 滤波。

UFMC 是一种多载波方案，它将高数据速率比特流转换成低数据速率比特流。图 5-3 给出了 UFMC 的系统流程。

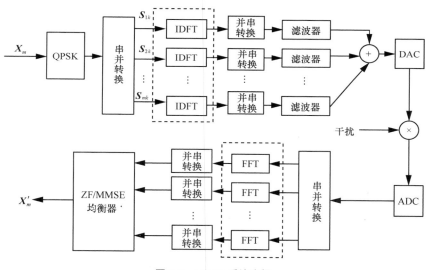

图 5-3　UFMC 系统流程

在发送端，二进制信息 $\boldsymbol{X}_m$ 由 QPSK 调制并转换成并行形式，即 $\boldsymbol{S}_{i_k}, i=1,\cdots,m$；再通过离散傅里叶逆变换（inverse discrete Fourier transform，IDFT）将二进制符号从频域转换到时域，将时域符号用于滤波器块。发射信号为[10]

$$\underbrace{\boldsymbol{X}_m}_{[(N_{\text{SC}}+L-1)\times 1]} = \sum_{i=1}^{K} \underbrace{\boldsymbol{F}_{im}}_{[(N_{\text{SC}}+L-1)\times N_{\text{SC}}]} \underbrace{\boldsymbol{V}_{im}}_{[N_{\text{SC}}\times n_i]} \underbrace{\boldsymbol{S}_{im}}_{[n_i\times 1]} \tag{5-1}$$

其中，$\boldsymbol{V}_{im}$ 是 IDFT 矩阵，$\boldsymbol{F}_{im}$ 是用 Toeplitz 矩阵描述的滤波器矩阵，$i=[1,2,\cdots,K]$ 是子带的数目，L 是滤波器的长度，N_{SC} 是子载波数，m 是用户数。滤波器的长度取决于信道条件，对于单用户和单个子载波，即 SU-UFMC，$i=1$，$m=1$，则式（5-1）变为

$$\underbrace{\boldsymbol{X}}_{[(N_{\text{SC}}+L-1)\times 1]} = \underbrace{\boldsymbol{F}}_{[(N_{\text{SC}}+L-1)\times N_{\text{SC}}]} \underbrace{\boldsymbol{V}}_{[N_{\text{SC}}\times n]} \underbrace{\boldsymbol{S}}_{[N_{\text{SC}}\times n]} \tag{5-2}$$

对于多用户，以 $i = 2, m = 2$ 为例，则式（5-1）变为

$$\underbrace{\boldsymbol{X}}_{[(N_{SC}+L-1)\times 1]} = \sum_{i=1}^{K} \underbrace{\boldsymbol{F}_{i2}}_{[(N_{SC}+L-1)\times N_{SC}]} \underbrace{\boldsymbol{V}_{i2}}_{[N_{SC}\times n_i]} \underbrace{\boldsymbol{S}_{i2}}_{[N_{SC}\times n_i]} \tag{5-3}$$

调制信号 $\boldsymbol{X}_m$ 通过数模转换器（DAC）传输，接收信号 $\boldsymbol{Y}$ 为

$$\boldsymbol{Y} = \boldsymbol{H}\boldsymbol{X}_m + \boldsymbol{Z}_m \tag{5-4}$$

其中，$\boldsymbol{Z}_m$ 是噪声矩阵，$\boldsymbol{H}$ 是信道矩阵，$\boldsymbol{H}$ 的维度取决于信道模型。式（5-4）可写为

$$\boldsymbol{Y} = \boldsymbol{H}\sum_{i=1}^{K} \boldsymbol{F}_{im}\boldsymbol{V}_{im}\boldsymbol{h}_{im} + \boldsymbol{Z}_m \tag{5-5}$$

对于单用户，即 $m = 1$，有

$$\boldsymbol{Y} = \boldsymbol{HFVh} \tag{5-6}$$

对于多用户，以 $m = 2$ 为例，有

$$\boldsymbol{Y} = \boldsymbol{H}\sum_{i=1}^{K} \boldsymbol{F}_{i2}\boldsymbol{V}_{i2}\boldsymbol{h}_{i2} + \boldsymbol{Z}_2 \tag{5-7}$$

通过模数转换器（ADC）后，模拟信号 $\boldsymbol{Y}$ 被转换成数字信号，再传输到 FFT 模块，通过检测器中的迫零（zero-forcing，ZF）均衡器和 MMSE 均衡器，在频域完成均衡。

ZF 均衡器通过对信道矩阵 $\boldsymbol{H}$ 进行逆运算来检测发射信号。ZF 权重矩阵为

$$\boldsymbol{WT}_{ZF} = \boldsymbol{X} + (\boldsymbol{H}^H \boldsymbol{H})^{-1}\boldsymbol{H}^H \tag{5-8}$$

然后，将权重矩阵 $\boldsymbol{WT}_{ZF}$ 应用于接收信号 $\boldsymbol{Y}$，则有

$$\boldsymbol{X}'_{ZF} = \boldsymbol{WT}_{ZF}\boldsymbol{Y} \tag{5-9}$$

因为 $\boldsymbol{Y} = \boldsymbol{HX} + \boldsymbol{Z}$，所以有

$$\boldsymbol{X}'_{ZF} = \boldsymbol{X} + (\boldsymbol{H}^H \boldsymbol{H})^{-1}\boldsymbol{H}^H \boldsymbol{Z} \tag{5-10}$$

借助 ZF 均衡器可以得到 $\boldsymbol{X}'_{ZF}$。因此，ZF 均衡器有助于消除干扰。

MMSE 均衡器优于 ZF 均衡器，因为它降低了干扰和噪声功率，并最大化了信噪比。MMSE 的权重矩阵为

$$\boldsymbol{WT}_{MMSE} = (\boldsymbol{H}^H \boldsymbol{H} + N_0\boldsymbol{I})^{-1}\boldsymbol{H}^H \tag{5-11}$$

其中，N_0 是噪声的功率，$\boldsymbol{I}$ 是单位矩阵。

将权重矩阵 $\boldsymbol{WT}_{MMSE}$ 应用于接收信号 $\boldsymbol{Y}$，则有

$$\boldsymbol{X}'_{MMSE} = \boldsymbol{X} + (\boldsymbol{H}^H \boldsymbol{H} + N_0\boldsymbol{I})^{-1}\boldsymbol{H}^H \boldsymbol{Z} \tag{5-12}$$

借助 MMSE 均衡器可以得到 $\boldsymbol{X}'_{MMSE}$。

本节利用不同的检测技术，通过改变信噪比，在无载波频率偏移（carrier frequency offset，CFO）的情况下，对 OFMD 和 UFMC 进行性能仿真。分别使用 ZF 均衡器和 MMSE 均衡器，OFMD 和 UFMC 的 SER 对比结果如图 5-4 和图 5-5 所示[11]。可以看出，UFMC 的 SER 比 OFDM 低。

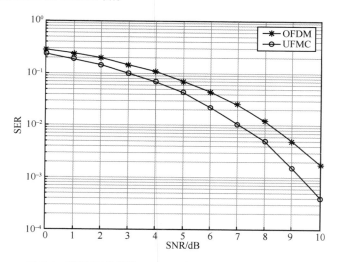

图 5-4　使用 ZF 均衡器，OFMD 和 UFMC 的 SER 对比结果

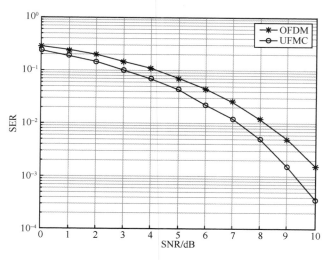

图 5-5　使用 MMSE 均衡器，OFMD 和 UFMC 的 SER 对比结果

UFMC 被认为是 5G 系统多载波方案的重要选择。UFMC 是代替 FBMC 的多载波方案，对子载波组而不是单个子载波进行滤波，这种滤波操作降低了带外旁瓣，并将相邻用户之间的载波间干扰最小化。此外，UFMC 中的滤波器的长度明显短于 FBMC 中的滤波器的长度，这是因为子带带宽比 FBMC 信号的带宽更宽。因此，UFMC 实现的复杂度明显降低。UFMC 还有一个明显而重要的优势，即 UFMC 子载波是非正交的，不需要同步。UFMC 虽然有许多优点，但同时也存在一些缺点，例如，UFMC 对时延更敏感，不适合需要松散时间同步的应用。

| 5.4 GFDM |

GFDM 技术将滤波器设计从 FBMC 和 UFMC 技术的频域子载波/块扩展到时频资源块[12]。信号的滤波通过循环卷积滤波器而不是线性卷积滤波器完成，由于同时在时域和频域重叠，块内和块间同时存在干扰。块间干扰通过添加统一的 CP 来避免，而块内干扰通过匹配滤波（matched filter，MF）或 ZF 均衡结构来消除。

5.4.1 基本结构

GFDM 系统结构如图 5-6 所示。

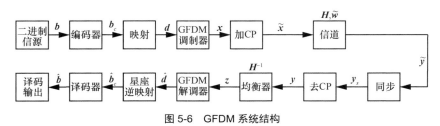

图 5-6 GFDM 系统结构

信源输入为 $\boldsymbol{b}$，通过编码映射为 $\boldsymbol{b}_c$，再映射到调制阶数为 μ 的 2^μ 星座中得到长度为 N 的符号序列 $\boldsymbol{d}$。GFDM 调制器将 $\boldsymbol{d}$ 映射到 $K \times M$ 的时频二维资源块，该资源块在时域叠加，占据 K 个子载波；在频域叠加，占据 M 个时隙。将该资源块根据时隙进行分解可以得到 $\boldsymbol{d} = (\boldsymbol{d}_0^\mathrm{T}, \cdots, \boldsymbol{d}_{M-1}^\mathrm{T})^\mathrm{T}$，其中，$\boldsymbol{d}_m = (d_{0,m}, \cdots, d_{K-1,m})^\mathrm{T}$，$d_{k,m}$ 为第 k 个

子载波和第 m 个时隙上的元素。每一个元素 $d_{k,m}$ 都经过相应的成形滤波器，其时频二维波形结构为

$$g_{k,m}[n] = g\big[(n-mK)\bmod N\big]\exp\left[-\mathrm{j}2\pi\frac{k}{K}n\right] \tag{5-13}$$

其中，n 为 d 的采样序号。每一个 $g_{k,m}[n]$ 都是对原型滤波器 $g[n]$ 的时频二维扩展，式（5-13）表明 $g_{k,m}[n]$ 是对 $g_{k,0}[n]$ 的循环移位。经过调制的发送样值 $\bar{x}$ 为上述发送符号的叠加，即

$$x[n] = \sum_{k=0}^{K-1}\sum_{m=0}^{M-1} g_{k,m}[n]d_{k,m}, \quad n = 0,\cdots,N-1 \tag{5-14}$$

GFDM 调制器结构如图 5-7 所示，其中，$\delta[\cdot]$ 表示冲激函数。

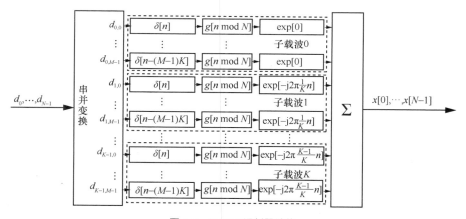

图 5-7　GFDM 调制器结构

将滤波器操作写成矩阵形式为

$$x = Ad \tag{5-15}$$

其中，A 为 $KM\times KM$ 维的发送矩阵，其结构为

$$A = \begin{pmatrix} g_{0,0} & \cdots & g_{K-1,0} & g_{0,1} & \cdots & g_{K-1,M-1} \end{pmatrix} \tag{5-16}$$

其中，向量 $g_{k,m} = \big(g_{k,m}[n]\big)^{\mathrm{T}}$ 表示每个时频域元素对应的循环卷积滤波器向量。

GFDM 发送矩阵结构如图 5-8 所示。可以观察到，$g_{1,0} = [A]_{n,2}$ 和 $g_{0,1} = [A]_{n,K+1}$ 是

对 $\boldsymbol{g}_{0,0} = [\boldsymbol{A}]_{n,1}$ 在时域和频域上的循环移位。

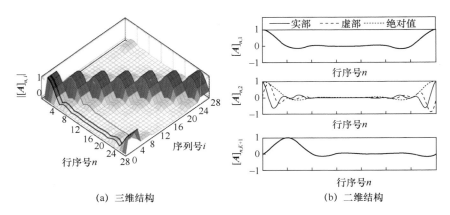

(a) 三维结构　　　　　　　　　(b) 二维结构

图 5-8　GFDM 发送矩阵结构

GFDM 与其他正交接入技术的资源分配方式对比如图 5-9 所示。当 $M = 1$ 时，GFDM 变为 OFDM，其发送矩阵 $\boldsymbol{A} = \boldsymbol{F}_N^{\mathrm{H}}$（$\boldsymbol{F}_N^{\mathrm{H}}$ 为 $N \times N$ 维傅里叶变换矩阵）。当 $K = 1$ 时，GFDM 变为单载波频域均衡（single carrier frequency domain equalization，SC-FDE）。而当成形滤波器原型 $\boldsymbol{g}$ 变为狄利克雷冲激时，GFDM 变为单载波频分复用（single carrier frequency division multiplexing，SC-FDM）。

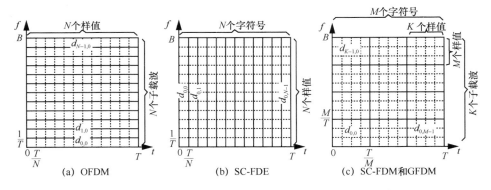

(a) OFDM　　　　　　(b) SC-FDE　　　　　　(c) SC-FDM和GFDM

图 5-9　GFDM 与 OFDM、SC-FDE 以及 SC-FDM 的资源分配方式对比

添加长度为 N_{CP} 的 CP 之后，发送信号 $\boldsymbol{x}$ 进入信道。GFDM 和 OFDM 的块结构对比如图 5-10 所示。

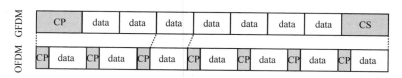

图 5-10　GFDM 和 OFDM 的块结构对比

GFDM 只需要在头部添加 CP，尾部添加 CS，块内部不加 CP，因此 CP 开销减少，这也是 GFDM 相对于 OFDM 的优势之一，尤其是短包传输时，其频谱效率优势更加明显。

信道模型为

$$\tilde{y} = H\tilde{x} + \tilde{w} \tag{5-17}$$

其中，H 为 $(N + N_{CP} + N_{ch} - 1) \times (N + N_{CP})$ 维的信道卷积矩阵，具有带状对角结构，且信道响应 $h = (h_0, \cdots, h_{N_{ch}-1})^T$，$N_{ch}$ 为信道记忆长度。$\tilde{y}$ 为接收信号，$\tilde{w} \sim \mathcal{CN}(0, \sigma_w^2 I_{N+N_{CP}+N_{ch}-1})$ 为信道中的加性白高斯噪声。经过时频域同步后的接收信号为 y_s，而精确同步下 $y_s = y$。根据前面的发送结构，y 可以写为

$$y = HAd + w \tag{5-18}$$

则信道均衡后输出的信号为

$$z = H^{-1}HAd + H^{-1}w \tag{5-19}$$

设 B 为 $KM \times KM$ 维的接收矩阵，则 GFDM 解调后输出信号为

$$\hat{d} = Bz \tag{5-20}$$

$\hat{d}$ 经过星座逆映射（硬解调或软解调）得到解调比特序列 $\hat{b}_c$，再经过译码输出得到译码接收结果 $\hat{b}$。

5.4.2　收发端设计

1. 发送端设计

GFDM 的发送端设计主要是成形滤波器的设计，不同的波形能提供不同的 OOB 特性以及载波间干扰（inter-carrier interference，ICI）特性。而原型滤波器波形是发送矩阵设计的基础内容。几种典型的原型滤波器设计如表 5-1 所示[13]。滚降系数 $\alpha = 0.5$ 时，不同滤波器的时频响应曲线如图 5-11 所示[13]。

表 5-1　典型的原型滤波器设计

滤波器	频域成形响应函数 $G(f)$	时域窗响应函数
升余弦（RC）滤波器	$G_{\mathrm{RC}}[f]=\frac{1}{2}\left[1-\cos\left(\pi\mathrm{lin}_{\alpha}\left(\frac{f}{M}\right)\right)\right]$	$w_{\mathrm{Rect}}[n]=1$
根升余弦（RRC）滤波器	$G_{\mathrm{RRC}}[f]=\sqrt{G_{RC}[f]}$	$w_{\mathrm{R}}[n]=$ $\mathrm{lin}_{\frac{N_{\mathrm{W}}}{KM}}\left[\frac{KM+N_{\mathrm{W}}}{2KM}\left(\frac{2n}{KM+N_{CP}}-1\right)\right]$
Xia-I 滤波器[14]	$G_{\mathrm{Xia-I}}[f]=\frac{1}{2}\left[1-\mathrm{e}^{-\mathrm{j}\pi\mathrm{lin}_{\alpha}\left(\frac{f}{M}\right)\mathrm{sign}(f)}\right]$	$w_{\mathrm{RC}}[n]=\frac{1}{2}\left[1-\cos\left(\pi w_{R}[n]\right)\right]$
Xia-IV 滤波器[14]	$G_{\mathrm{Xia-IV}}[f]=\frac{1}{2}\left[1-\mathrm{e}^{-\mathrm{j}\pi p_{4}\left(\mathrm{lin}_{\alpha}\left(\frac{f}{M}\right)\right)\mathrm{sign}(f)}\right]$	$w_{\mathrm{RC4}}[n]=\frac{1}{2}\left[1-\cos\left(\pi p_{4}\left(w_{R}[n]\right)\right)\right]$

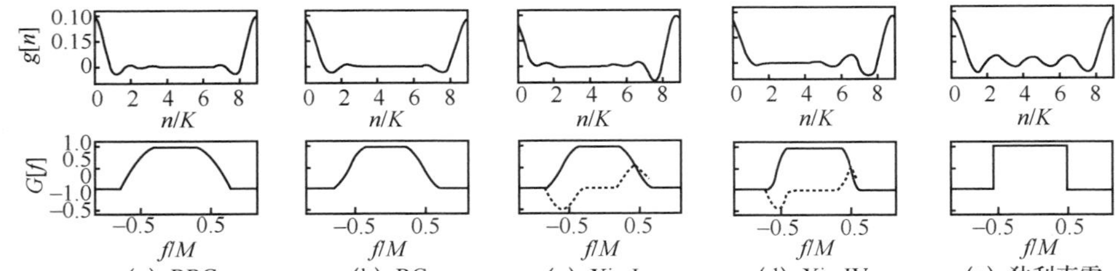

(a) RRC　(b) RC　(c) Xia-I　(d) Xia-IV　(e) 狄利克雷

图 5-11　滚降系数 α=5 时的各滤波器时频响应曲线

此外，还有两种典型抑制 OOB 的技术。一种是经典的插入保护符号的方法，例如长度为 $rK, r\in\mathbb{N}$ 的 CP 和零前缀（zero prefix，ZP）。当采用上述升余弦或 Xia 滤波器设计的无符号间干扰（inter symbol interference，ISI）发送滤波器时，可以将从第 0 个到第 $M\text{–}r$ 个子符号设为常值，当该常值为 0 时即 ZP。此类方法称为有保护符号的 GFDM（guard symbols-GFDM，GS-GFDM）[13]。但是此类方法会损失频谱效率，当 M 较大时，频谱效率将会降低 $\frac{(M-2)}{M}$。另一种是加窗 GFDM（windowed-GFDM，W-GFDM）[13]，即在每一个时域 GFDM 块加上时域滚降窗，可以显著降低 OOB 效应。

2. **接收端设计**

如 5.4.1 节所述，GFDM 的解调通过矩阵 $\boldsymbol{B}$ 完成。MF 接收机的接收矩阵 $\boldsymbol{B}_{\mathrm{MF}}=\boldsymbol{A}^{\mathrm{H}}$。MF 接收机能以较低复杂度最大化接收信噪比，但是在非线性波形中将

会引入自干扰。因此需要采用一定的 SIC 机制消除非正交波形之间的干扰，MF-SIC 迭代接收机是对此方法的改进[15]。

设 ℓ 为迭代序号，当 $\ell = 0$ 时，基于均衡后接收信号 z 解调得到信号 $\hat{\boldsymbol{d}}^{(0)}$；当 $\ell \geqslant 1$ 时，上一次的迭代结果反馈回来进行 SIC 操作，即

$$\boldsymbol{u}_{k,m}^{(\ell)} = \boldsymbol{A}\hat{\boldsymbol{d}}^{(\ell-1)} - \boldsymbol{g}_{k,m}\hat{\boldsymbol{d}}_{k,m} \qquad (5\text{-}21)$$

经过干扰消除后的修正接收信号为

$$\boldsymbol{z}_{k,m}^{(\ell)} = \boldsymbol{z} + \boldsymbol{u}_{k,m}^{(\ell)} \qquad (5\text{-}22)$$

再基于 $\boldsymbol{z}_{k,m}^{(\ell)}$ 解调得到 $\hat{\boldsymbol{d}}_{k,m}^{(\ell)}$，更新反馈。循环此 SIC 过程直到达到最大循环次数。

GFDM 线性接收机基于 ZF 算法设计，本章简称为 ZF 接收机。接收矩阵为 $\boldsymbol{B}_{\mathrm{ZF}} = \boldsymbol{A}^{-1}$，可以完全消除接收自干扰，但同时也会放大噪声，在信噪比较低时性能表现较差，并且当 $\boldsymbol{A}$ 为奇异矩阵时此方法不可用。基于 MMSE 算法的接收机（本章简称为 MMSE 接收机）中，$\boldsymbol{B}_{\mathrm{MMSE}} = (\boldsymbol{R}_w^2 + \boldsymbol{A}^{\mathrm{H}}\boldsymbol{H}^{\mathrm{H}}\boldsymbol{H}\boldsymbol{A})^{-1}\boldsymbol{A}^{\mathrm{H}}\boldsymbol{H}^{\mathrm{H}}$ 是在自干扰消除与降低噪声之间的折中，其中 $\boldsymbol{R}_w^2$ 为噪声的协方差矩阵。在 MMSE 接收机中，信道均衡与 GFDM 解调同时完成。

两种典型的 GFDM 接收机结构如图 5-12 所示

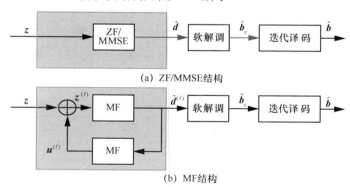

(a) ZF/MMSE结构

(b) MF结构

图 5-12　两种典型的 GFDM 接收机结构

5.4.3　仿真性能

首先，我们考察 GFDM 的 OOB 特性。OFDM、GFDM 以及 GS-GFDM 和 W-GFDM 的 OOB 性能对比如图 5-13 所示[13]。

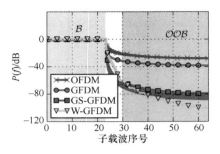

图 5-13　OFDM、GFDM 以及 GS-GFDM 和 W-GFDM 的 OOB 性能对比

图 5-13 中 $P(f)$ 为波形的功率谱，显然 GFDM 相比 OFDM 能更有效地抑制 OOB。而 GS-GFDM 和 W-GFDM 能进一步抑制 OOB。其中，W-GFDM 的 OOB 最低，可将 OOB 控制在−100 dB 水平。但同时，W-GFDM 对噪声有增强效应，这一效应可以通过在接收端采用平方根操作和 MF-SIC 接收机减轻。

码率为 $\frac{1}{3}$ 时，不同信道条件、不同接收端算法下，GFDM 和 OFDM 的 BER 性能对比如图 5-14 所示[13]。

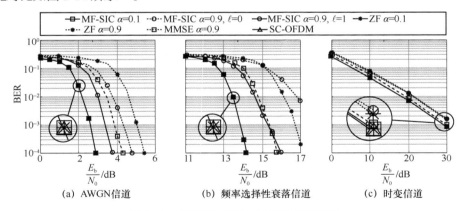

图 5-14　GFDM 和 OFDM 的 BER 性能对比

根据结果对比可知，采用 ZF 接收机的低滚降系数 GFDM 与 SC-OFDM 在 3 种信道下均取得了较好的 BER 性能，而滚降系数的升高使 BER 性能变差。MF 接收机抵抗自干扰、频偏与时偏干扰能力均较差，但 SIC 能够有效提高其接收性能，MF-SIC 只需一次迭代便可获得较大性能提升。而在时变信道下，各种 GFDM 系统与 SC-OFDM 系统的性能基本相同。

| 5.5　性能指标对比 |

本节给出不同频域非正交多址技术在多个性能指标下的对比评价，以明确其技术优劣势。首先，超奈奎斯特（faster than Nyquist，FTN）技术是以容量增益为主要设计目标的技术，与基于滤波的技术设计思路不同，因此其对比对象设置为 OFDM。基于滤波的非正交频分多址技术的对比如表 5-2 所示[1,16]，其抗 OOB 效应能力和频谱效率对比分别如图 5-15[17]和图 5-16[18]所示。

表 5-2　基于滤波的非正交频分多址技术对比

技术	性能	频谱效率	CP需求	子载波波形	滤波器类型	滤波操作	滤波粒度	相对复杂度	抗 OOB效应能力
OFDM	低	低	最多	sinc 波形	无	无	无	1	无
FBMC	高	较高	无	不相邻	低通原型	线性卷积	RE	5.712 2	最强
UFMC	高	较高	中量	不同形状	切比雪夫滤波器	线性卷积	RB	601.89	强
GFDM	最高	较高	少量	冲激形式	升余弦滤波器	循环卷积	时频二维资源块	11.823 1	GFDM 较弱 W-GFDM 较强

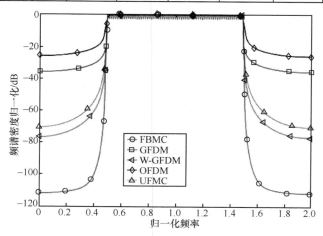

图 5-15　抗 OOB 效应能力对比

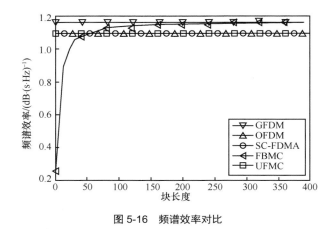

图 5-16   频谱效率对比

观察图 5-15 可以发现，抗 OOB 效应能力最强的技术是 FBMC，这得益于其逐子载波滤波的特性。随着滤波粒度的增大，UFMC 和 GFDM 抗 OOB 效应的能力逐渐减小。但是，W-GFDM 由于增加了窗设计从而弥补了一部分抗 OOB 效应方面的缺陷，性能可以超过 UFMC。观察图 5-16 可以发现，UFMC 的频谱效率与 OFDM 和 SC-FDMA 相同，而 GFDM 相对于 UFMC、OFDM 和 SC-FDM 有着稳定的微小提升，FBMC 的频谱效率随着块长度的增加增大至与 GFDM 一致。总体来说，基于滤波的 FDM 技术在频谱效率上与 OFDM 技术基本相同。

| 5.6   本章小结 |

频域 NOMA 技术通过非正交波形设计获得增益。其中，FTN 技术通过引入非正交的波形设计显著提高了系统中的等效信噪比，从而在波形设计层面提升了信道容量，能够有效降低高阶调制带来的信噪比压力，适用于高数据速率需求的场景。而 FBMC、UFMC 和 GFDM 则对 OFDM 采用了不同程度的滤波，来获得更低的 OOB效应、更高的频谱效率，适用于大规模短包通信的场景。

此外，FTN 虽然通过引入非正交波形带来系统增益，但同时也存在较严重的 ISI和 ICI 问题。因此，目前 FTN 领域的一大研究目标是高能量效率、低自干扰的波形设计以及接收机设计。FMBC 和 UFMC 则关注收发端复杂度的降低以及滤波器窗的设计，以缩短滤波器窗长，降低线性卷积复杂度。GFDM 领域主要关注发送端滤波器的设计以及接收端抗多用户干扰的检测算法的设计。文献[19]详细讨论了 GFDM 成形滤波器的设计问题，而文献[20]设计了一种在上行传输场景下对抗系统时移和频移引起的多用户干扰的 SIC 迭代接收机。

| 参考文献 |

[1] HAMMOODI A, AUDAH L, TAHER M A. Green coexistence for 5G waveform candidates: a review[J]. IEEE Access, 2019, 7: 10103-10126.

[2] DAI L L, WANG J T, WANG Z C, et al. Spectrum- and energy-efficient OFDM based on simultaneous multi-channel reconstruction[J]. IEEE Transactions on Signal Processing, 2013, 61(23): 6047-6059.

[3] LI X, ZHONG W D, ALPHONES A, et al. Channel equalization in optical OFDM systems using independent component analysis[J]. Journal of Lightwave Technology, 2014, 32(18): 3206-3214.

[4] JAMAL H, GHORASHI S A, SADOUGH S M S, et al. Uplink resource allocation for cognitive radio systems: QAM-OFDM or OQAM-OFDM? [C]//Proceedings of 6th International Symposium on Telecommunications (IST). Piscataway: IEEE Press, 2012: 188-193.

[5] DENIS J, PISCHELLA M, LE RUYET D. A generalized convergence criterion to achieve maximum fairness among users in downlink asynchronous networks using OFDM/FBMC[J]. IEEE Communications Letters, 2014, 18(11): 2003-2006.

[6] LOPEZ-SALCEDO J A, GUTIERREZ E, SECO-GRANADOS G, et al. Unified framework for the synchronization of flexible multicarrier communication signals[J]. IEEE Transactions on Signal Processing, 2013, 61(4): 828-842.

[7] TEEKAPAKVISIT C, DUANGSUWAN S. Performance comparison of OFDM-QAM and FBMC-QAM filtered in multi-user massive MIMO channel characterization[C]//Proceedings of 21st International Symposium on Wireless Personal Multimedia Communications. Piscataway: IEEE Press, 2018: 616-619.

[8] SCHAICH F, WILD T. Waveform contenders for 5G—OFDM vs. FBMC vs. UFMC[C]//Proceedings of 6th International Symposium on Communications, Control and Signal Processing. Piscataway: IEEE Press, 2014: 457-460.

[9] VAKILIAN V, WILD T, SCHAICH F, et al. Universal-filtered multi-carrier technique for wireless systems beyond LTE[C]//2013 IEEE Globecom Workshops. Piscataway: IEEE Press,

2013: 223-228.

[10] WILD T, SCHAICH F, CHEN Y J. 5G air interface design based on Universal Filtered (UF-) OFDM[C]//Proceedings of 2014 19th International Conference on Digital Signal Processing. Piscataway: IEEE Press, 2014: 699-704.

[11] PADMAVATHI T, UDAYASREE P, KUSUMAKUMARI C, et al. Performance of universal filter multi carrier in the presence of carrier frequency offset[C]//Proceedings of 2017 International Conference on Wireless Communications, Signal Processing and Networking. Piscataway: IEEE Press, 2017: 329-333.

[12] FETTWEIS G, KRONDORF M, BITTNER S. GFDM——generalized frequency division multiplexing[C]//Proceedings of VTC Spring 2009 - IEEE 69th Vehicular Technology Conference. Piscataway: IEEE Press, 2009: 1-4.

[13] MICHAILOW N, MATTHÉ M, GASPAR I S, et al. Generalized frequency division multiplexing for 5th generation cellular networks[J]. IEEE Transactions on Communications, 2014, 62(9): 3045-3061.

[14] XIA X G. A family of pulse-shaping filters with ISI-free matched and unmatched filter properties[J]. IEEE Transactions on Communications, 1997, 45(10): 1157-1158.

[15] DATTA R, MICHAILOW N, LENTMAIER M, et al. GFDM interference cancellation for flexible cognitive radio PHY design[C]//Proceedings of 2012 IEEE Vehicular Technology Conference. Piscataway: IEEE Press, 2012: 1-5.

[16] MRINALINI, KUMAR S K. A survey paper on multicarrier modulation techniques[C]//Proceedings of 5th IEEE Uttar Pradesh Section International Conference on Electrical, Electronics and Computer Engineering. Piscataway: IEEE Press, 2018: 1-6.

[17] ALMEIDA I B F D, MENDES L L, RODRIGUES J J P C, et al. 5G waveforms for IoT applications[J]. IEEE Communications Surveys & Tutorials, 2019, 21(3): 2554-2567.

[18] GERZAGUET R, BARTZOUDIS N, BALTAR L G, et al. The 5G candidate waveform race: a comparison of complexity and performance[J]. EURASIP Journal on Wireless Communications and Networking, 2017, 2017: 13.

[19] HAN S, SUNG Y, LEE Y H. Filter design for generalized frequency-division multiplexing[J]. IEEE Transactions on Signal Processing, 2017, 65(7): 1644-1659.

[20] LIM B, KO Y C. Multiuser interference cancellation for GFDM with timing and frequency offsets[J]. IEEE Transactions on Communications, 2019, 67(6): 4337-4349.a

第 6 章

新型波形信号设计

波形技术是移动通信技术中的最重要的技术之一。波形技术的革新往往能带动移动通信技术实现跨越式发展。未来 6G 系统需要在吞吐量、接入规模、时延等基本指标上实现飞跃性提升，这对波形的设计提出了更高的频谱效率与稳健性要求。本章首先介绍了超奈奎斯特波形技术（FTN）的基本概念；然后对 FTN 技术的理论容量进行分析阐述并介绍了未编码 FTN 与编码 FTN 两种具体方案；最后，介绍了基于时延–多普勒二维平面的波形框架的技术——正交时频空（OTFS）波形技术，并对 OTFS 技术的传输框架与信号检测算法进行了详细说明。

|6.1 概述 |

新的波形需要提供更高的频谱效率，尤其是对于高数据速率场景，频谱效率是提升吞吐量的重要保障。6G 系统中的频谱效率需要从 10 bit/(s·Hz·m^2) 提高到 1 000 bit/(s·Hz·m^2)[1]。除了通过第 3 章介绍的协作型 NOMA 带来过载增益之外，更好的波形设计也能带来复用增益。一般来说，提高频谱效率的最基本手段是高阶调制。但是，在 OFDM 系统中的高阶调制需要不断提高信噪比以保证其可靠性。其中一个原因是 OFDM 中脉冲成形滤波器的波形为彼此正交的奈奎斯特波形，因此符号密度总是保持在 2 symbol/(Hz·s)。而 FTN 技术从波形上寻求突破，将 OFDM 系统中的奈奎斯特波形改为经过时间加速的非正交波形，在同阶调制的情况下保证相同误比特率所需的信噪比更低，并且能更好地利用剩余带宽，从而获得频谱效率的提升。

传统通信系统中的波形设计大多建立在时频域，而正交时频空（orthogonal time frequency space，OTFS）是一种时延-多普勒二维平面的波形框架，其资源块是由时延-多普勒栅格组成的，有别于传统时频资源块的概念。对于高速场景，OTFS 利用时延-多普勒信道表示具有准静态的特点，使每个 QAM 符号经历相同的衰落，提高时频二维的分集增益；对于存在干扰的场景，OTFS 将时频平面上的窄带干扰均匀扩散至时延−多普勒平面，使之在接收端造成很小的信噪比损失，可有效对抗干扰。针对宽带自组网波形中高动态场景下的高频谱效率传输需求，本章设计了高性能 OTFS 收发端结构，在增强通信系统的可靠性的同时，能有效对抗多普勒频移。

| 6.2　FTN |

FTN 采用在时域加速发送信号波形或者在频域减小信号子载波间隔的方式，进一步提高了系统的频谱效率，在二维 FTN 这两者会被结合使用。本节首先介绍 FTN 基本含义；然后，分析时域 FTN 容量，并给出在未编码和编码情况下的接收方案；最后将时域 FTN 推广到频域 FTN，并介绍了时频二维 FTN 的发送和接收方案。

6.2.1　FTN 基本含义

Mazo[2]首次提出了 FTN 概念，FTN 具有比奈奎斯特更高的频谱效率。2005 年，Rusek 等[3]将时域一维 FTN 推广到时频二维 FTN，时频二维 FTN 比时域一维 FTN 有更高的带宽效率。但是在文献[3]中仅有 2～4 个子载波被采用，由于严重的 ISI 和 ICI 导致的高复杂性，多载波 FTN（multicarrier FTN，MFTN）波形并没有得到广泛的应用。2006 年，Anderson 和 Rusek[4]采用低复杂度检测将他们的工作进一步推广到多个子载波。2009 年，Rusek 等[5]在文献[4]的基础上测试了多种波形的性能。2013 年，Anderson 等[6]对他们的工作进行了总结，并进一步提出，具有非矩形功率频谱的时域波形能够更好地利用剩余带宽，因此，在同样的误比特率情况下，它们需要的信噪比比矩形功率频谱的时域波形低，并给出了一系列仿真结果来验证了这一点。下面将详细介绍时域一维 FTN 以及时频二维 FTN，并给出检测方案。

大多数的数据发送采用线性调制，这种调制方案仅将一系列数据波形进行简单相加，其形式为

$$s(t) = \sqrt{E_s} \sum_n a_n h(t - nT) \tag{6-1}$$

其中，a_n 为一个序列，序列中每个元素的取值有 M 种幅值，$\sqrt{E_s}$ 为每个符号的能量，能量为 1 的波形 $h(t)$ 每隔时间 T 出现一次。此时的发送速率为 M/T，单位为 bit/s。为了便于分析，我们通常考虑比特能量，对于 M 幅度线性调制方案，其比特能量为 $E_s / \log_2 M$。序列 a_n 为实数或复数，实数对应基带 FTN，复数对应载波 FTN。波形 $h(t)$ 通常是正交的，也称奈奎斯特波形。

首先，考虑一个 M 进制幅值调制方案，使用奈奎斯特波形，时间 T 内在 W Hz 上可以传输 $2WT$ 个幅值，也就是传输幅值的速度为 $2(\text{s·Hz})^{-1}$，于是该方案的比特密度为 $2\log_2 M$ bit/(s·Hz)，检测理论表明，在不改变检测错误概率的情况下，要使比特密度增加 1，需要比特能量增加约一倍。而 FTN 方案可以实现更温和的能量增长。

1. 时域 FTN

FTN 在时间上将组成信号的多个符号波形分别前移不同的符号时间，这类似于部分响应系统，主动引入码间干扰以提高通信的有效性。仍然以上述的 $h(t)$ 作为波形，但是符号时间不再是 T，而是 $\tau T, \tau < 1$，此时信号为

$$s(t) = \sqrt{E_s} \sum_n a_n h(t - n\tau T) \tag{6-2}$$

其中，τ 是时间加速因子。如果一个检测端采用匹配于 $h(t)$ 的滤波器进行接收，其波形值不仅是符号加噪声，还包含了码间干扰。尽管增加了码间干扰，$s(t)$ 的平均功率谱密度（power spectral density，PSD）不变，这是因为在序列 a_n 为不相关且同分布的情况下，$s(t)$ 的平均 PSD 为 $|H(f)|^2$ 而与 τ 无关，其中 $H(f)$ 是 $h(f)$ 的傅里叶变换。图 6-1 展示了奈奎斯特波形和 5 个符号波形在时间上分别提前 $T_{\text{ad}}=0$、0.2、0.4、0.6、0.8 个符号时间后叠加的信号波形。

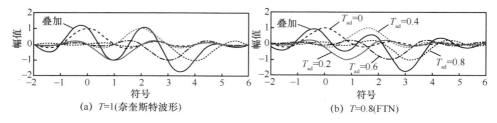

图 6-1　信号在 $T=1$ 和 $T=0.8$ 条件下的波形

可以看出，相比于原来的信号波形，新的信号波形中出现了 ISI，因此可以将 FTN 看作一种特殊的部分响应系统，它们有一种特殊的 ISI，这种 ISI 来自商定的频谱，这种频谱不是在任何情况下都是最佳频谱。Mazo[2]研究二元 sinc 波形时发现，当 $\tau < 1$，波形不再正交时，信号间的欧氏距离仍为 2，他指出在 $\tau \in [0.802, 1]$，引入码间干扰的情况下，信号间的欧氏距离仍为 2，因此，波形速率高于奈奎斯特速率 25% 的 FTN 信号不会遭受欧氏距离损失。对于式（6-1）所示的信号，决定其检测错误概率的关键参数是最小欧氏距离，考虑由序列 a_n 不同取值产生的信号 $s_i(t)$ 和 $s_j(t)$，两者的最小欧氏距离为

$$\left(\frac{1}{2E_b} \right) \int_{\infty}^{\infty} \left| s_i(t) - s_j(t) \right|^2 \mathrm{d}t , \qquad i \neq j \tag{6-3}$$

因此，序列的最佳检测错误概率为

$$Q\left(\sqrt{\frac{d_{\min}^2 E_b}{N_0}} \right) \tag{6-4}$$

其中，最小欧氏距离 $d_{\min}$ 对于二元正交波形来说始终是 2，与波形的形状无关。这个量称为匹配滤波器边界，数值为 2 的欧氏距离和检测错误概率 $Q\left(\sqrt{2E_b / N_0} \right)$ 是通信理论中的基本量。Mazo 提出非正交波形也可以保持数值为 2 的欧氏距离时，受到了一些学者的反驳，实际上他们混淆了正交性和距离 2 阈值，正交波形和非正交波形的截止带宽可能已经不一样了。我们将非正交波形欧氏距离第一次低于其正交波形的最小欧氏距离时所处的带宽称为 Mazo 限。而奈奎斯特限是正交性不再存在时的带宽。对于二元 sinc 波形，非正交波形最小欧氏距离第一次低于正交波形时的带宽为 0.401 Hz。当然，除了二元 sinc 波形，升降系数为 0.3 的根升余弦在 $\tau = 0.703$ 时也能保持最小欧氏距离为 2。最小欧氏距离第一次下降时的带宽明显小于奈奎斯特带宽，因此 FTN 可以显著节省带宽。

2. 频域 FTN

FTN 概念的一个重要延伸是其在频域的扩展，它将信号在频率上压缩在一起，就像它们在时间上被加速一样。因此，与时域 FTN 存在 ISI 同理，频域 FTN 存在 ICI，最小欧氏距离仍然是 2，直到极限，即 Mazo 频率。频域 FTN 比特密度的改善与时域 FTN 基本相同，同时使用两种技术时，这两种技术分别有独立的性能增益。

这一点已经通过寻找各种时域和频域压缩组合的 $d_{\min}$ 得到了验证[3, 6]。如果同时使用这两种技术，带宽效率可以提高一倍以上，而 $d_{\min}^2$ 保持为 2。

对于时域 FTN 和频域 FTN，均可以研究导致 Mazo 限的 h 脉冲形状。在合理的假设下，这个脉冲在形状上接近高斯分布。注意高斯脉冲在任何符号时间都是不正交的，这里的想法只是加速脉冲直到信号集的 $d_{\min}^2$ 降到 2 以下。

6.2.2 时域 FTN 的容量

信号的容量参考几乎总是针对 sinc 脉冲进行计算的，这意味着假定信号存在一个"矩形"功率谱密度。也就是说，在分析参考容量时假设采样有一个矩形频谱，而信号实际有另一个不同于矩形的频谱。实际上，nonsinc 脉冲的信息承载能力普遍更高，它们为更高的传输速率留下了空间。尽管 nonsinc 脉冲的信息承载能力高于 sinc 脉冲，但是有趣的是，基于正交脉冲的编码只能达到 sinc 波形的容量，而不能达到更高的 nonsinc 波形的容量。所以，在基于正交脉冲的编码系统中，以矩形频谱分析其容量是可取的。实际通信系统中，采用 nonsinc 波形进行正交编码时能够逼近的容量极限仅是 sinc 波形的容量极限，即采用 nonsinc 波形进行正交编码能够达到的容量远低于 nonsinc 波形实际能够达到的容量。

香农高斯容量为

$$C_{\text{sq}} = W\log_2\left(1 + \frac{P}{WN_0}\right) \tag{6-5}$$

其中，P 为信号功率，其功率谱为矩形 $[-W, W]$。式（6-5）对应 sinc 波形，而式（6-1）中 FTN 信号的功率谱通常无法是矩形，那么如何将功率谱作为容量的一部分呢？可以将非矩形的功率谱分解成多个矩形功率谱，于是可以得到容量计算式为

$$C_{\text{PSD}} = \int_0^\infty \log_2\left(1 + \frac{2P}{N_0}|H(f)|^2\right)\mathrm{d}f \tag{6-6}$$

其中，P 是信号功率，$|H(f)|^2$ 是其频谱分布，归一化为实线上的单位积分。如果将式（6-5）的带宽固定为 $[-W, W]$，只有当功率谱为矩形的时候比特速率才能达到最

大值，此时即式（6-6）。从技术上讲，C_{PSD} 为约束信息率，在这种情况下，谱密度 $H(f)$ 信号对应最高比特速率所能携带的信息，与 $h(t)$ 是否为正交脉冲，以及输入符号 a_n 为何种概率分布无关。

可以看出，式（6-6）考虑波形功率谱密度的具体形状，式（6-5）则依赖于波形的功率谱密度形状。近些年的研究[7-8]给出了一些关于式（6-5）的结论，具体如下。

（1）当一个 nonsinc 且时长为 T 的 FTN 波形用来代替 $h(t)$ 时，式（6-5）可以获得更高的速率。

（2）采用 FTN 信号编码方案，式（6-5）原则上可以达到更大的速率。因此高阶调制是不必要的。

（3）较高的传输能力似乎反映在实际系统中。

（4）式（6-1）中由正交脉冲组成的 $s(t)$ 总是局限于低速率的式（6-6），无论波形是否为 sinc 波形。

6.2.3　未编码 FTN 及其 ITS 检测

FTN 的发收流程如图 6-2 所示。

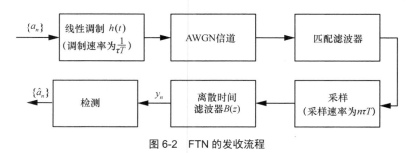

图 6-2　FTN 的发收流程

接收端收到的 y_n 可以看作发送序列 $\{a_n\}$ 和一个序列 $\{v_n\}$ 卷积再加上高斯噪声的结果，即 $y_n = \{a_n\}\{v_n\} + \eta_n$。离散时间滤波器 $B(z)$ 有多种作用，如白化噪声、缩短脉冲响应以及最小 $\{v_n\}$ 的相位。最后进行 $\{a_n\}$ 块检测，一种检测算法是维特比算法；另一种检测算法是 BCJR 算法，与维特比算法不同，BCJR 算法并不判决 $\{a_n\}$，而仅计算 $\{a_n\}$ 的最大似然概率。在迭代译码中，BCJR 算法是必不可少的，它是目前唯一可行的检测编码 FTN 的方法。当 FTN 的加速因子较大的时候上述两种方法都可取，但如果加速因子较大，则维特比算法的网格显得过大。将用于检测编码 FTN 的 BCJR 算法用于接收未编码 FTN，实际上仅进行了解调而非解码。加速因子分别为 $\tau = 0.5, 0.35, 0.25$ 时不同方案的等错误率（equal error rate，EER）仿真结果如图 6-3 所示，其中，波形为 30%的根升余弦，其带宽为 $\dfrac{1.3}{2T}$ Hz。

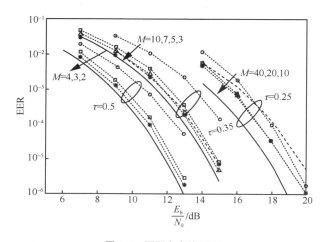

图 6-3　不同方案的 EER

图 6-3 中，实线表示基于最小欧氏距离的 EER，有图标的虚线分别表示 M-BCJR 检测算法的 EER；加速因子为 0.35、0.25 的仿真实验还分别测试了减少 256 和 4 096 个状态的维特比算法，其仿真结果为无图标的虚线。加速因子为 0.25 的 FTN 能够达到和 256QAM 一样的比特率，并且它们的功率谱也一样，但是，EER=10^{-6} 时，256QAM 所需的 $\dfrac{E_b}{N_0}$ 为 24 dB，而 FTN 只需约 20 dB。因此，在相同的带宽和错误率条件下，FTN 方案比 QAM 方案的能量效率更高。

6.2.4　编码 FTN 及其 Turbo 解码

如前文所述，具有低复杂度接收器的 FTN 在相同比特密度的简单调制的基础上得到了改进，但性能仍然严重不足。本节介绍卷积码（CC）。这里，式（6-1）中的 a_n 不再是数据比特而是卷积码字，此时数据比特会由于卷积编码而降低。原则上接收端将采用最大似然解码器进行解码，如维特比译码器，但是如果加速因子比较小，则维特比译码会很复杂，可以在接收端采用 Turbo 均衡。上述 FTN 的迭代接收过程如图 6-4 所示。

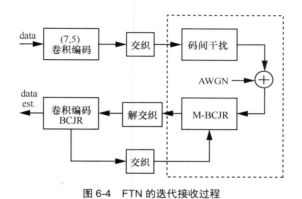

图 6-4　FTN 的迭代接收过程

图 6-4 中，发送端和信道仍包括传统的卷积编码、交织、码间干扰，而接收端采用迭代检测器，其由两个软解码器组成，一个用于 ISI，另一个用于卷积码。交织器和解交织器以正确的顺序重新组合传输，并使软解码器的输入具有准独立性，这对于迭代的适当收敛是至关重要的。软解码信息需要循环 5～50 次，具体取决于信噪比和 ISI。循环中使用软解码信息，Turbo 均衡器中使用最大似然比。计算信号的软解码信息值的标准算法是前面提到的 BCJR 算法。因此，整体编码的 FTN 结构包括交织器，与涡轮编码相似。

不同编码系统的 BER 对比如图 6-5 所示。编码 FTN 系统的时间加速因子为 $\frac{1}{3}$，卷积码为(7,5)4 状态卷积码。图 6-5 中的实线是当波形为 sinc 波形或编码仅限于奈奎斯特脉冲时的仿真结果，可以看到在 3.5 dB 附近，BER 极速下降，并贴合 ISI-free 的 AWGN 信道容量（虚线所示）。作为对比，一个 64 状态的 TCM 系统使用奈奎斯特波形仿真，它与卷积码系统有着相同的功率谱。

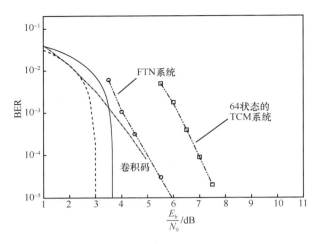

图 6-5　不同编码系统的 BER 对比

6.2.5　多载波 FTN

考虑时频二维多载波 FTN（multicarrier FTN，MFTN），即在时间和频率上同时压缩信号。其具体表示式为

$$s(t) = \sqrt{E_s \tau \phi} \sum_k \left(\sum_n a_{k,n} h(t - n\tau T) \right) \exp\left(\frac{-2\pi i k \phi t}{T} \right) \qquad (6\text{-}7)$$

其中，$a_{k,n}$ 是第 n 个符号时间和第 k 个子载波上的符号。子载波间隔为 $F_\Delta \triangleq \phi / T\,\mathrm{Hz}, \phi < 1$。在 OFDM 正交子载波系统中，$F_\Delta = \dfrac{1}{T}$。与时域 FTN 相似，时频二维 FTN 中时间间隔为 $T_\Delta = \tau T\,\mathrm{s}$。传统多载波系统中，单位时间频率 $T_\Delta F_\Delta = \tau \phi = 1\,\mathrm{s \cdot Hz}$，MFTN 系统中 $\tau \phi < 1$，因此，$\{a_{k,n}\}$ 不能以简单的无干扰方式进行检测，但我们希望复杂的接收端设计能够带来其他增益。

MFTN 时频间隔分布如图 6-6 所示。

可以发现，$\tau \phi \approx 1$ 时，仅最近邻的几个符号发生相互干扰；$\tau \phi < 1$ 时，干扰会扩大到多个符号，这对接收端将是一个挑战。与时间 Mazo 限相似，也存在二维 Mazo 限，也就是对于最小的 $\tau \phi$，最小欧氏距离仍然保持不变。但是，MFTN 检测的状态空间要比单载波 FTN 大得多。这激发了低复杂度检测的研究[9]。

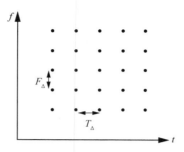

图 6-6　MFTN 时频间隔分布

文献[10]研究了一种用于 FTN 的无记忆检测器，其具有与正交系统相同数量级的检测复杂度，而与 $T_\Delta F_\Delta$ 无关。其具体工作流程如下。如果要检测 $a_{n,k}$，决策变量可以由内积构成 $r_{k,n} = \int_{-\infty}^{\infty} r(t)\varphi_{k,n}^* \mathrm{d}t$，其中，$r(t)$ 是接收信号，$\varphi_{k,n}$ 是任意一个函数。文献[10]中，$\varphi_{k,n}$ 为匹配滤波器，且 $\varphi_{k,n} = h^*\left(t - n\tau T_\Delta\right)\exp\left(2\pi \mathrm{i}ktF_\Delta\right)$。决策变量被分为两部分，即有用信号和噪声。其中，噪声包括干扰部分并被建模为高斯分布，即

$$r_{k,n} = \sqrt{E_s}\,a_{k,n} + \tilde{\eta}_{k,n} \tag{6-8}$$

干扰 $\tilde{\eta}_{k,n}$ 的方差大于 $\dfrac{N_0}{2}$ 且不是白色噪声，但是其检测模型与无干扰模型一样，并且其复杂度不依赖于 $\tau\phi$，同时，接收端的性能下降了。根据文献[10]，好的性能出现在 $\tau\phi = 0.8$。不同 $\tau\phi$ 下，(7,5)卷积码采用无记忆 SIC 检测的 MFTN 系统的 BER 仿真结果如图 6-7 所示。

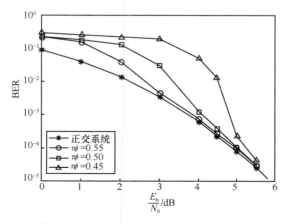

图 6-7　(7,5)卷积码采用无记忆 SIC 检测的 MFTN 系统的 BER 仿真结果

信噪比较高时，不同 $\tau\phi$ 对应的 BER 都接近于 ISI-free 卷积编码的正交系统，但频谱效率增加了约一倍。

|6.3 OTFS|

本节首先描述 OTFS[11-12]宽带波形传输体制的基本原理，然后给出对应的数字信号发送与接收处理方式，最后设计 OTFS 信号检测算法。

6.3.1 OTFS 时延–多普勒域宽带波形传输基本原理

传统通信系统中的波形设计大多是建立在两种基本信号表示上的，一种是时间表示，即信号由时域脉冲组成，如单载波；另一种是频率表示，即信号由复载波组成，如 OFDM，二者由傅里叶变换联系在一起。无线通信信道往往存在多个传播路径，每条路径的时延对信号的作用可以看作时域上的时延脉冲，每条径的多普勒频移对信号的作用可以看作复载波调制。因此，时变信道响应可以抽象为[13-14]

$$h(t;\tau) = \sum_{i=1}^{P} h_i \delta(t - \tau_i) e^{j2\pi\nu_i t} \tag{6-9}$$

其中，P 为信道多径总数，h_i、τ_i、ν_i 分别为每条径的信道系数、时延、多普勒频移。

由傅里叶变换的时移和频移性质可知，当且仅当波形的时间和频率表示同时具有局部性时，波形才能够在经过信道时延和多普勒频移的作用后保形。此时，接收信号是多个具有不同时移、频移但形状相同信号的叠加，具备获得时频分集增益的潜力。然而，根据海森伯不确定性原理，时域上局部化的信号势必会扩散至整个频域，反之亦然。

为此，我们引入一种存在二维局部化信号的表示空间，即时延–多普勒表示。信号的时延–多普勒表示为定义在 (τ,υ) 的二维空间函数，其中，τ 表示时延，υ 表示多普勒频移。在无线通信中，由于传播环境中存在距离或速度不同的散射体，信道实际上是不同时移和频移操作叠加得到的，如图 6-8 所示。将距离和速度分别对应至时延和多普勒频移，就能够得到二维平面上具有不同信道的时延–多普勒

表示，即

$$h(\tau,\upsilon) = \sum_{i=1}^{P} h_i \delta(t-\tau_i) \delta(t-v_i) \tag{6-10}$$

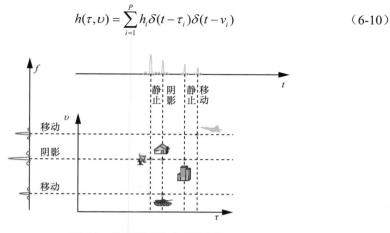

图 6-8　信道的时延-多普勒表示

由于极具物理意义，信道的时延-多普勒表示至今已得到了广泛应用。OTFS 将这一思想用于传输数据，通过将数据承载至时延-多普勒平面上，实现改造信道响应，获得时频二维分集增益的目的。

时域、频域和时延-多普勒域由 Zak 变换相互联系[15]，如图 6-9 所示，其中，。表示两步操作叠加。在 OTFS 中，每个调制符号对应时延-多普勒域上的一个二维局部化的脉冲，对其使用逆 Zak 变换（Z_t^{-1}），能够得到其在时域上的波形，如图 6-10 所示。

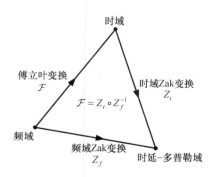

图 6-9　3 种表示空间的关系

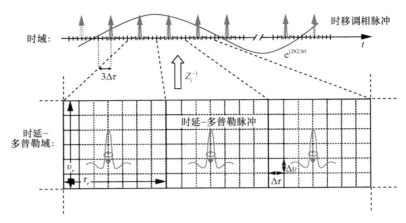

图 6-10 时延-多普勒脉冲在时域上的波形形状

从局部上看，该波形和单载波调制一样是时域上的脉冲；从整体上来看，该波形和 OFDM 一样是时域上的复载波；从不同 QAM 符号在时域上对应的波形间的关系来看，该波形也与 CDMA 一样具有良好的自相关和互相关特性。因此，OTFS 可以看作单载波、OFDM 和 CDMA 三者的有机结合，同时具备单载波利用频率分集的潜力、OFDM 利用时间分集的潜力和 CDMA 对抗窄带干扰的潜力。

OTFS 的收发端结构如图 6-11 所示[16]。成形脉冲 $g_{tx}(t)$ 分为循环滤波器和线性滤波器，此处使用线性滤波器，并插入足够的保护间隔。

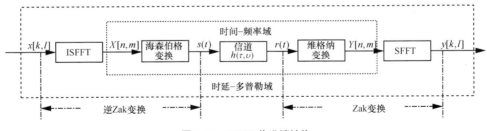

图 6-11 OTFS 收发端结构

1. 发送端 OTFS 调制（海森伯格变换）

时延-多普勒域二维信号 $x[k,l]$ 首先经过逆辛傅里叶变换（ISFFT）到时频域二维信号 $X[n,m]$ ，再经由海森伯格变换到时域一维信号 $s(t)$ 进行传输，OTFS 在时域

上被称为威尔-海森伯格帧，即

$$s(t) = \sum_{n=0}^{N-1} \sum_{m=0}^{M-1} X[n,m] g_{tx}(t-nT) e^{j2\pi m\Delta f(t-nT)} \tag{6-11}$$

其中，T 为 OFDM 符号长度，Δf 为子载波间隔，二者满足 $T\Delta f = 1$，子载波数目和 OTFS 符号数目分别为 M 和 N，传输符号总数 $K = MN$。当 $N=1$ 时，海森伯格变换退化为 IFT。根据上述原理，时频域的二维信号与时延-多普勒域的二维信号之间通过 SFFT 与 ISFFT 实现关联，如图 6-12 所示，这种关系类似于一维信号在时域与频域之间通过 FT 与 IFT 实现关联。

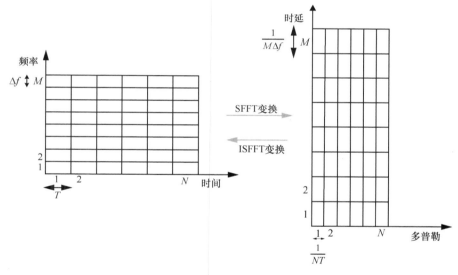

图 6-12　时频资源块与时延-多普勒资源块之间的对应关系

2. 接收端 OTFS 解调（维格纳变换）

经过时变信道，时域接收信号表示为

$$r(t) = \int H(t,f) S(f) e^{j2\pi ft} df \tag{6-12}$$

接收端对 $r(t)$ 进行匹配滤波，即维格纳变换，得到时频域二维接收信号为

$$Y(t,f) = A_{g_{rx},r}(t,f) \triangleq \int g_{rx}^{*}(t'-t) r(t') e^{-j2\pi f(t'-t)} dt' \tag{6-13}$$

当 $N=1$ 时，维格纳变换退化为 FT。

在数字域对上述信号进行采样，得到时频域二维采样信号点为

$$Y[n,m]=Y(t,f)\big|_{t=nT,f=m\Delta f} \tag{6-14}$$

若发送滤波器 $g_{tx}(t)$ 与接收滤波器 $g_{rx}(t)$ 在时频域满足双正交特性，则采样后数字域信号 $Y[n,m]$ 满足

$$Y[n,m]=H[n,m]X[n,m] \tag{6-15}$$

其中，$H[n,m]$ 为信道的时频域冲激相应采样值

$$H[n,m]=\iint h(\tau,\upsilon)\mathrm{e}^{\mathrm{j}2\pi\upsilon nT}\mathrm{e}^{-\mathrm{j}2\pi m\Delta f\tau}\mathrm{d}\tau\mathrm{d}\upsilon \tag{6-16}$$

6.3.2　OTFS 宽带波形传输数字信号处理

给定时延−多普勒域二维数字信号 $x[k,l]$，其对应的时频域二维数字信号 $X[n,m]$ 由 $x[k,l]$ 进行 ISFFT 得到，为

$$X[n,m]=\frac{1}{\sqrt{NM}}\sum_{k=0}^{N-1}\sum_{l=0}^{M-1}x[k,l]\mathrm{e}^{\mathrm{j}2\pi\left(\frac{nk}{N}-\frac{ml}{M}\right)} \tag{6-17}$$

信道在时频域冲激响应表达式为

$$H[n,m]=\sum_{k}\sum_{l}h[k,l]\mathrm{e}^{\mathrm{j}2\pi\left(\frac{nk}{N}-\frac{ml}{M}\right)} \tag{6-18}$$

根据时频域接收信号 $Y[n,m]=H[n,m]X[n,m]$，进行 SFFT 得到时延−多普勒域接收信号为

$$y[k,l]=\frac{1}{\sqrt{NM}}\sum_{n=0}^{N-1}\sum_{m=0}^{M-1}Y[n,m]\mathrm{e}^{-\mathrm{j}2\pi\left(\frac{nk}{N}-\frac{ml}{M}\right)} \tag{6-19}$$

因此，时延−多普勒域接收信号实际上是时延−多普勒域发送信号与时延−多普勒域信道冲激响应之间的二维循环卷积结果，即

$$y[k,l]=h[k,l]*x[k,l] \tag{6-20}$$

上述关系如图 6-13 所示，虽然高动态时变信道在时频域上的信道冲激响应和 $H[n,m]$ 有严重的双选特性且造成了严重的载波间干扰，但其对应的时延−多普勒域信道冲激响应 $h[k,l]$ 具有准静态和稀疏特性。因此，将数据承载于时延−多普勒域不

会出现承载于传统时频域时的严重性能恶化[17]。

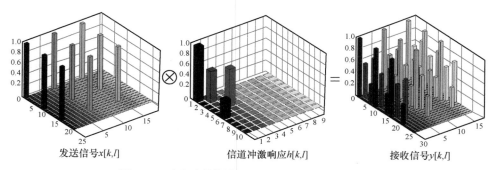

发送信号$x[k,l]$　　　　信道冲激响应$h[k,l]$　　　　接收信号$y[k,l]$

图 6-13　时延-多普勒域 OTFS 发送与接收信号间关系

上述关系可用矩阵关系简明表达。给定资源占用情况，一个 OTFS 数据块在时域上占 NT s，频域上占 $M\Delta f$ Hz。原始发送信号 $\boldsymbol{X}_{M \times N}$ 承载于时延-多普勒域，设发送信号按多普勒域展开，即 $\boldsymbol{X}_{M \times N}$ 按列抽取，即

$$\boldsymbol{x} = \mathrm{vec}(\boldsymbol{X}_{M \times N}) \tag{6-21}$$

在时延-多普勒域上的接收信号表示为

$$\boldsymbol{y} = \underbrace{(\boldsymbol{F}_N * \boldsymbol{G}_{\mathrm{rx}})\boldsymbol{H}(\boldsymbol{F}_N^{\mathrm{H}} * \boldsymbol{G}_{\mathrm{rx}})}_{\boldsymbol{H}_{\mathrm{eff}}}\boldsymbol{x} + (\boldsymbol{F}_N * \boldsymbol{G}_{\mathrm{rx}})\boldsymbol{w} \tag{6-22}$$

若采用矩形（用 rect 表示）窗，则有 $\boldsymbol{G}_{\mathrm{rx}} = \boldsymbol{G}_{\mathrm{tx}} = \boldsymbol{I}_M$ ，式（6-22）变为

$$\boldsymbol{y} = \underbrace{(\boldsymbol{F}_N * \boldsymbol{I}_M)\boldsymbol{H}(\boldsymbol{F}_N^{\mathrm{H}} * \boldsymbol{I}_M)}_{\boldsymbol{H}_{\mathrm{eff}}^{\mathrm{rect}}}\boldsymbol{x} + (\boldsymbol{F}_N * \boldsymbol{I}_M)\boldsymbol{w} = \tag{6-23}$$
$$\boldsymbol{H}_{\mathrm{eff}}^{\mathrm{rect}}\boldsymbol{x} + (\boldsymbol{F}_N * \boldsymbol{I}_M)\boldsymbol{w}$$

在使用矩形窗前提条件下，$\boldsymbol{H}_{\mathrm{eff}}^{\mathrm{rect}}$ 的具体计算表达式为

$$\boldsymbol{H}_{\mathrm{eff}}^{\mathrm{rect}} = \sum_{i=1}^{L} h_i \underbrace{(\boldsymbol{F}_N * \boldsymbol{I}_M)\boldsymbol{\Pi}^{l_i}(\boldsymbol{F}_N^{\mathrm{H}} * \boldsymbol{I}_M)}_{\boldsymbol{P}^{(i)},\text{时延域}} \underbrace{(\boldsymbol{F}_N * \boldsymbol{I}_M)\boldsymbol{\Delta}^{k_i}(\boldsymbol{F}_N^{\mathrm{H}} * \boldsymbol{I}_M)}_{\boldsymbol{Q}^{(i)},\text{多普勒域}} =$$
$$\sum_{i=1}^{L} h_i \underbrace{(\boldsymbol{F}_N * \boldsymbol{I}_M)\boldsymbol{\Pi}^{l_i}}_{\text{时延域}} \underbrace{\boldsymbol{\Delta}^{k_i}(\boldsymbol{F}_N^{\mathrm{H}} * \boldsymbol{I}_M)}_{\text{多普勒域}} =$$
$$\sum_{i=1}^{L} h_i \boldsymbol{P}^{(i)}\boldsymbol{Q}^{(i)} = \sum_{i=1}^{L} h_i \boldsymbol{T}^{(i)} \tag{6-24}$$

其中，$\tau_i = \dfrac{l_i}{M\Delta f}$ 表示时延域上的分辨率，$\upsilon_i = \dfrac{k_i}{NT}$ 表示多普勒域上的分辨率。

OTFS 发送端与接收端实现过程分别如图 6-14 和图 6-15 所示。相对于时频域 OFDM 调制，OTFS 调制另一个好处是只需要在一个 OTFS 数据块，即 N 个 OTFS 符号后加一次 CP 即可，不需要每个 OFDM 符号后均加 CP，节省了资源开销。此外，OTFS 发送信号 PAPR 低，有利于功放器件的实现[18]。

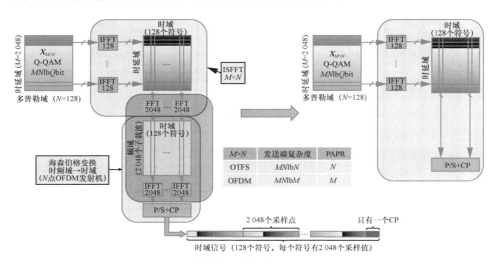

图 6-14 OTFS 发送端实现过程示例（M = 2 048, N = 128）

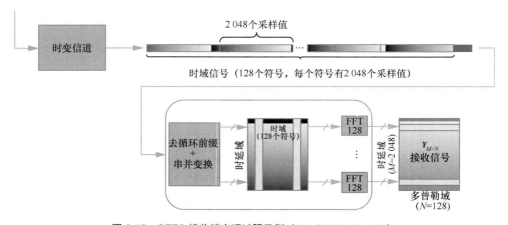

图 6-15 OTFS 接收端实现过程示例（M = 2 048, N = 128）

6.3.3　OTFS 信号检测算法设计

OTFS 具有获得时频二维分集的潜力，基于此，本节进一步设计了高性能的检测算法。OTFS 检测算法由符号检测和信道估计两部分组成。对于检测算法，时延-多普勒信道响应组成的信道矩阵是一组单项矩阵的和，结构复杂，至今没有发现低复杂度的求逆算法[19-20]。

针对这一问题，本节提出一种不需要求逆运算[21-22]，且能够利用信道时延-多普勒表示的稀疏性的因子图迭代算法，即高斯消息传递(Gauss message pass，GMP)[23-24]。具体实现方法如下。

对于 OTFS 符号的检测，时延-多普勒域的接收信号和发送信号之间的关系可以表示为信道冲激响应的二维卷积并且叠加噪声的结果，即

$$y[k,l] = \sum_{i=1}^{P} h_i x[[k - k_{v_i}]_N, [l - l_{\tau_i}]_M] + w[k,l] \qquad (6\text{-}25)$$

其中，$w[k,l]$ 为加性噪声。

对时延-多普勒域发送端的信息符号序列 $x[k,l]$ 的检测需要利用解卷积操作。即 $x[k,l]$ 为式（6-26）的解。

$$y = Hx + w \qquad (6\text{-}26)$$

其中，x、y、w 分别为发送信号 $x[k,l]$、接收信号 $y[k,l]$ 以及加性噪声 $w[k,l]$ 的一维向量形式，而 H 为式（6-25）中的 $NM \times NM$ 维信道系数矩阵。

利用信道系数矩阵的稀疏性，可以通过消息传递的方法迭代计算式（6-26）的解 $x[k,l]$。

在消息传递算法中，发送端信息可以通过逐符号最大后验估计得到，即

$$\hat{x}[c] = \arg\max_{a_j \in \mathbb{A}} \Pr\big(x[c] = a_j \mid y, H\big) =$$

$$\arg\max_{a_j \in \mathbb{A}} \frac{1}{Q} \Pr\big(y \mid x[c] = a_j, H\big) \approx$$

$$\arg\max_{a_j \in \mathbb{A}} \prod_{d \in \mathcal{J}_c} \Pr\big(y[d] \mid x[c] = a_j, H\big) \qquad (6\text{-}27)$$

其中，$\mathbb{A}$ 为符号空间，$\hat{x}[c]$ 为发送符号的估计值。根据发送信号和接收信号之间的

关系，可以得到接收符号 $y[d]$ 为

$$y[d] = x[c]H[d,c] + \underbrace{\sum_{e \in \mathcal{I}(d), e \neq c} x[e]H[d,e] + z[d]}_{\zeta_{d,c}^{(i)}} \quad (6\text{-}28)$$

对于接收符号 $y[d]$，来自其他 OTFS 符号 $x[e]$ 的干扰和噪声 $z[d]$ 可以近似为高斯分布，则 $y[d]$ 也为高斯分布。高斯消息传递算法在因子图中的迭代计算过程如图 6-16 所示。

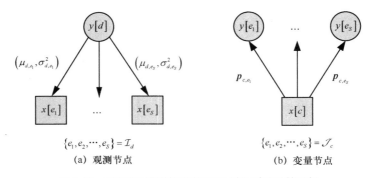

图 6-16　高斯消息传递算法在因子图中的迭代计算过程

在接收端，对于接收到的符号 $\boldsymbol{y}$ 以及信道系数矩阵 $\boldsymbol{H}$，OTFS 符号检测算法步骤如下。

（1）初始化概率密度函数 $\boldsymbol{p}_{c,d}^{(0)} = \dfrac{1}{Q}$。

（2）迭代计算以下操作。

① 观测节点向变量节点发送高斯分布的均值 $\mu_{d,e}$ 和方差 $\sigma_{d,e}^2$。

② 变量节点向观测节点发送概率密度函数 $\boldsymbol{p}_{c,e}$。

③ 观测节点和变量节点根据接收到的信息分别更新均值、方差和概率密度函数。

（3）当满足终止条件时，停止迭代。

（4）根据式（6-27）得到发送符号的检测值。

下面对具体的过程进行分析。

（1）观测节点到变量节点的消息传递如图 6-17 所示。

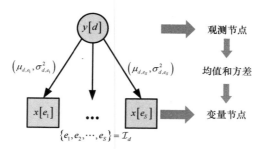

图 6-17　观测节点到变量节点的消息传递

接收符号可以表示为

$$y[d] = x[c]H[d,c] + \underbrace{\sum_{e \in \mathcal{I}(d), e \neq c} \overbrace{x[e]H[d,e]}^{\text{干扰}} + \overbrace{z[d]}^{\text{噪声}}}_{\zeta_{d,c}^{(i)}} \qquad (6\text{-}29)$$

均值和方差分别为

$$\mu_{d,c}^{(i)} = \sum_{e \in \mathcal{I}(d), e \neq c} \sum_{j=1}^{Q} p_{e,d}^{(i-1)}(a_j) a_j H[d,e] \qquad (6\text{-}30)$$

$$\left(\sigma_{d,c}^{(i)}\right)^2 = \sum_{e \in \mathcal{I}(d)-c} \left(\sum_{j=1}^{Q} p_{e,d}^{(i-1)}(a_j)\left|a_j\right|^2 \left|H[d,e]\right|^2 - \left|\sum_{j=1}^{Q} p_{e,d}^{(i-1)}(a_j) a_j H[d,e]\right|^2 \right) + \sigma^2 \quad (6\text{-}31)$$

即发送到变量节点的均值和方差通过上次迭代过程中观测节点收到的概率密度函数更新计算得到。

（2）变量节点到观测节点的消息传递如图 6-18 所示。

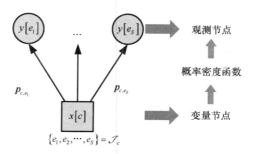

图 6-18　变量节点到观测节点的消息传递

同理，发送到观测节点的概率密度函数通过上次迭代过程中接收到的均值和方差以及衰减因子 $\varDelta$ 进行计算，即

$$p_{c,d}^{(i)}(a_j) = \varDelta \tilde{p}_{c,d}^{(i)}(a_j) + (1-\varDelta)p_{c,d}^{(i-1)}(a_j), a_j \in A \tag{6-32}$$

其中，有

$$\tilde{p}_{c,d}^{(i)}(a_j) \propto \prod_{e \in \mathcal{J}(c), e \neq d} \Pr\left(y[e]\big|x[c]=a_j, \boldsymbol{H}\right) =$$

$$\prod_{e \in \mathcal{J}(c), e \neq d} \frac{\xi^{(i)}(e,c,j)}{\sum_{k=1}^{Q} \xi^{(i)}(e,c,k)} \tag{6-33}$$

$$\xi^{(i)}(e,c,k) = \exp\left(\frac{-\left|y[e]-\mu_{e,c}^{(i)}-H_{e,c}a_k\right|^2}{\left(\sigma_{e,c}^{(i)}\right)^2}\right) \tag{6-34}$$

（3）终止条件。当收敛因子 $\eta^{(i)}=1$ 或者迭代次数达到最大值时，停止迭代计算。收敛因子为

$$\eta^{(i)} = \frac{1}{NM}\sum_{c=1}^{NM} \mathbb{I}\left(\max_{a_j \in \mathbb{A}} p_c^{(i)}(a_j) \geqslant 0.99\right) \tag{6-35}$$

其中，$\mathbb{I}(\cdot)$ 表示统计函数。

（4）结果输出。当迭代停止后，计算发送符号 $\hat{x}[c]$ 并输出，如式（6-36）和式（6-37）所示，完成信号检测。

$$p_c^{(i)}(a_j) = \prod_{e \in \mathcal{J}(c)} \frac{\xi^{(i)}(e,c,j)}{\sum_{k=1}^{Q} \xi^{(i)}(e,c,k)} \tag{6-36}$$

$$\hat{x}[c] = \arg\max_{a_j \in \mathbb{A}} p_c^{(i)}(a_j), \quad c=1,\cdots,NM \tag{6-37}$$

与线性 MMSE 检测算法相比，该算法在复杂度方面具有明显的优势。

对于 OTFS 信道估计，本节将 Slepian-BEM（basic extra model）信道估计框架融合至 OTFS 接收机设计中，有助于提高 OTFS 在实际高数据速率环境中的表现。在此基础上，本节利用接收信号、Slepian-BEM 信道系数和 QAM 符号的双线性关系，构建了如图 6-19 所示的联合因子图；在 GMP 检测算法的基础上设计了联合信

道估计和符号检测算法，以降低导频的开销，进一步增强 OTFS 的传输可靠性。

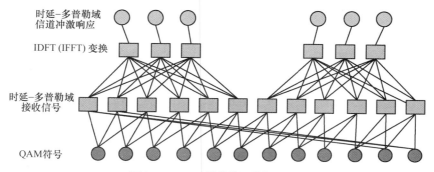

图 6-19　OTFS 接收信号联合因子图

本节对 OTFS 调制宽带波形传输链路性能进行了评估[25-26]。QPSK 调制时，在不同移动速率下 OTFS 与 OFDM 的 BER 性能对比如图 6-20 所示。从仿真结果可以观察到，在低速（30km/h）情况下，OTFS 相比 OFDM 在 BER=10^{-2} 时具有 2～4 dB 的增益。随着移动速率提升，多普勒效应越来越明显，在时频域传输的 OFDM 受到严重的载波间干扰，且信道具有明显的时频双选特性，BER 在信噪比极高时也无法趋于 0。相比之下，OTFS 能够利用时频二维分集，取得显著的性能增益，BER 随信噪比提升快速下降，相对于 OFDM 至少有 6 dB 以上的增益。

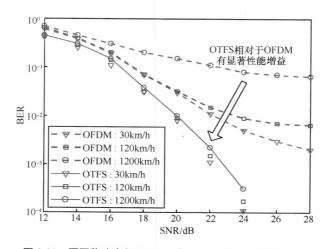

图 6-20　不同移动速率下 OTFS 与 OFDM 的 BER 性能对比

高阶调制时，OTFS 与 OFDM 的 BLER 性能对比如图 6-21 所示，移动速率为 120 km/h，采用 2×2MIMO 配置，信道编码采用 Turbo 码，码率为 0.5。可以看出，OTFS 相对于 OFDM 有约 5 dB 的增益，该增益主要源自 OTFS 在时延–多普勒域的波形可以获得的时频二维分集效果。

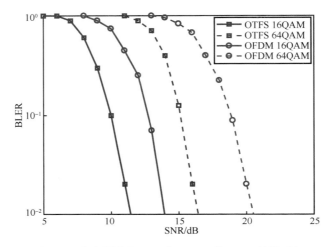

图 6-21　高阶调制时 OTFS 与 OFDM 的 BLER 性能对比

| 6.4　本章小结 |

新型波形设计是未来通信中的关键技术，本章重点介绍了 FTN 和 OTFS 这两种波形技术。FTN 通过引入非正交的波形设计显著提高了系统中的等效信噪比，从而在波形设计层面提升信道容量，能够有效降低高阶调制带来的信噪比，适用于高数据速率需求的场景。FTN 虽然通过引入非交波形带来系统增益，但存在较严重的 ISI 和 ICI。因此，目前 FTN 领域的重点研究目标是高能量效率、低自干扰的波形设计以及接收机设计。OTFS 通过将信号承载于时延–多普勒域以对抗高速运动所带来的多普勒频移，利用时延–多普勒域的信道稀疏性能够更好地获得时频二维分集增益。目前 OTFS 面临的主要问题为信道估计与信号检测，如何降低系统的处理复杂度是研究的重点。

▎参考文献 ▎

[1]　ZHANG Z Q, XIAO Y, MA Z, et al. 6G wireless networks: vision, requirements, architecture, and key technologies[J]. IEEE Vehicular Technology Magazine, 2019, 14(3): 28-41.

[2]　MAZO J E. Faster-than-nyquist signaling[J]. The Bell System Technical Journal, 1975, 54(8): 1451-1462.

[3]　RUSEK F, ANDERSON J B. The two dimensional Mazo limit[C]//Proceedings of International Symposium on Information Theory. Piscataway: IEEE Press, 2005: 970-974.

[4]　ANDERSON J B, RUSEK F. Improving OFDM: multistream faster-than-nyquist signaling[C]//Proceedings of 4th International Symposium on Turbo Codes & Related Topics; 6th International ITG-Conference on Source and Channel Coding. Piscataway: IEEE Press, 2006: 1-5.

[5]　RUSEK F, ANDERSON J B. Multistream faster than nyquist signaling[J]. IEEE Transactions on Communications, 2009, 57(5): 1329-1340.

[6]　ANDERSON J B, RUSEK F, ÖWALL V. Faster-than-nyquist signaling[J]. Proceedings of the IEEE, 2013, 101(8): 1817-1830.

[7]　YOO Y G, CHO J H. Asymptotic optimality of binary faster-than-nyquist signaling[J]. IEEE Communications Letters, 2010, 14(9): 788-790.

[8]　RUSEK F, ANDERSON J B. Constrained capacities for faster-than-nyquist signaling[J]. IEEE Transactions on Information Theory, 2009, 55(2): 764-775.

[9]　CHORTI A, KANARAS I, RODRIGUES M R D, et al. Joint channel equalization and detection of spectrally efficient FDM signals[C]//Proceedings of 21st Annual IEEE International Symposium on Personal, Indoor and Mobile Radio Communications. Piscataway: IEEE Press, 2010: 177-182.

[10]　BARBIERI A, FERTONANI D, COLAVOLPE G. Time-frequency packing for linear modulations: spectral efficiency and practical detection schemes[J]. IEEE Transactions on Communications, 2009, 57(10): 2951-2959.

[11]　HADANI R, RAKIB S, TSATSANIS M, et al. Orthogonal time frequency space modulation[C]//Proceedings of 2017 IEEE Wireless Communications and Networking Conference. Piscataway: IEEE Press, 2017: 1-6.

[12]　HADANI R, MONK A. OTFS: a new generation of modulation addressing the challenges of 5G[R]. 2018.

[13]　BELLO P. Characterization of randomly time-variant linear channels[J]. IEEE Transactions

on Communications Systems, 1963, 11(4): 360-393.

[14] HLAWATSCH F, MATZ G. Wireless communications over rapidly time-varying channels[R]. 2011.

[15] HADANI R, RAKIB S, MOLISCH A F, et al. Orthogonal time frequency space (OTFS) modulation for millimeter-wave communications systems[C]//Proceedings of 2017 IEEE MTT-S International Microwave Symposium. Piscataway: IEEE Press, 2017: 681-683.

[16] WEI Z Q, YUAN W J, LI S Y, et al. Orthogonal time-frequency space modulation: a promising next-generation waveform[J]. IEEE Wireless Communications, 2021, 28(4): 136-144.

[17] MURALI K R, CHOCKALINGAM A. On OTFS modulation for high-Doppler fading channels[C]//2018 Information Theory and Applications Workshop. Piscataway: IEEE Press, 2018: 1-10.

[18] RAVITEJA P, HONG Y, VITERBO E, et al. Practical pulse-shaping waveforms for reduced-cyclic-prefix OTFS[J]. IEEE Transactions on Vehicular Technology, 2019, 68(1): 957-961.

[19] RAVITEJA P, PHAN K T, HONG Y, et al. Interference cancellation and iterative detection for orthogonal time frequency space modulation[J]. IEEE Transactions on Wireless Communications, 2018, 17(10): 6501-6515.

[20] TIWARI S, DAS S S, RANGAMGARI V. Low complexity LMMSE receiver for OTFS[J]. IEEE Communications Letters, 2019, 23(12): 2205-2209.

[21] RAVITEJA P, PHAN K T, JIN Q Y, et al. Low-complexity iterative detection for orthogonal time frequency space modulation[C]//Proceedings of 2018 IEEE Wireless Communications and Networking Conference. Piscataway: IEEE Press, 2018: 1-6.

[22] LI L J, LIANG Y, FAN P Z, et al. Low complexity detection algorithms for OTFS under rapidly time-varying channel[C]//Proceedings of 2019 IEEE 89th Vehicular Technology Conference. Piscataway: IEEE Press, 2019: 1-5.

[23] DONOHO D L, MALEKI A, MONTANARI A. Message passing algorithms for compressed sensing: I. motivation and construction[C]//Proceedings of 2010 IEEE Information Theory Workshop on Information Theory. Piscataway: IEEE Press, 2010: 1-5.

[24] DONOHO D L, MALEKI A, MONTANARI A. Message passing algorithms for compressed sensing: I. motivation and construction[C]//2010 IEEE Information Theory Workshop on Information Theory. Piscataway: IEEE Press, 2010: 1-5.

[25] ZHANG H Y, HUANG X J, ZHANG J A. Comparison of OTFS diversity performance over slow and fast fading channels[C]//Proceedings of 2019 IEEE/CIC International Conference on Communications in China. Piscataway: IEEE Press, 2019: 828-833.

[26] GUNTURU A, GODALA A R, SAHOO A K, et al. Performance analysis of OTFS waveform for 5G NR mmWave communication system[C]//Proceedings of 2021 IEEE Wireless Communications and Networking Conference. Piscataway: IEEE Press, 2021: 1-6.

第 7 章

大规模 MIMO

MIMO 技术能够极大地提升信道容量，提高频谱效率。4G 通信中就利用了 MIMO 技术来提高无线通信的系统性能。5G 中提出了大规模天线阵列技术，其内部的接收天线数量是 4G 中的几十倍至几百倍，极大地增加了 5G 的通信效率。在 6G 系统中，M-MIMO 依旧是具有研究价值的重点技术。本章首先对 M-MIMO 技术进行了简要介绍，回顾了该技术的发展历程，调研了研究现状。接着，对 M-MIMO 在不同场景与系统中的容量进行了理论分析，说明了 M-MIMO 技术的优势。然后，分别对集中式 M-MIMO 与分布式 M-MIMO 进行详细介绍。针对集中式 M-MIMO，着重介绍了波束成形技术与检测技术；针对分布式 M-MIMO，着重介绍了系统容量分析与信号处理技术。最后，对 M-MIMO 目前面临的技术挑战进行了总结。

| 7.1 大规模 MIMO 概述 |

MIMO 技术最早由贝尔实验室提出。4G 中利用 MIMO 技术来提高无线通信的系统性能。从 4G 发展到 5G，MIMO 技术也发展到了大规模 MIMO 技术[1-2]，理论分析表明，收发天线数无穷大时，无线通信中的噪声和干扰都可以忽略不计，这能极大地提高无线通信系统的通信质量。相较于 4G 技术，融合大规模 MIMO 的 5G 技术的接收天线数量是 4G 的几十倍至几百倍，大规模天线的部署带来了更高的阵列增益，由此增加了 5G 通信技术的通信效率，可以说大规模 MIMO 技术是实现 5G 移动通信系统的核心技术。

目前，MIMO 技术融合了天线分级技术与时空处理技术的优点，主流的 MIMO 技术都应用多天线单元进行开发，由于自身基础特点，MIMO 技术拥有强大的无线信号转换处理能力，对于同等条件下的无线通信信息，即使没有宽带移机功率提升，其也有强大的处理能力，处理速度明显优于其他技术。MIMO 技术具有多个特点，其中主要的有以下两个：（1）MIMO 技术的天线单元彼此之间有着较大的间距，这是因为其具有强大的分集能力；（2）MIMO 技术的信号接收范围比较大，接收天线的数量也比其他通信技术多。

分布式大规模 MIMO（distributed massive MIMO，D-M-MIMO）得到了广泛的研究。早期提出的大规模分布式天线系统（distributed antenna system，DAS）的主要问题是天线外形尺寸的限制导致较小型的设备只能有一个或两个天线，但如果多个设备一起工作形成一个虚拟天线阵列，则可应用任何集中式天线阵列中可行的MIMO 通信技术。D-M-MIMO 中，所有天线被均匀或随机地分配到一个区域内，有天线的地方即可作为 AP，通过前传网络连接到 CPU 在云端处理接收到的信号，在这种模式下，每个天线仍然为所有用户提供服务，且保证了每个用户接入的公平性。而集中式大规模 MIMO（centralized massive MIMO，C-M-MIMO）则主要是在基站处理数据。

与集中式天线系统（centralized antenna system，CAS）不同，DAS 具有分布式网络架构，天线距离用户更近，可减小用户与天线间的路径损耗；不同天线与用户间的信道相关性减小，带来了更好的分集增益。D-M-MIMO 相较于蜂窝网络场景中的 C-M-MIMO，减轻了小区边缘用户信号质量差、受邻近小区干扰严重等问题。最初的分布式 MIMO 基于蜂窝网络结构，分布式大规模天线通常假设为环形等距离均匀分布，小区内每个 RRH（remote radio head）上分布着等数量的天线。后来研究者尝试不设小区，在一定范围内均匀随机地部署大量 AP，服务较少的用户，这种系统被称为无定形小区（cell-free，CF）-M-MIMO 系统。CF 场景中，每个 AP 只需要获得部分 CSI 进行发送端预处理和信号检测，因而降低了信号处理的复杂度且降低了前程链路资源的消耗；在架构方面，CF-M-MIMO 系统只有一个中央处理单元（CPU）和随机分布的多个 AP，部署相对简单，可以降低部署成本；此外，CF-M-MIMO 系统凭借分布的大量站点，可以获得更好的信道硬化条件（虽然不如大规模 CAS）；CF-M-MIMO 系统可以获得更佳的能量效率，而在 Network MIMO 中，即使通过干扰处理技术抑制了小区间干扰，前程链路带来的开销也会大幅降低能量效率。

虽然 CF 带来了很多的优势，但是其需要考虑网络同步、低时延的需求，同时为了减小用户间干扰，需要采用更复杂的发送端预处理技术，如 ZF，其代价是增加了对前程链路速率的要求。

|7.2   MIMO 系统容量分析|

本节首先分析了 Point to Point MIMO、MU-MIMO 和 M-MIMO 系统的容量，然后分析了 M-MIMO 系统的有利传播（favorable propagation，FP）和信道硬化特性。

7.2.1   Point to Point MIMO 系统容量分析

M-MIMO 的上下行系统模型如图 7-1 所示，基站端有 M 个天线，共同服务 K 个单天线用户。

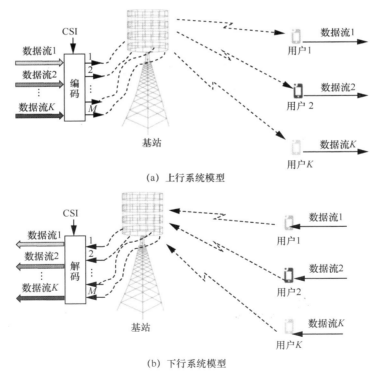

（a）上行系统模型

（b）下行系统模型

图 7-1   M-MIMO 的上下行系统模型

对于上行传输，典型的信号模型为

$$y = Gx + z \tag{7-1}$$

其中，$G \in \mathbb{C}^{M \times K}$ 是 MIMO 信道矩阵，$z \in \mathbb{C}^{M \times 1}$ 是均值为零、方差为 σ^2 的加性白高斯噪声向量；$x = \begin{bmatrix} x_1, & x_2, & \cdots, & x_K \end{bmatrix}^{\mathrm{T}} \in \mathbb{C}^{K \times 1}$ 是传输信号，x_k 是用户端第 k 个天线发射的信号。

典型的 Point to Point MIMO 系统仍使用上述信号模型，假设基站端有 M 个天线，UE 端有 K 个天线。根据香农理论得出的著名系统容量公式为

$$C = \log_2 \det\left(I_K + \frac{\rho_d}{M} G^{\mathrm{H}} G \right) = \log_2 \det\left(I_M + \frac{\rho_d}{M} G G^{\mathrm{H}} \right) \tag{7-2}$$

其中，ρ_d 为传输功率与噪声方差之比。容量的上下界可以表示为

$$\log_2\left(1 + \frac{\rho_d \mathrm{Tr}(G G^{\mathrm{H}})}{M} \right) \leqslant C \leqslant \min(M,K)\log_2\left(1 + \frac{\rho_d \mathrm{Tr}(G G^{\mathrm{H}})}{M \min(M,K)} \right) \tag{7-3}$$

假设传输信道已经归一化，即每个传输系数的幅度都为 1，则 $\mathrm{Tr}(G G^{\mathrm{H}}) = MK$，式（7-3）可简化为

$$\log_2\left(1 + \rho_d K \right) \leqslant C \leqslant \min(M,K)\log_2\left(1 + \frac{\rho_d \max(M,K)}{M} \right) \tag{7-4}$$

将上述网络规模推广到大规模，即基站端天线数无穷大，则传输矩阵的每一列趋向正交，即

$$\left(\frac{G^{\mathrm{H}} G}{M} \right)_{M \gg K} \approx I_K \tag{7-5}$$

此时，可达速率为

$$C_{M \gg K} \approx \log_2 \det\left(I_K + \rho_d I_K \right) = K \log_2\left(1 + \rho_d \right) \tag{7-6}$$

可见，$M \gg K$ 时，容量与接收天线数成正比，此时达到式（7-4）的容量上界。

同理，当接收端天线数无穷大时，容量公式如式（7-7）所示，可达速率同样达到式（7-4）的容量上界。

$$C_{K \gg M} \approx \log_2 \det\left(I_M + \frac{\rho_d}{M} K I_M \right) = M \log_2\left(1 + \frac{\rho_d K}{M} \right) \tag{7-7}$$

7.2.2 MU-MIMO 系统容量分析

MU-MIMO 的系统中，基站端有 M 个天线，共同服务 K 个单天线用户。对于上行传输，信号模型与 Point to Point MIMO 系统信号模型类似，为

$$y = Gx + z \tag{7-8}$$

MU-MIMO 系统与 Point to Point MIMO 系统的不同之处在于，传输信号 $x = [x_1, \quad x_2, \quad \cdots, \quad x_K]^T \in \mathbb{C}^{K \times 1}$，$x_k$ 是第 k 个用户的传输信号。

MU-MIMO 系统的上行信道容量公式与 Point to Point MIMO 系统相同，两种系统中都是仅基站侧需要已知上行信道矩阵。需要注意的是，此时的 ρ_d 表示 K 个用户发送信号功率之和与噪声方差的比值，令 $\rho_r = \dfrac{\rho_d}{M}$，则上行 MU-MIMO 可达速率为

$$C_{\text{mu up}} = \log_2 \det\left(I_K + \rho_r G^H G\right) \tag{7-9}$$

对于下行的 MU-MIMO，计算下行信道容量需要进行凸优化求解，即

$$C_{\text{mu down}} = \sup\left\{\log_2 \det\left(I_M + \rho_d G D_a G^H\right)\right\}, a \geqslant 0, \mathbf{1}^T a = 1 \tag{7-10}$$

其中，D_a 是由 a 中元素构成的对角矩阵，$\mathbf{1}$ 表示 $M \times 1$ 维的全 1 向量。这个容量需要网络侧和用户侧都已知下行信道信息，即基站侧已知完整的下行信道，每个用户已知各自对应的下行信道信息。

MU-MIMO 的信道与 Point to Point MIMO 信道的不同之处在于考虑路损和阴影衰落，信道矩阵可以表示为

$$G = H D_\beta^{\frac{1}{2}} \tag{7-11}$$

其中，H 表示小尺度衰落，由归一化的元素构成；D 是 $K \times K$ 的对角矩阵，表示大尺度衰落。

7.2.3 M-MIMO 系统容量分析

当基站天线数远大于用户数时，MU-MIMO 就进化为 M-MIMO，此时，信道矩阵的每一列趋于正交，即

$$\left(\frac{\boldsymbol{G}^{\mathrm{H}}\boldsymbol{G}}{M}\right)_{M \gg K} \approx \boldsymbol{D}_\beta \tag{7-12}$$

式（7-12）即 M-MIMO 中的有利传输信道，此时，可达和速率为

$$C_{\mathrm{mu\,up}\,M \gg K} \approx \log_2 \det\left(\boldsymbol{I}_K + \rho_r M \boldsymbol{D}_\beta\right) = \sum_{k=1}^{K}\log_2\left(1+\rho_r M \beta_k\right) \tag{7-13}$$

同时，下行可达速率为

$$\begin{aligned}
C_{\mathrm{mu\,down}\,M \gg K} &= \sup\left\{\log_2 \det\left(\boldsymbol{I}_M + \rho_d \boldsymbol{G}\boldsymbol{D}_a\boldsymbol{G}^{\mathrm{H}}\right)\right\} \approx \\
&\quad \sup\left\{\log_2 \det\left(\boldsymbol{I}_K + \rho_d M \boldsymbol{D}_\beta \boldsymbol{D}_a\right)\right\} = \\
&\quad \sup\left\{\sum_{k=1}^{K}\log_2\left(1+\rho_d a_k \beta_k M\right)\right\}, \boldsymbol{a} \geqslant 0, \boldsymbol{1}^{\mathrm{T}}\boldsymbol{a} = 1
\end{aligned} \tag{7-14}$$

在 MU-MIMO 中，要想达到与 M-MIMO 近似的信道容量，需要进行脏纸编码和解码，但是该算法复杂度极高，并且依赖于准确的信道估计。M-MIMO 系统是 MU-MIMO 系统的扩展，该系统可以通过增加系统规模达到有利传播信道条件，从而突破传统 MU-MIMO 系统的限制，最终逼近香农限。

根据文献[3]，M-MIMO 系统在采用共轭波束成形（conjugate beamforming，CB）和 ZF 波束成形时的容量下界分别为

$$C_{\mathrm{sum\,CB}} = K \log_2\left(1+\frac{M\rho_d}{K(1+\rho_d)}\right) \tag{7-15}$$

$$C_{\mathrm{sum\,ZF}} = K \log_2\left(1+\frac{(M-K)\rho_d}{K}\right) \tag{7-16}$$

相比 Point to Point MIMO，M-MIMO 可以达到更高的性能。用户数 K=16、32、64、128 时，总频谱效率随基站天线数的变化如图 7-2 所示[2]，固定接收端 SINR=−6.0 dB，×对应网络规模，M=4K，M 和 K 同时加倍时频谱效率也接近加倍。其中，(M,K)=(64, 16)可以达到 13.6 bit/(s·Hz)的频谱效率，而 8×4 的 Point to Point MIMO 的频谱效率仅为 1.3 bit/(s·Hz)。可以看出，M-MIMO 通过增大网络规模提高了复用增益。

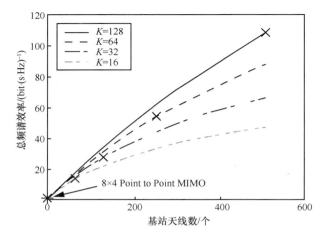

图 7-2　不同用户数时总频谱效率随基站天线数的变化

在 M-MIMO 系统中，可以仅使用简单的线性信号处理技术。用户数 $K=16$，SINR=0 时系统容量随基站天线数的变化如图 7-3 所示[2]，随着基站天线数的增加，简单的线性处理就可以接近香农容量限。图 7-3 中，实线为利用脏纸编码下的香农限，虚线表示利用线性预编码时的容量下界。M-MIMO 在部署 64 个天线时可以达到香农限下 55 个天线的性能，从图 7-3 中可以看出，随着基站天线数的增加，采用线性信号处理技术的性能逐渐接近香农限。

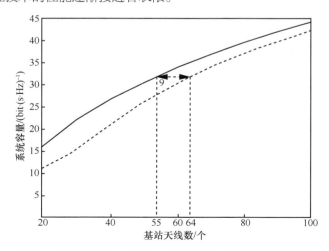

图 7-3　用户数 $K=16$，SINR=0 时系统容量随基站天线数的变化

7.2.4　有利传播和信道硬化分析

前文已经提到有利传播信道条件。假设系统中的信道为 $G = HD^{\frac{1}{2}}$，其中，$H \in \mathbb{C}^{M \times K}$ 为用户和 BS 之间的快衰落系数；$D^{\frac{1}{2}}$ 为对角矩阵，表示基站到用户的大尺度衰落。FP 条件可表示为

$$\frac{G^{\mathrm{H}}G}{M} = D^{\frac{1}{2}} \frac{H^{\mathrm{H}}H}{M} D^{\frac{1}{2}} \approx D, M \gg K \tag{7-17}$$

M-MIMO 场景下通常会满足有利传播信道条件，即 K 个用户的信道矢量相互正交，因此可以利用简单的线性信号处理来逼近复杂度高的信号处理技术，如 DPC。但是有利传播一般在具有丰富散射的非视距（non-line-of-sight，NLoS）环境中才能获得，其中每个信道矢量都有独立的随机项，均为零且分布相同。在这些条件下，随着天线数量的增加，不同用户对应的信道内积趋于零；这意味着随着 M 的增加，信道向量越来越接近正交。

瑞利衰落信道满足上述条件，绝大多数 M-MIMO 的研究都假设信道为瑞利衰落信道，但在其他许多情况下也可以得到近似的 FP 信道。本节比较了视线线路（line of sight，LoS）信道和 NLoS 信道（假设为瑞利衰落信道）情况下的系统性能。图 7-4 对比了 M=100 且 K=12 时，系统服务信道质量最好的 10 个用户以及服务全部 12 个用户时，LoS 信道和瑞利衰落信道下系统容量的累积分布[4]。首先，在瑞利衰落信道下（富含散射体），系统和容量接近 FP 信道下的系统和容量；其次，在 LoS 信道下，因为少数用户距离太近，信道正交很难满足，所以性能较差，但是对于信道条件比较好的大多数用户，系统和容量仍然接近 FP 信道下的系统和容量。因此可以得出结论，在 M-MIMO 系统中，不需要富含散射的环境即可利用 FP 信道的优势[4]。

M-MIMO 系统除了有利传播环境带来的用户正交性之外，还具有信道硬化的特性，即用户与基站之间信道的小尺度衰落系数趋于均值，可表示为

$$\frac{\left\| h_{jk} \right\|^2}{\mathbb{E}\left\{ \left\| h_{jk} \right\|^2 \right\}} \to 1 \tag{7-18}$$

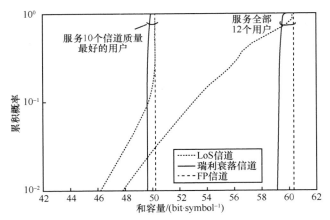

图 7-4　LoS 信道和瑞利衰落信道下系统容量的累积分布

　　信道硬化带来的优势如下。首先，系统的资源调度以及功率控制变得更加简单，因为信道硬化效应是指信道变化在频域上可以忽略不计，主要依赖于时域内的大尺度衰落，其变化速度通常是小尺度衰落的 $\dfrac{1}{1\,000} \sim \dfrac{1}{100}$，因此，传统的资源分配方案就失效了，整段带宽可以同时分配给所有终端，并且可以仅根据大尺度衰落特性对所有子载波联合进行功率控制决策。其次，在下行检测中，用户只需利用平均的信道包络即可进行可靠的信号检测，甚至不需要下行导频，因为即时的信道响应仅在它的均值附近波动。

| 7.3　集中式 MIMO |

　　7.2 节对 M-MIMO 系统的容量进行了分析，本节则对 M-MIMO 系统的物理层收发技术进行调研和分析，主要内容包括发送端的预编码技术和接收端的检测技术。

7.3.1　编码/波束成形技术

　　本节对 M-MIMO 系统的发送端预编码技术进行调研，首先介绍了发送端线性预编码技术，然后介绍了 M-MIMO 系统中的混合预编码的架构和性能。

1. 线性预编码

前文介绍 M-MIMO 的优势时已经提到，根据有利传播信道条件和信道硬化的特性，M-MIMO 系统采用简单的线性预编码即可达到很好的性能，如 MRT、ZF 等。下面给出典型的线性预编码技术对应的系统性能。

本节对比了不同预编码方案下，单小区场景单个用户的频谱效率变化情况，如图 7-5 所示[5]。对比预编码方案包括 ZF、正则化迫零（regularized zero forcing，RZF）、MRT、分布式 MRT（DC-MRT）、恒定包络预编码（constant envelop precoding，CEP）。仿真条件如下：发送天线数为 128 个，10 个 UE 进行等功率分配，系统带宽为 20 MHz，基站的发射功率为 14 dBm，噪声功率谱密度为-174 dBm/Hz，单小区场景，小区半径为 500m。

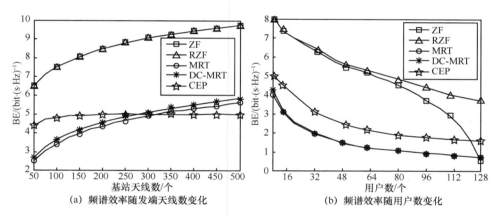

（a）频谱效率随发端天线数变化　　（b）频谱效率随用户数变化

图 7-5　不同预编码方案下，单小区场景单个用户的频谱效率变化情况

从图 7-5 可以看出，不同方案的 BE 性能都随着基站天线数的增加而提升，同时也可以看出不同的预编码方案对应的性能提升有差异；基站天线数固定时，复用的用户数会影响用户的 BE 性能，并且仿真结果也给出了不同预编码方案下的 BE 性能变化。总体来看，ZF 预编码性能优于 MRT 预编码性能。

2. 混合预编码

在大规模 MIMO 场景下，如果每条天线使用一个 RF 链和一个 ADC，会带来巨大的复杂度和功耗。因此诞生了对大规模 MIMO 中混合波束成形的研究[6]，即两阶段预编码方案，分别研究模拟与数字两阶段的波束成形，这种基于模数混合的天线架构被称为混合波束成形架构。BS 端混合预编码和 UE 端合并接收的整体框架如图 7-6 所示。在发送端，首先，数字预编码器 F^{DB} 对 N_{S} 个数据流进行预处理得到 N_{RF} 个输出流，然后经过 RF 链进行上变频，再通过模拟预编码器 F^{AB}，最终传输到 N_{t} 个天线上发送。接收端流程类似，首先，模拟合并器 W^{AB} 将来自 N_{r} 个用户天线的射频信号进行合并得到 N_{RF} 个输出流，随后经过下变频并用数字处理器 W^{DB} 进行合并，最后对输出的信号进行检测。RF 链的数目对应于空间多路复用方案所支持的最大流的数目，小于接收天线的数目。因此，这种结构大大简化了对导频序列长度的要求，BS 只需要估计一个低维的 CSI。

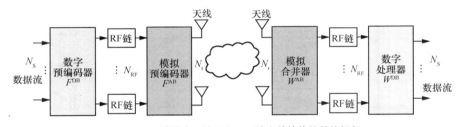

图 7-6　BS 端混合预编码和 UE 端合并接收的整体框架

3 种典型的下行混合波束成形架构如图 7-7 所示[7]。架构 A 中每个模拟预编码器的输出可以是所有 RF 信号的线性组合。架构 B 中，每个 RF 链只能连接到天线单元的一个子集，可以在性能有所降低的情况下降低复杂性。不同于架构 A 和架构 B 中基带信号由数字预编码器联合处理，架构 C 使用模拟波束成形器创建多个"虚拟扇区"，实现基带处理、下行训练和上行反馈分离，从而降低信令开销和计算复杂度。

混合波束成形方案减少了功率消耗，并且有可能降低 CSI 的估计和反馈开销。仿真场景设置为单小区多用户场景，N_{BS}=64，用户分为一组或 4 组，每组 4 个 UE，3 种下行混合波束成形架构的性能仿真结果如图 7-8 所示。可以看出，当 RF 链数目不小于用户数或传输流数时，高复杂度的架构 A 和完全数字化架构的性能一致；架构 B 的性能损失在多用户场景下相当大，而在 SU-MIMO 的情况下要小得多（图 7-8

中没有显示）。对架构 C 使用的 JSDM 算法将用户分为 4 组或 8 组（即 $r=4$ 或 $r=8$），组间干扰可能限制性能，但 JSDM 算法可以显著减少训练开销[7]。

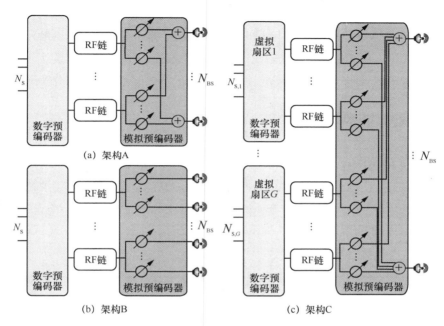

图 7-7　3 种典型的下行混合波束成形架构

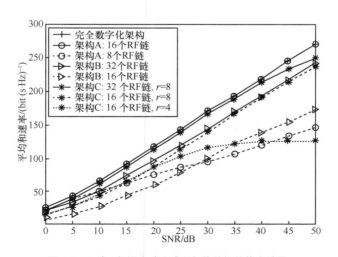

图 7-8　3 种下行混合波束成形架构的性能仿真结果

从上述分析可知，混合预编码方案具有巨大潜力，但是最优混合预编码器的设计仍是一个开放性问题。文献[8]提出了一种低复杂度的混合预编码方案来接近传统基带 ZF 预编码的性能，本质上是在射频域采用相位控制，并基于基带域的等效 CSI 进行低维基带 ZF 预编码。文献[9]联合设计射频链和基带预编码器，以最大限度地提高数据速率。在文献[6]中，这一设计是单独完成的，即从信道方向设计一个固定的模拟预编码器，而基带预编码器根据基带域中的等效信道的奇异值分解设计。

7.3.2　检测技术

从最初 M-MIMO 系统被提出以来，各个文献倾向于使用简单的线性检测技术，如最大比合并，以此来降低复杂度，同时利用 M-MIMO 的有利传播信道特性保证检测性能接近最佳检测。本节对 M-MIMO 的检测技术进行了梳理和归纳，文献[10] 对检测技术进行了代表性调研。

1．经典的线性检测器

典型的线性检测器有匹配滤波器、线性 ZF 检测器、线性 MMSE 检测器，这些也是 M-MIMO 最常用的检测器。对于上行信号模型，检测矩阵为 $\boldsymbol{A}$，则对接收信号 $\boldsymbol{y}$ 的检测信号 $\boldsymbol{r}$ 为

$$\boldsymbol{r} = \boldsymbol{A}^{\mathrm{H}} \boldsymbol{y} \tag{7-19}$$

不同检测算法对应的检测矩阵为

$$\boldsymbol{A} = \begin{cases} \boldsymbol{G} & , \mathrm{MRC} \\ \boldsymbol{G}(\boldsymbol{G}^{\mathrm{H}}\boldsymbol{G})^{-1} & , \mathrm{ZF} \\ \boldsymbol{G}(\boldsymbol{G}^{\mathrm{H}}\boldsymbol{G}+\boldsymbol{I}_K)^{-1} & , \mathrm{MMSE} \end{cases} \tag{7-20}$$

式（7-20）中对系统简化处理，假设噪声的方差为 1。不同检测器下，第 k 个用户对应的可达上行速率分别为

$$R_k^{\mathrm{mrc}} = \mathrm{E}\left\{ \log_2\left(1 + \frac{\|\boldsymbol{g}_k\|^4}{\displaystyle\sum_{i=1,i\neq k}^{K} \left|\boldsymbol{g}_k^{\mathrm{H}}\boldsymbol{g}_i\right|^2 + \|\boldsymbol{g}_k\|^2} \right) \right\} \tag{7-21}$$

$$R_k^{\text{zf}} = \text{E}\left\{\log_2\left(1 + \frac{1}{\left[\left(\boldsymbol{G}^{\text{H}}\boldsymbol{G}\right)^{-1}\right]_{kk}}\right)\right\} \tag{7-22}$$

$$R_k^{\text{mmse}} = \text{E}\left\{\log_2\left(1 + \frac{1}{\left[\left(\boldsymbol{G}^{\text{H}}\boldsymbol{G}+\boldsymbol{I}_k\right)^{-1}\right]_{kk}}\right)\right\} \tag{7-23}$$

对上述几个可达上行速率求下界并进行数值仿真，假设系统用户数目 K=10，在理想和非理想 CSI 下，不同线性检测器的频谱效率性能如图 7-9 所示，其中包括理论界和仿真结果[11]。

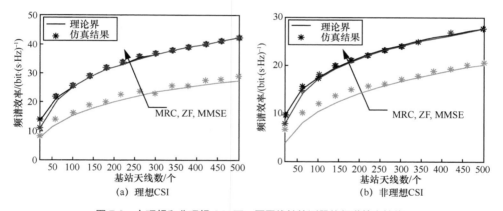

图 7-9 在理想和非理想 CSI 下，不同线性检测器的频谱效率性能

2. M-MIMO 检测器总结

除了经典的线性检测器，本节对 M-MIMO 系统中的其他检测器总结如下。由于线性检测器一般需要进行矩阵求逆，而在大规模系统中求逆复杂度增大，且信道接近奇异时系统性能变差。针对求逆复杂度大的情况，研究者提出了基于近似矩阵求逆的检测器，包括诺伊曼级数（Neumann series，NS）、牛顿迭代（Newton iteration，NI）、Gauss-Seidel 方法、逐次超松弛（successive over relaxation，SOR）法、雅可比法、Richardson 方法、共轭梯度法、Lanczos 方法、残差法、坐标下降法。基于局部搜索的检测器也被提出，包括似然上升搜索（likelihood ascent search，LAS）、反应式禁忌搜索（reactive tabu search，RTS），这两种检测器需要计算初始解，然

后进行迭代检测，但是会出现局部极值问题，所以基于信度传播的检测器被提出。此外，还有 BOX 检测器和基于机器学习的检测器。

传统的 MIMO 系统检测器也可应用于 M-MIMO 系统中，如 SIC、格约简辅助和球形译码器。

此外，CS 算法也被应用于 M-MIMO 的检测。CS 算法在检测方面的应用主要有使用 SD 检测的 MMP 检测器[12]，该算法在初始低复杂度解的基础上识别出错误的位置并通过残差更新提高错误定位精度。类似地，在文献[13]中，CS 算法被用于纠正线性检测器输出的符号错误。此外，CS 算法可以利用 M-MIMO 系统中发送信号的稀疏性对信号进行重构，还可以应用于大规模接入场景中活动用户检测以及数据检测。

表 7-1 总结了 M-MIMO 系统中检测技术的优缺点[10]。

表 7-1 M-MIMO 系统中检测技术的优缺点

检测技术	优点	缺点
MF	低复杂度， 有利传播信道条件下性能更好	在病态信道矩阵下性能降低
ZF	低复杂度， 在干扰受限环境下性能良好， 比 MF 性能好	在病态信道矩阵下性能降低； 在矩形 M-MIMO 中，该技术既没有分集增益，也不能降低复杂度
MMSE	低复杂度； 降低噪声； 在中等 SNR 或高 SNR 时,性能优于 ZF	在病态信道矩阵下性能降低； 在矩形 M-MIMO 中，该技术既没有分集增益，也不能降低复杂度
SIC	性能优于 ZF 和 MMSE	性能受到首个检测信号的影响； 相比 ZF 和 MMSE，复杂度较高
LRA	改变病态信道矩阵，使之趋于正交 性能较好	计算复杂度高
SD	可以达到最大似然的性能， 可以通过配置 K-best 变量保持复杂度和性能的平衡	当列表迟钝不固定时复杂度较高
BP	低信道相关性时能达到 ML 性能	很难找到最优的阻尼因子， 在差的条件因子图下性能降低， 通常迭代方法的收敛性不能保证

（续表）

检测技术	优点	缺点
本地搜索	在固定的邻近范围内最小化 ML 的代价	复杂度取决于邻近范围的大小，不是每一个邻近范围的向量都可以降低复杂度
BOX 检测	高效率、低复杂度的硬件[14]	当用户数接近 BS 天线数时性能很差
基于稀疏性的算法	可以达到 ML 性能，复杂度比本地搜索低[15]	在 CS 中，造成收敛误差的局部最小值会由于较高的稀疏性限制而增大[16]；类似稀疏贝叶斯学习，适合处理局部最小值，但代价是复杂度较高[16]
NS 方法	低复杂度	当用户数接近 BS 天线数时会有很大的性能损失，收敛速度比 NI 慢[17-19]
NI	收敛速度快	获得初始解需要更大的计算量[20-21]
GS 方法	当 BS 天线数与用户天线数接近时达到近似最优的性能	由于内部的串行迭代结构，很难并行执行[22-24]
SOR 方法	当 BS 天线数与用户天线数接近时达到近最优的性能；经验证，SOR 方法吞吐量比 NS 方法多 3 倍，比 CG 方法多 2 倍[25]	需要预先计算和提供格拉姆矩阵，因此增加了复杂度；有一个不确定的松弛参数 $0<\omega<2$
Jacobi 方法	当 BS 天线数与用户天线数接近时达到近最优的性能，可以并行实现[26]	收敛速度慢，因此时延高；当用户数接近 BS 天线数时，性能不再随着迭代次数增加而改善
Richardson 方法	对硬件要求低且能达到良好性能[27]	收敛次数大；需要稳定性来保证收敛性并且要求矩阵谱半径小于 1[27]；有不确定的松弛参数 $0<\omega<\dfrac{2}{\lambda}$，$\lambda$ 是 H 的最大特征值
CG 方法	当 BS 天线数与用户天线数接近时达到近最优的性能[28]	需要大量的迭代次数[28-29]，包含许多分解操作[28-29]
Lanczos 方法	利用很少的迭代收敛到 MMSE 的性能[30]，适合并行优化的硬件架构[30]	时变信道下的误码率高或计算复杂度高[31]

（续表）

检测技术	优点	缺点
残差法	即使在 BS 天线数与用户天线数的比值较大的情况下，也能获得满意的性能	需要预处理算法来获得令人满意的误码率性能[32]
CD 方法	即使在 BS 天线数与用户天线数的比值较大的情况下，也能获得满意的性能	估计的解有一个求逆分量，增加了复杂性[31]

7.3.3 面临的技术挑战

M-MIMO 系统的基本理论已经很成熟，但仍面临一些技术挑战，本节将分别介绍 M-MIMO 系统中的导频污染、互易性校准和系统的非理想因素。

1. 导频污染

正交导频数量的有限性导致在邻近小区中存在不可避免的导频重用，产生了导频污染。研究表明，导频复用导致的导频污染对 LS-MIMO 的可达性能造成了最终的限制。下面介绍导频污染的典型信号模型，假设有 L 个小区共用导频，则第 j 个小区估计的信道为

$$\hat{\boldsymbol{G}}_{jj} = \sqrt{\rho_p} \sum_{l=1}^{L} \boldsymbol{G}_{jl} + \boldsymbol{V}_j \qquad （7\text{-}24）$$

其中，$\boldsymbol{G}_{jl} \in \mathbb{C}^{M \times K}$ 为第一个小区的用户到第 j 个小区基站之间的信道，$\boldsymbol{V}_j$ 为第 j 个小区基站侧的加性噪声，ρ_p 为导频信号对应的信噪比。可以看出，上行传输时，基站侧估计的信道中包含其他干扰小区用户的干扰信道分量，上行检测会受到影响；同样，下行传输时，基站利用估计出的受污染的信道进行波束成形，同样会对用户造成干扰。

典型的导频污染处理方案为导频分配。文献[33]让有很小 ICI 的用户重用相同的导频，可以减弱导频污染。以下为采用导频分配方案的仿真结果。

图 7-10 和图 7-11 分别为多小区场景下不考虑导频污染和考虑导频污染时，不同信号处理技术的系统可达和速率[33]。显然，导频污染对系统可达和速率产生了很

大的影响，但通过导频分配，可以弥补一定的性能损失。

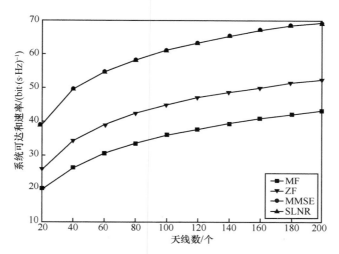

图 7-10　多小区场景下不考虑导频污染的系统可达和速率

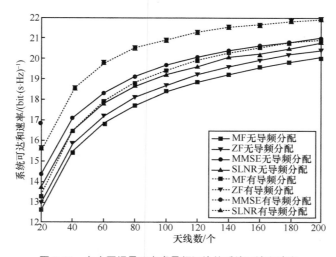

图 7-11　多小区场景下考虑导频污染的系统可达和速率

除了导频分配，减少导频污染的方法还有以下几种。（1）导频设计。最小化不同小区的导频内积。（2）帧结构设计。文献[34]设计了一种时移帧结构，将所有小区划分为不同的组，在不同的时隙传输其导频信号，即一个组传输上行导频信号时，其他组传输下行数据。用户分组时移帧结构如图 7-12 所示[34]。（3）信道估计。文献[35]利用独立同分布瑞利衰落信道中不同 UE 信道的渐近正交性，提出了一种基于特征值分解的方法来提高信道估计精度。此外，利用盲检测技术对信道和数据进行联合估计，可以在降低导频污染的同时，对快衰落信道系数进行估计[36]。（4）预编码技术。文献[37]中提出了一种两阶段预编码方案处理导频污染。

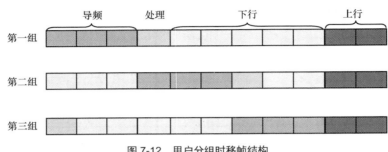

图 7-12　用户分组时移帧结构

2. 互易性校准

对于大规模 MIMO 的校准也是研究热点之一[38-39]。文献[38]给出了大规模 MIMO 测试平台，解决了校准问题和预编码器的设计问题，首先估计 UL 通道，然后使用相对校准概念估计 DL 的相对 CSI。具体来说，文献[38]对 64 天线系统的互易性校准进行了较详细的处理，并给出了一个成功的实验实现，不需要终端校准和完全校准，可以将一个天线作为参考，其他天线通过比较得到一个补偿因子。文献[39]在一个大规模 MIMO 的认知场景中研究了同样的问题。

在频分双工（frequency-division duplex，FDD）模式下，互易性丧失，一般不能使用互易性获得下行信道信息。于是，需要进行信道估计和 CSI 反馈。为了解决 DL 信道估计问题，有效的导频传输方法能够以最小的信令开销实现精确的 CSI 估计。文献[40]采用 MIMO 无线信道的稀疏建模，证明了对于相关信道，CS 是一种节省 DL 时频资源和传输功率的有效策略；此外，由于信道系数庞大，经过信道反馈的信息量很容易占据大量的带宽资源。CS 也可以作为一种潜在的解决方案来减少信道反馈的数量。如前文所述，如果使用稀疏感知信道估计技术，那么稀疏变换后的信道系数只有少数非零项会反馈给 BS。

某些情况下，FDD 场景也可以利用互易性的特点，即用基于方向的模型[41]对信道进行参数化。方向建模方法的动机如下，信道是多个路径的叠加，其中方位角和仰角由上行信道和下行信道共享，因此下行和上行信道可以通过公共角信息来估计。第一种方法要求 UE 发出训练序列，BS 使用简单的寻向方法获得角度。第二种是相反的操作，即 UE 执行角度估计，然后通过反馈信道发送信息。功率谱估计也可以作为 FDD 系统中处理互易性问题的一种替代方法。这种方法不是获取离散射线，而是估计空间功率谱。值得一提的是，在 5G 系统中，特别是在毫米波范围内工作的系统中，角度信息将发挥重要作用。它的重要性不仅在于减少导频和信道反馈的开销，还在于提供了一种替代方案，来解决上行链路和下行链路载波之间的频率偏移问题。

3. 系统的非理想因素：硬件损伤和非理想 CSI

硬件损伤主要包含相互耦合、非线性放大、I/Q 失衡、相位噪声以及低精度 ADC 带来的量化噪声。相互耦合是由于随着天线数的增多、天线单元间距的减小造成的。为了减轻相互耦合的影响，必须在天线阵列和射频链之间采用复杂的射频匹配技术。相位噪声主要是由发射机使用的上变频电路和接收机使用的下变频电路引起的。

硬件损伤的影响通常通过补偿算法来减轻。但是，由于时变硬件特性不能完全参数化和估计，并且由于不同类型的噪声固有的随机性，这些补偿算法不能完全消除硬件损伤。在对硬件损伤的研究中，代表性成果为 2014 年 Björnson 等[42]对非理想硬件的研究。他们考虑了一种新的系统模型，包含了配备大天线阵列的 BS 和单天线用户设备的收发器硬件损伤。系统模型涵盖了非理想硬件的主要特征，能够通过比较得到与理想硬件的差异。其中，加性失真噪声用来描述功率放大器中相位噪声引起的载波间干扰、Q 不平衡引起的镜像子载波泄露以及功率放大器的非线性等特性。不同硬件损伤系数 k 对系统容量的限制如图 7-13 所示[42]。与传统的理想硬件情况相反，硬件损伤限制了信道估计精度和每个 UE 的下行链路/上行链路容量的上限。固定 UE 的损伤系数，不同 BS 损伤系数下系统性能的渐近变化如图 7-14 所示。系统容量主要受到 UE 端硬件的限制，而大规模阵列损伤的影响随着天线数增加而逐渐消失，用户间干扰（特别是导频控制）也变得可以忽略不计。

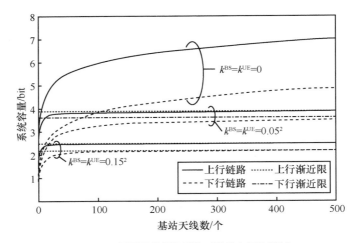

图 7-13　不同硬件损伤系数对系统容量的限制

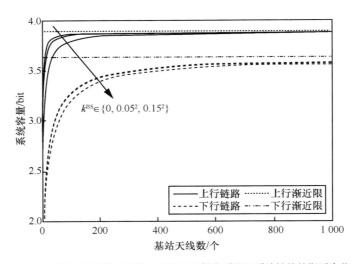

图 7-14　固定 UE 的损伤系数，不同 BS 损伤系数下系统性能的渐近变化

　　由于上行信号的时延和实际信道估计的误差，基站一般不能获得理想 CSI。理想 CSI 与非理想 CSI 情况下的系统性能如图 7-15 所示[43]，p_u 表示用户发射功率，文献[11]证明了理想 CSI 的情况下的辐射功率与基站天线的数量 M 成反比；然而，利用实际估计的 CSI 时，发射功率只与天线数的平方根成反比。

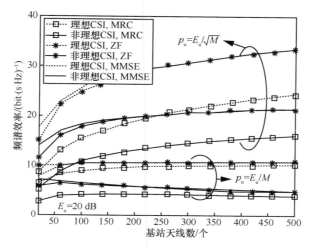

图 7-15　理想 CSI 与非理想 CSI 情况下的系统性能

在时分双工（time-division duplex，TDD）模式下，多小区场景下的导频污染是引起非理想 CSI 的原因之一。文献[35]提出了盲信道检测技术，从而避免了非理想 CSI 的使用。在频分双工（frequency-division duplex，FDD）模式下，下行导频开销太大，且 UE 到 eNB 的反馈是实际系统不能承受的，CSI 的反馈需要新的方案，文献[44]提出了压缩感知辅助的反馈方法。实际场景中，非理想 CSI 可以通过估计 CSI 与理想 CSI 之间的相关系数进行表示，建模相关系数可采用高斯模型[45]和 Clarke 模型[46]。

7.3.4　最新的研究方向

本节对 M-MIMO 技术相关的最新研究进展和研究方向进行介绍。

近几年，智能表面技术可以与 M-MIMO 技术结合，并且有着广泛的应用前景。智能表面技术通过部署大量的无源可编程元件，能够智能重构无线传播环境，从而在减少硬件损伤和能量消耗的同时，还能够大幅提高频谱效率。

大规模 DAS 具有十分重要的研究意义，因为它包含低空间相关性的分布式天线，可以提供阵列分集或复用增益，从而可以降低能量消耗、提高频谱效率。已经有很多研究从理论上分析了大规模 DAS，并与 CAS 进行了比较。近年来，CF 场景下的分布式 MIMO 系统得到了广泛关注。该系统淡化了小区边界，且分布的 AP 间一般不需要信息交互，只需要用部分 CSI 进行检测和预编码，能够在保证低复杂度的同时获得很好的能量效率和频谱效率增益。

此外，还有一些新的研究成果。文献[47]提出了基于路径损耗的导频分配策略和伪随机码的导频设计。文献[48]提出了一种改进的启发式导频分配算法，其优化准则是使上行链路的最小 SINR 最大。文献[49]提出了一种高效 CSI 估计方法，它利用在角域内具有时间相关性的先验 CSI。差分调制不需要信道估计，所以在大规模 MIMO 系统中更加可取。文献[50]中，差分调制的非相干检测被扩展到单小区场景中的多个符号。为了进一步提高容量，文献[51]引入基于 SIC 的功率域多路复用，如 NOMA。针对有限的 CSI 反馈限制，文献[52]提出了一种基于用户分组和机器学习的混合波束成形方法。文献[53]提出了一种基于盲自适应阵列信号处理的 CSI 估计消除方法，并考虑了 IEEE802.11ac 的 MAC 层开销和频分双工 LTE 标准的实际性能。

针对大规模天线系统的天线制造也有新的研究成果。文献[54]开发了基于贝叶斯压缩感知、对平面阵列进行有效性和可靠性诊断的工具。文献[43,55]设计了新的天线结构——具有大带宽的双极化金刚石-环形缝隙天线阵列并结合了超材料屏蔽的漏波天线阵列，以抑制天线之间的相互耦合。

| 7.4　分布式大规模 MIMO |

集中式 M-MIMO 实现了大量天线的收发系统，可以带来非常大的天线阵列增益，当天线数量无穷大时，干扰和噪声都可以小到忽略不计，这对实现更优质的无线通信质量带来了新的研究方向。但在集中式天线系统中，天线之间距离太近引起的信道相关性可能影响系统性能，且大量天线的部署使硬件成本消耗过大。本节针对集中式大规模 MIMO 的弊端，介绍了分布式大规模 MIMO。

7.4.1　分布式大规模 MIMO 概述

1. 研究现状

最初的 M-MIMO 都是基于蜂窝网络结构，在小区体制下，对 M-MIMO 的研究分为单小区场景和多小区场景，其中多小区场景是一个更加通用的概念，包含 Network MIMO[56]、CoMP[57] 和 DAS[58]。C-M-MIMO 与 DAS 相结合，产生了 D-M-MIMO。蜂窝网络结构下的 DAS 中，天线通常假设为环形等距离均匀分布，如图 7-16 所示。小区内每一个 RRH 上分布着等数量的天线，天线接收到信号后通过小区内的回程链路将数据发往云端处理，而 C-M-MIMO 则主要在基站处理数据。

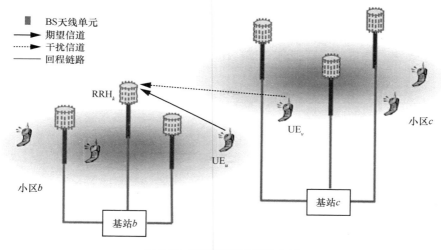

图 7-16 蜂窝网络结构下的 DAS

在蜂窝网络结构下，基站天线端的接收信号模型可以表示为

$$y_{bu} = \boldsymbol{w}_{bu}^{*}\boldsymbol{h}_{bbu}x_{bu} + \sum_{(c,v)\neq(b,u)} \boldsymbol{w}_{bu}^{*}\boldsymbol{h}_{bcv}x_{cv} + \frac{1}{\sqrt{P_{r}}}z_{bu} \qquad (7\text{-}25)$$

其中，$\boldsymbol{w}_{bu}^{*}$ 是线性检测矩阵，$\boldsymbol{h}_{bbu}$ 表示用户到基站的信道矩阵，第二项表示来自其他小区的干扰，z_{bu} 表示滤波后的高斯噪声。

近几年，无定形小区下的分布式大规模 MIMO 成为分布式 M-MIMO 的一个新形式，对应的系统称为 CF-M-MIMO 系统，它与最初的 Network MIMO 系统的目的是一样的，旨在解决蜂窝系统中存在的同频干扰问题，但该系统淡化了小区边界，形成以用户为中心的信号传输模式。不同的网络结构如图 7-17 所示。

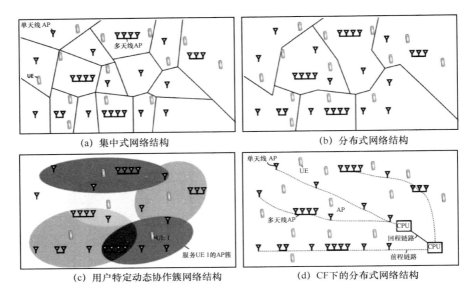

图 7-17　不同的网络结构

　　M-MIMO 系统相比传统的 MIMO 系统极大地提高了频谱效率，但是，随着网络密度的增大，小区间干扰变成了一个主要的瓶颈。如图 7-17（a）所示，传统蜂窝网络中，一个用户仅对应一个 AP，而不同的 AP 在同一时刻会对 UE 形成小区间干扰，这是集中式系统的缺点。根据信息论和信道容量的角度，通过不同 AP 间的联合处理可以提高频谱效率，并降低或避免对用户的干扰。相关的信号联合处理方案有 Network MIMO、CoMP-JT 和多小区 MIMO 协作网络，这种方案把不同的 AP 划分为不同的簇，但仍然是以网络为中心的模式，如图 7-17（b）所示，一个簇中的不同 AP 对簇中的 UE 进行联合信号传输，这等价于在不同的小区中部署了分布式天线。进一步地，如果联合信号处理在以用户为中心的模式下实施，即每个用户对应一个特定天线组，如图 7-17（c）所示，这种网络结构统称为用户特定动态协作簇，已经在 MIMO 协作网络、CoMP-JT、协作小区和 C-RAN 等系统中得到考虑。将大规模天线系统、密集分布式网络拓扑和以用户为中心的传输设计结合后，就形成了 CF 下的分布式网络结构，如图 7-17（d）所示，AP 通过前程链路与 CPU 相连，CPU 之间通过回程链路互连。在该系统中，上行数据可以在 AP 端进行部分处理，或由 CPU 集中处理，或者先在 AP 端进行部分处理再由 CPU 处理。CPU 参与处理的数据越多，性能越好，如 MMSE 检测，但同时也带来了更高的前程链路负担。

　　下面，对 CF-M-MIMO 的信号模型进行描述。无定形小区场景下的大规模 DAS 如图 7-18 所示。在无定形小区场景下，天线在一定区域内随机均匀分布。每个天线作为 AP，用户均匀分布在其周围，每个天线在接收到自己区域内的用户信号时，同样通过前传网络将数据发送到云端 CPU 进行数据处理。这种无定形小区场景的优势是不存在小区边缘，因此用户的公平性可以得到保障，同时用户与天线之间的距离更近，能有效地减小路径损耗。

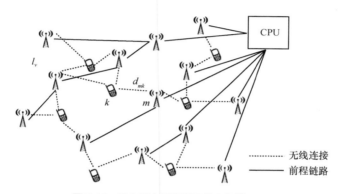

图 7-18　无定形小区场景下的大规模 DAS

　　在上行传输中，基站端天线接收到的信号模型可表示为

$$x_m = \sum_{k=1}^{K} g_{mk} s_k + n_m = \sum_{k=1}^{K} h_{mk} \sqrt{\beta_{mk}} s_k + n_m \tag{7-26}$$

其中，x_m 表示在第 m 个 AP 上接收到的信号，s_k 表示第 k 个用户发送的信号，g_{mk} 表示第 k 个用户和第 m 个 AP 之间的信道传播系数，n_m 表示第 m 个 AP 接收到的噪声。

　　对于大规模 DAS，学术界对其理论性能、信号处理技术、系统调度和面临的挑战等方面已经进行了大量的研究。理论性能方面，目前的研究有容量分析、频谱效率分析、能量效率分析以及对系统性能的优化，如和速率最大化；信号处理技术方面的研究主要涉及波束成形方案的设计和对干扰的处理；系统调度方面的研究主要针对天线选择和用户调度，以及功率的控制和分配；面临的挑战包括与大规模 CAS 相同的导频污染、互易性校准和硬件损伤，以及 DAS 中比较重要的同步、AP 部署等问题。

2. 优劣势与相关技术比较

分布式大规模 MIMO 分为最初的小区体制下的分布式系统和无定形小区下的分布式系统。两者的共同点都是拉近了天线与终端的距离，降低了损耗，且相关性的降低带来了更好的分集增益。CF-M-MIMO 可以看作 Network MIMO 的演进。下面，首先对 C-M-MIMO 与 D-M-MIMO 进行对比分析，然后对 Network MIMO 和 CF-M-MIMO 进行比较。

（1）C-M-MIMO 与 D-M-MIMO 的对比

在 C-M-MIMO 中，所有的服务天线都位于一个紧凑的区域，具有低数据共享开销和前端需求的优势。相比之下，在 D-M-MIMO 中，服务天线分布在很大的区域内；由于分布式系统能够更有效地利用空间分集来抵抗阴影衰落，因此它具有比 C-M-MIMO 更大的覆盖范围，并且分布式的服务天线缩短了与用户之间的距离，从而可以减小能量消耗，提高能量效率。

（2）Network MIMO 与 CF-M-MIMO 的对比

Network MIMO 与 CF-M-MIMO 的网络结构如图 7-19 所示。相比 Network MIMO，在 CF-M-MIMO 中，每个 AP 只需要获得局部的 CSI 进行发送端预处理和信号检测，因而降低了信号处理的复杂度且降低了前程链路资源的消耗；在网络结构方面，CF-M-MIMO 只有一个 CPU 和多个随机分布的 AP，部署相对简单，可以降低部署成本；此外，CF-M-MIMO 凭借分布的大量 AP，可以获得更好的信道硬化条件（虽然不如大规模 CAS）；CF-M-MIMO 可以获得更高的能量效率，因为在 Network MIMO 中，即使通过干扰处理技术抑制了小区间干扰，前程链路带来的开销也会极大地降低能量效率。

CF-M-MIMO 的优势如下。

① 极大地提高了能量效率。

② 灵活和低成本的部署。

③ 信道硬化/有利传播环境。

④ 统一的服务质量。

在实际应用中，CF-M-MIMO 存在如下挑战。

① 需要考虑网络同步、低时延的需求。

② 为了减小用户间干扰，需要采用更复杂的发送端预处理技术，如 ZF，带来的代价是增加了对前程链路速率的要求。

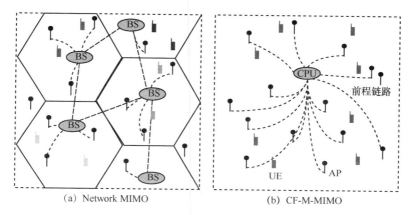

（a）Network MIMO　　　　（b）CF-M-MIMO

图 7-19　Network MIMO 和 CF-M-MIMO 的网络结构

7.4.2　理论分析

对分布式大规模天线系统的理论分析主要有容量分析、频谱效率分析以及针对某目标的优化，如最大化和速率等。下面，简要介绍经典的容量分析、频谱效率分析和能量效率的分析。

1. 容量分析

首先针对单小区场景，结合文献[59]研究的系统，从信息论的角度对大规模 DAS 进行容量分析。系统场景如图 7-20 所示，上行单小区、多用户配置多天线、多天线 AP 分布在环形的光纤总线上。

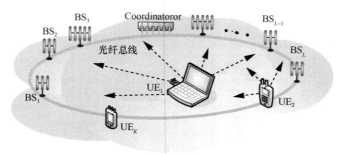

图 7-20　大规模 DAS 场景

该场景中考虑了多天线的 AP 和用户，并且考虑了实际因素，如天线相关性和 LoS 分量，所以用户 k 和天线组 l 之间的信道为

$$\boldsymbol{H}_{l,k} = \boldsymbol{R}_{l,k}^{\frac{1}{2}} \boldsymbol{X}_{l,k} \boldsymbol{T}_{l,k}^{\frac{1}{2}} + \bar{\boldsymbol{H}}_{l,k} \tag{7-27}$$

其中，$\bar{\boldsymbol{H}}_{l,k}$ 为反映 LoS 分量的确定性矩阵，$\boldsymbol{R}$ 和 $\boldsymbol{T}$ 分别表示 AP 端和用户端的天线相关性，$\boldsymbol{X}$ 为元素独立同分布的随机矩阵。

根据信息论，分布式大规模天线系统的遍历和速率为

$$\upsilon_{\boldsymbol{B}_N}(\sigma^2) \equiv \frac{1}{N} \mathrm{E}\left\{\log_2 \det\left(\boldsymbol{I}_N + \frac{1}{\sigma^2}\boldsymbol{B}_N\right)\right\} \tag{7-28}$$

其中，σ^2 为接收端的噪声方差，并且

$$\boldsymbol{B}_N \triangleq \sum_{k=1}^{K} \boldsymbol{H}_k \boldsymbol{H}_k^{\mathrm{H}} \in \mathbb{C}^{N \times N} \tag{7-29}$$

大多数研究只考虑具有独立复高斯随机变量的随机矩阵，或者利用相关高斯随机矩阵可以在不改变相关对象（如特征值分布和互信息）的情况下转化为具有非同分布项的不相关随机矩阵的事实。但是式（7-27）所示信道矩阵的处理不能采用上述解相关过程。如果随机矩阵的项是高斯项，那么可采用高斯方法，进而通过 Lindeberg 原理和插值技巧将拥有高斯项的随机矩阵推广到任意随机矩阵。文献[59] 首先利用高斯方法推导大规模 MIMO 多址信道的遍历和速率的确定性等价；然后通过广义 Lindeberg 原理，将具有高斯项的随机矩阵的确定性等价推广到具有非高斯项的随机矩阵。

前文针对小区场景进行了容量分析，下文考虑 CF 场景[60]，在一个较大区域内有 M 个随机分布的单天线接入点和 K 个单天线用户，假设每个用户由所有分布接入点共同服务。第 m 个天线和第 k 个用户之间的信道系数为 $g_{mk} = \sqrt{\beta_{mk}} h_{mk}$，其中，$\beta_{mk}$ 和 h_{mk} 分别表示大尺度衰落和小尺度衰落，并且 $h_{mk} \sim \mathrm{CN}(0,1)$，下面，对于采用 MMSE 信道估计方法和共轭波束成形的 CF 场景，推导用户 k 的下行可达速率。

上行训练序列的接收为

$$\boldsymbol{y}_m = \sqrt{\rho_r \tau} \sum_{k=1}^{K} g_{mk} \boldsymbol{\psi}_i + \boldsymbol{w}_m \tag{7-30}$$

其中，$\boldsymbol{\psi}$ 为 $\tau \times 1$ 导频序列，$\boldsymbol{\psi}_j^{\mathrm{H}} \boldsymbol{\psi}_i = \delta_{ij}$，$\boldsymbol{w}_m \sim \mathrm{CN}(0, \boldsymbol{I}_\tau)$。

信道估计在每个接收天线上独立进行，采用 MMSE 信道估计方法，即

$$\hat{g}_{mk} = \frac{\sqrt{\rho_r \tau}\beta_{mk}}{1 + \rho_r \tau \beta_{mk}} \boldsymbol{\psi}_k^{\mathrm{H}} \boldsymbol{y}_m \tag{7-31}$$

信道估计误差可表示为 $\tilde{g}_{mk} = g_{mk} - \hat{g}_{mk}$，估计出的信道和信道误差的统计特性为

$$\hat{g}_{mk} \sim \mathrm{CN}\left(0, \frac{\rho_r \tau \beta_{mk}^2}{1 + \rho_r \tau \beta_{mk}}\right) \tag{7-32}$$

$$\tilde{g}_{mk} \sim \mathrm{CN}\left(0, \beta_{mk} - \frac{\rho_r \tau \beta_{mk}^2}{1 + \rho_r \tau \beta_{mk}}\right) \tag{7-33}$$

下行时采用共轭波束成形，即

$$x_m = \sqrt{\rho_f} \sum_{k=1}^{K} \sqrt{\eta_{mk}} \hat{g}_{mk}^* s_i \tag{7-34}$$

用户 k 接收到的信号为

$$y_k = \sum_{m=1}^{M} g_{mk} x_m + w_k \tag{7-35}$$

假设用户端只知道信道的统计特性 $\mathrm{E}\left(\left|\hat{g}_{mk}\right|^2\right) = \dfrac{\rho_r \tau \beta_{mk}^2}{1 + \rho_r \tau \beta_{mk}}$，而不知道实际的信道增益，则用户 k 的信干噪比为

$$\mathrm{SINR}_k = \frac{\rho_f \left(\displaystyle\sum_{m=1}^{M} \sqrt{\eta_{mk}} \frac{\rho_r \tau \beta_{mk}^2}{1 + \rho_r \tau \beta_{mk}}\right)^2}{1 + \rho_f \displaystyle\sum_{i=1}^{K} \sum_{m=1}^{M} \eta_{mi} \beta_{mk} \frac{\rho_r \tau \beta_{mi}^2}{1 + \rho_r \tau \beta_{mi}}} \tag{7-36}$$

则下行时用户 k 的可达速率为

$$R_k = \log_2(1 + \mathrm{SINR}_k) \tag{7-37}$$

2. 性能仿真结果

本节主要呈现大规模 DAS 的频谱效率、能量效率的性能仿真结果，其中包含小区体制和 CF 场景下的各种性能仿真结果。

文献[61]分析了大规模 CAS 和 DAS 中的频谱效率，并且分布了环形天线布置

实例，得到了在导频污染情况下的多小区下行频谱效率。系统中有 M 个天线组，每个天线组配置 N 个天线，还有 K 个单天线用户，且 $\eta = \dfrac{MN}{K}$。不同系统的用户平均频谱效率仿真结果如图 7-21 所示[61]。可以看出，不论是 CAS 还是 DAS 中，低信噪比情况下，频谱效率都随着 η 增大而增大。此外，大规模 DAS 的性能增益明显高于 CAS。$\eta \to \infty$ 和 $\eta = 87$ 相比，DAS 的性能增益为 137%，CAS 的性能增益为 68%，证明了大规模 DAS 相对于 CAS 的优势。

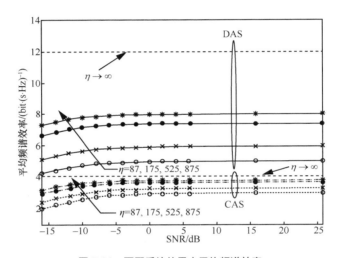

图 7-21　不同系统的用户平均频谱效率

此外，文献[62]对多用户场景下大规模 DAS 的能耗进行了建模，从而证实了其能量效率（energy efficiency，EE）方面的优势。EE 的定义方法包括以可靠解码的比特数/消耗的能量、每个用户的和速率除以发射功率+额外的开销。对于 EE 最大化问题的建模需要考虑每个天线的功率限制、基于每个用户速率进行天线的选择、MU 预编码的设计、发射功率的控制。文献[62]提出的天线选择算法和用户簇化方法将优化问题转变成了基于多个 cluster 的子问题。每个子问题可以分解为预编码设计和功率控制的问题。

本节考虑单小区多用户模型，U 个单天线用户，M 个分布式天线，用户簇化门限为 γ，分析了 EE 随用户数和网络规模的变化情况。

图 7-22 显示了平均能量效率与用户数的关系[62]，对 $\gamma=\infty$（全 MU，单簇）、$\gamma=0$（全 SU，每个用户构成一簇）、$\gamma=22$ dB 的 UC 方案进行对比分析，BS 天线数 $M=400$，MU 相比 SU 的功率开销 $\beta=0.5$，基带模块每个频率信道估计的信号功耗 $P_{\text{sig}}=50$ nw/Hz。可以看出，全 MU 方案比具有启发式功率控制的全 SU 方案获得了更高的 EE，因为当 $\beta=0.5$ 时，MU-MIMO 引入的功耗不占主导地位，并且全 MU 方案的吞吐量高于全 SU 方案；随着用户数的增加，$\gamma=22$ dB 的 UC 方案比全 MU 方案获得了更高的 EE，因为使用 MU-MIMO 的功耗严重增加，并占据主导地位。然而，当用户数很少的时候，例如 $U<9$ 时，全 MU 方案优于 $\gamma=22$ dB 的 UC 方案。

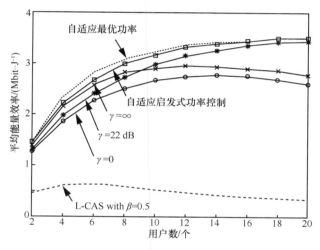

图 7-22　平均能量效率与用户数的关系

图 7-23 显示了 $U=20$、$\beta=0.5$ 时不同网络规模下的平均能量效率[62]，其中，$P_{\text{sig}}=(5,50,500)$ nW/Hz。可以看出，平均 EE 随 M 的增加而增加，因为天线系统自由度的增加可以减少严重的路径损耗；另一方面，网络功耗也随 M 的增加而增加，这是由于非零的信号功耗导致的。因此，EE 随着 M 的增加先增加后减少，当 $P_{\text{sig}}=50$ nW/Hz 时，最优的网络大小在 $M=400$ 附近。仿真结果还表明，最优的网络规模随着 P_{sig} 的增加而减小。

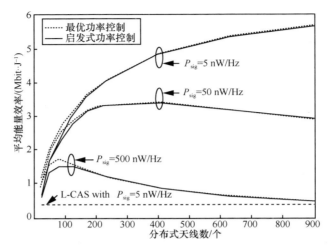

图 7-23　不同网络规模下的平均能量效率

以上的仿真结果都是基于小区场景，下面考虑一个有 M 个 AP 和 K 个用户的 CF-M-MIMO 系统，用户与 AP 之间的信道建立为 Rician 衰落信道，包含 LoS 分量和 NLoS 分量。文献[63]讨论了在 3 种信号检测器的上行频谱效率分析，分别是 MMSE 检测器、LMMSE 检测器、LS 检测器；同时，为了减小信道衰落的影响，还提出了一种新的二层解码技术。图 7-24 给出了平均上行频谱效率随 AP 数变化的仿真结果和在不同解码方式下每个用户频谱效率的 CDF，可以明显看出，二层解码方式的性能远优于单层解码方式，但这可能以牺牲解码器的复杂度为代价。

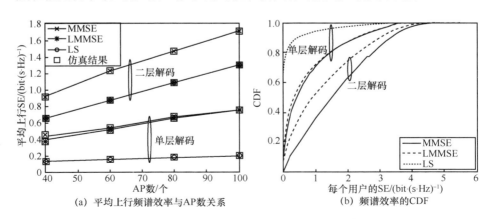

（a）平均上行频谱效率与AP数关系　　（b）频谱效率的CDF

图 7-24　单层解码和二层解码方式下的 SE 仿真结果

同时，图 7-25 比较了不同用户数 K 下每个用户的 SE 的 CDF，解码方式为二层解码。可以看出，导频长度保持不变的情况下随着 UE 数量的减少，干扰和导频污染将降低，并且每个 UE 的 SE 都将更高。

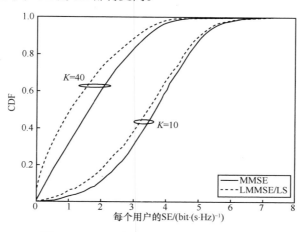

图 7-25 不同用户数下每个用户的 SE 的 CDF

下面，给出文献[64]对于 CF 场景和集中式小区场景下能量效率和频谱效率的比较。CF 场景中，采用简单的共轭波束成形处理，功率控制对于等效的用户 SINR 的最小值进行最大化。网络侧有 4 个天线和 18 个用户，小区半径为 0.5 km，图 7-26 和图 7-27 分别为城市中不同场景下频谱效率和能量效率的 PDF 仿真结果[64]。

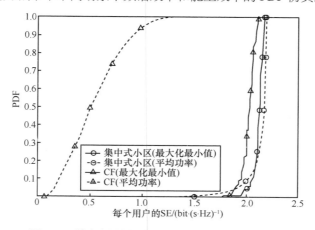

图 7-26 城市中不同场景下频谱效率的 PDF 仿真结果

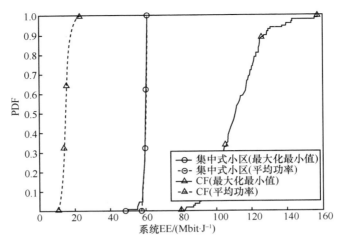

图 7-27　城市中不同场景下能量效率的 PDF 仿真结果

图 7-28 和图 7-29 分别为乡村中 CF 和集中式小区场景下的频谱效率和能量效率仿真结果[64]，仿真设置为 256 个天线，18 个用户，小区半径为 4 km。可以看出，CF 场景采用良好的功率控制方案后，SE 和 EE 都远好于集中式小区场景；在乡村中，小区半径加大，此时，CF 场景的用户频谱效率分布相较集中式小区场景的优势增加，因为在更大的区域中，CF 场景的分集增益会更加明显。

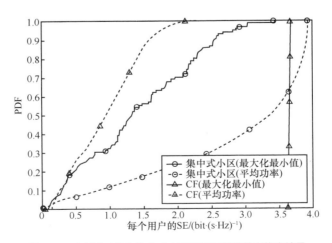

图 7-28　乡村中 CF 和集中式小区场景下频谱效率仿真结果

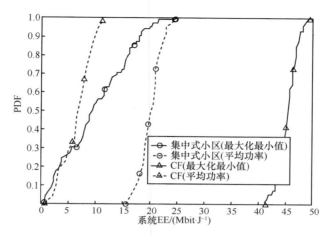

图 7-29　乡村中 CF 和集中式小区场景能量效率仿真结果

7.4.3　信号处理技术

大规模 DAS 中的信号处理主要包括发送端预处理和上行检测技术。发送端预处理称为预编码或波束成形，在 CF 场景中，主要有共轭波束成形和迫零预编码等线性发送端预处理技术，共轭波束成形实现简单但干扰大，迫零预编码复杂度高但干扰小。上行检测技术主要聚焦于一些线性检测技术，如 MRC、ZF、MMSE 等经典线性检测算法，本节将分别基于发送端预编码与功率控制技术和上行检测技术进行调研与分析。

1.　发送端预编码与功率控制

低复杂度的最大比传输预编码或共轭波束成形对于大规模 DAS 非常适用，在 CF 场景下同样如此。下面，主要介绍 CF 场景下的发送端预编码技术。通过共轭波束成形，可以在所有 AP，而不是在 CPU，进行分布式发送端预编码。尽管这样对前程链路的速率要求很低，但可能带来用户间干扰，因此需要更加复杂的 TPC 技术，例如采用 ZF 来减小 IUI。检测性能和前程链路速率的权衡将是一个重要的研究方向。

CF 场景下的发送端预编码技术主要有共轭波束成形和迫零波束成形技术，这两种技术都属于线性预编码技术。对共轭波束成形来说，它是一种实现简单且对 CF

系统中的回程要求低的发送端预编码，但是却会带来很高的用户间干扰。相比共轭波束成形，迫零波束成形能很好地处理用户间干扰，其信干噪比与 AP 数量相互独立，但实现的复杂度更高且对回程要求更高。

现有研究中一般将预编码技术与功率分配联合优化以在满足用户 QoS 的条件下获得最大的信干噪比。考虑系统中的下行传输，AP 通过用户上行传输来的导频序列估计信道响应（一般用 MMSE 估计），通过估计得到的信道响应对发送数据进行预编码或波束成形。AP 与用户之间的信道模型为 $g_{mk} = \sqrt{\beta_{mk}} h_{mk}$，此模型在进行理论分析时已经介绍过，其中，$\beta_{mk}$ 表示大尺度衰落，h_{mk} 表示小尺度衰落。通过 MMSE 估计的信道表示为 $\hat{g}_{mk}$，则 $\tilde{g}_{mk} = g_{mk} - \hat{g}_{mk}$ 表示信道估计误差。

根据 MMSE 信道估计方法可知，$\hat{g}_{mk}$ 和 $\tilde{g}_{mk}$ 是独立的，且有

$$
\begin{aligned}
\hat{g}_{mk} &\sim \mathrm{CN}\left(0, \frac{\rho_r \tau_u \beta_{mk}^2}{1 + \rho_r \tau_u \beta_{mk}}\right) \\
\tilde{g}_{mk} &\sim \mathrm{CN}\left(0, \beta_{mk} - \frac{\rho_r \tau_u \beta_{mk}^2}{1 + \rho_r \tau_u \beta_{mk}}\right)
\end{aligned}
\tag{7-38}
$$

其中，ρ_r、τ_u 分别表示用户端的发射功率和发送的导频序列。

对于迫零预编码来说，发送端经过预编码后的信号可表示为

$$
x_m = \sqrt{\rho_f} \sum_{k=1}^{K} \overline{f}_{mk} s_k
\tag{7-39}
$$

其中，

$$
\overline{f}_{mk} = \sqrt{\eta_k} b_{mk}, \quad m = 1, \cdots, M, k = 1, \cdots, K
\tag{7-40}
$$

其中，$\eta_k (k = 1, \cdots, K)$ 是功率控制系数，b_{mk} 是 $\boldsymbol{B}$ 中的第 (m,k) 个元素，$\boldsymbol{B} = \hat{\boldsymbol{G}}^* \left(\hat{\boldsymbol{G}}^\mathsf{T} \hat{\boldsymbol{G}}^*\right)^{-1} \in \mathbb{C}^{M \times K}$，$\hat{\boldsymbol{G}}$ 是信道估计矩阵，即其所有元素是 $\hat{g}_{m,k}$ 的组合。如果信道估计是完美的，迫零预编码可以完全恢复出信号，当存在信道估计误差时，这部分误差将带来干扰。迫零预编码下的信干噪比可表示为

$$
\mathrm{SINR}_{k,\mathrm{ZF}} = \frac{\rho_f \eta_k}{1 + \rho_f \displaystyle\sum_{i=1}^{K} \eta_i \gamma_{ki}}
\tag{7-41}
$$

其中，γ_{ki} 是 γ_k 中的第 i 个元素。

$$\gamma_k = \mathrm{diag}\left\{\mathbb{E}\left(\left(\hat{G}^{\mathrm{T}}\hat{G}^*\right)^{-1}\hat{G}^{\mathrm{T}}\mathbb{E}\left(\tilde{\boldsymbol{g}}_k^*\tilde{\boldsymbol{g}}_k^{\mathrm{T}}\right)\hat{G}^*\left(\hat{G}^T\hat{G}^*\right)^{-1}\right)\right\} \qquad （7-42）$$

对于共轭波束成形来说，预编码变得更加简单。同样在下行传输中，用户首先给 AP 发送导频序列以便估计信道，表示为 $\hat{g}_{m,k}$。发送端进行的共轭波束成形则可表示为

$$x_m = \sqrt{\rho_f}\sum_{k=1}^{K}\sqrt{\eta_{mk}}\hat{g}_{mk}^*s_k \qquad （7-43）$$

可以看到，共轭波束成形的预编码准则是将估计的信道共轭响应作为预编码向量，其 SINR 可表示为

$$\mathrm{SINR}_{k,\,\mathrm{CB}} = \frac{\rho_f\left(\sum\limits_{m=1}^{M}\sqrt{\eta_{mk}}\alpha_{mk}\right)^2}{1+\rho_f\sum\limits_{i=1}^{K}\sum\limits_{m=1}^{M}\eta_{mi}\beta_{mk}\alpha_{mi}} \qquad （7-44）$$

其中，$\mathbb{E}\left(\left|\hat{g}_{mk}\right|^2\right) = \alpha_{mk}$。

为了在一定条件下获得最大的信干噪比，一般将预编码和功率分配联合优化设计。文献[65-66]量化了发送端预编码的优势，其中，预编码是基于长期的平均功率控制的，对于第 m 个 AP，功率控制为 $\sum_{k=1}^{K}\eta_{mk}\mathbb{E}\left\{\left|\hat{g}_{mk}\right|^2\right\}\leqslant 1$，其中，$\eta$ 代表功率控制系数，$\hat{g}$ 表示信道增益的 MMSE 估计。文献[67]提出了基于短期平均功率控制的 TPC 为 $\sum_{k=1}^{K}\eta_{mk}\leqslant 1$。这种方案在 AP 数目不多的情况下具有比长期平均功率控制更好的覆盖范围。此外，文献[68]提出了改进的共轭波束成形方案，可以完全消除自干扰，并且完全维持了原方案的简单性。文献[65,69]比较了发送端分别采用 ZF 波束成形和 CB 的 CF 系统，文献[69]提出了拉格朗日相乘法同时优化功率控制系数和发射功率，文献[65]则采用经典的二分法对 ZF 和 CB 进行功率分配的优化。不同预编码方式下的系统性能如图 7-30 所示[65]，其中，Small-Cell 是 CF 的一种替代方案，在极小范围的小区内每个用户仅被一个 AP 服务；P 为功率。

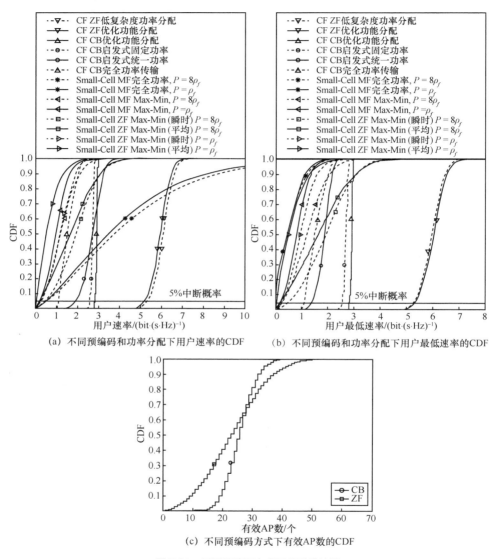

(a) 不同预编码和功率分配下用户速率的CDF　　　(b) 不同预编码和功率分配下用户最低速率的CDF

(c) 不同预编码方式下有效AP数的CDF

图 7-30　不同预编码方式下的系统性能

　　从图 7-30（a）和图 7-30（b）可以看出，采用 ZF 波束成形的 CF 系统在用户速率方面显著优于共轭波束成形，且优于所有的 Small-Cell 系统。从图 7-30（c）可以看出，只有部分 AP 对某个用户的传输有贡献。对于这些 AP，要使整个系统达到好的性能受多种因素影响，如信道模型、AP 部署密度和用户密度、信道系数的相关性。

2. 上行检测技术

为了利用分布式处理复杂度低且不要求 AP 间进行信息交互，对前程链路要求低的特点，基站一般采用最大比合并接收，缺点是当信道条件不太理想时，采用这种方式性能不佳，不如 ZF 算法。

考虑上行检测，一般化的信道模型为

$$y = Hx + n \tag{7-45}$$

其中，y 为 $M \times 1$ 维的接收向量；x 为 $K \times 1$ 维的发送向量，$H = \begin{bmatrix} h_1 & h_2 & \cdots & h_M \end{bmatrix}^{\mathrm{T}}$ 为信道矩阵，服从 $\mathrm{CN}(\mathbf{0}, C)$，即具有协方差 A 的圆对称多元复值高斯概率密度分布；n 为基站端的热噪声，服从 $\mathrm{CN}(\mathbf{0}, N_0 I)$。

一个线性检测器可以表示为

$$\hat{x} = Wy \tag{7-46}$$

其中，$\hat{x}$ 为估计出的信号向量；$W = \begin{bmatrix} w_1 & w_2 & \cdots & w_K \end{bmatrix}^{\mathrm{T}}$ 为 $K \times M$ 维的检测矩阵，即均衡滤波矩阵。对于 MRC 和 ZF，均衡矩阵为

$$W = \begin{cases} H^{\mathrm{H}} & , \text{MRC} \\ G^{-1}H^{\mathrm{H}} & , \text{ZF} \end{cases} \tag{7-47}$$

其中，$G = H^{\mathrm{H}}H$ 为格拉姆矩阵。

可以看出，采用 MRC 可以进行理想的分布式处理，允许每个天线节点从本地 CSI 获得均衡向量。另外，ZF 理论上要求系统在一个中央处理节点从所有天线收集 CSI，以便进行矩阵求逆。由于完全的 IUI 消除能力，ZF 提供了优于 MRC 的性能，但以增加互连带宽和处理需求为代价。如何处理降低互联带宽的需求是信号处理中需要研究的方向。

MMSE 也是一种常用的线性检测算法，该算法对 MRC 和 ZF 的优劣进行了折中考虑，算法复杂度较高，但由于同时考虑了干扰和噪声，其性能也会优于 MRC 和 ZF。其检测矩阵可描述为

$$W = \left(\tilde{a}^2 \rho \sum_{k'=1}^{K} q_{k'} \hat{g}_{k'} \hat{g}_{k'}^{\mathrm{H}} + R_n \right)^{-1} \hat{G} \tag{7-48}$$

其中，R_n 为噪声的自相关矩阵。

文献[70]比较了分别用 MRC 和迫零波束成形接收机下的系统上行链路性能,并提出了两种功率控制算法。与这两种算法用作发送端预编码的原理相同,ZF 得益于其能消除用户间干扰所以提升了系统的性能。文献[71]考虑了回程链路容量受限(即有限回程链路)的情况,分析了 3 种经典的线性检测算法的系统性能,分别是 ZF、MMSE、MRC。回程链路有容量限制时,考虑将接收信号和估计信道做量化处理发送给 CPU。文献[71]提出用 Max 算法和 Bussgang 理论[72]来均匀量化信道模型[73],仿真结果表明,使用少量的量化比特估计信道和接收信号时,可以无限接近完美回程链路下的系统性能。$M = 10$,$N = 25$,$K = 40$,$\tau_p = 30$,$D = 1\,\mathrm{km}$ 时,不同检测方式对系统性能的影响如图 7-31 所示[71]。

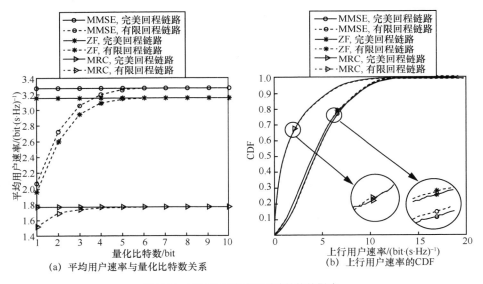

(a) 平均用户速率与量化比特数关系

(b) 上行用户速率的CDF

图 7-31　不同检测方式对系统性能的影响

从图 7-31 可以看出,不管是在完美回程链路下还是在有限回程链路下,MMSE 的性能都优于 ZF,ZF 优于 MRC。当量化比特数达到 6 bit 时,有限回程链路中的 MMSE 和 ZF 的平均用户速率都无限接近完美回程链路,而当量化比特数达到 4 bit 时,有限回程链路中的 MRC 的用户平均速率可接近完美回程链路中的相应值。此外,一定的量化比特数下,有限回程链路性能可接近完美回程链路性能。但量化比特数越大系统复杂度越高,因此在回程链路容量受限时,量化比特数和用户速率性能应折中考虑。

文献[63]提出的二层解码技术也是一种检测技术。文献[63]将用户与 AP 之间的信道建立为 Rician 衰落信道,包含 LoS 分量和 NLoS 分量,讨论了 MMSE、LMMSE、LS 这 3 种信号检测方式下的上行频谱效率。文献[63]提出的二层解码技术原理如图 7-32 所示。

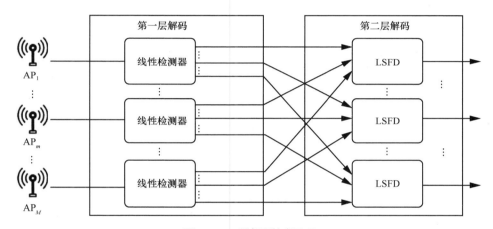

图 7-32　二层解码技术原理

第一层解码通过线性检测器检测出每个用户向 AP 发送的信号。第二层解码即 LSFD(large-scale fading decoding),假如每个用户到 AP 的大尺度衰落系数已知,CPU 根据相比小尺度衰落系数变化缓慢的大尺度衰落系数计算 LSFD 权重,给每个用户发送的信号分配权重。加权操作通过平衡从所有 AP 接收的信号来减少用户之间的干扰。AP 和用户对之间的大尺度衰落值主要取决于距离和阴影。例如,如果 UE 远离 AP,则接收信号将潜在地包含大量的干扰和噪声,而期望的信号是微弱的,那么该信号的相应 LSFD 系数将变小,以降低在检测中添加和放大更多干扰的风险。如果 LSFD 系数为 0,则表示该 AP 不为该用户服务。通过在不同线性检测器的一层解码下设计 LSFD 解码向量可提高通信质量。仿真结果证实了二层解码技术的频谱效率显著优于单层解码技术[65]。

7.4.4　面临的技术挑战

前面已经对 D-M-MIMO 系统从信息论的角度进行了理论分析，给出了仿真结果支持，并且对信号处理技术进行了讨论。本节将从以下几方面对 D-M-MIMO 面临的技术挑战进行讨论：天线选择、同步技术、导频污染和功率控制、硬件损伤以及实际部署。其中，天线选择、同步技术和硬件损伤在小区制中研究较多，因此，在小区体制下进行讨论；对于 CF-M-MIMO 系统的挑战主要介绍导频污染、功率控制以及实际部署。

1．小区体制中的技术挑战

本节主要针对小区体制 D-M-MIMO，系统面临的技术挑战主要包括天线选择、同步问题和硬件损伤。下面对各种技术挑战进行调研，并给出现有的解决方案。

（1）天线选择

在大规模 DAS 中，若同时使用所有的天线单元进行信号的发送和接收，则需要配置大量射频链路。虽然各个天线单元不需要具备复杂的运算功能，硬件结构相对简单，但同时使用所有的天线单元，系统的硬件成本以及复杂度仍然会很高，难以在实际中应用。天线选择能够降低系统的实现复杂度，是大规模 DAS 中的关键技术之一。其思想是按照一定的性能准则，在所有天线单元中激活部分单元形成 AP 集合来为所有用户提供联合传输服务。通过天线选择，可以保留大规模 DAS 所带来的容量增益的同时，降低系统复杂度并提高能量效率。一般天线选择的准则有两个，一个是最小化系统误码率来提高传输质量，另一个则是最大化系统容量来提高传输速率。在大规模 DAS 中，有关天线选择算法的研究主要分为两个方向，一个方向是对整体进行天线选择，形成天线集合为所有用户同时提供服务；另一个方向则是划分虚小区，各虚小区单独为目标用户提供联合传输服务。

① 整体天线选择

整体天线选择的经典算法包括贪婪最优算法、递减算法以及基于信道范数算法。其中，贪婪最优算法复杂度最高，但性能最优；而基于信道范数算法复杂度最低，但性能也最差。假设系统共有 M 个 AP，选择其中 L 个 AP 组成 AP 集合，同时为系

统 K 个用户提供联合传输服务。

贪婪最优算法也称为穷举法，是根据香农容量公式得到的一种基于系统容量最大化的天线选择算法。其主要思想是得到从系统中选取 L 个 RAU 组成集合的所有可能情况，然后逐个计算每种集合能获得的系统容量，最后选择使系统容量最大的那个集合作为服务 RAU 集合。理论上，该算法能得到系统容量最优的服务 RAU 集合，但该算法复杂度太大。

在通信系统中，信道状态对系统容量性能有很大的影响。与用户间信道条件较好的 AP 一般可以提供比较高的容量增益。基于此，研究者提出了基于信道范数算法，该算法相比贪婪最优算法，复杂度得到大幅降低。其主要思想是，发送端先得到 $K \times M$ 维的信道矩阵 H；然后，计算 H 各列的 Frobenius 范数，即各列的模值；最后，对各列的 Frobenius 范数进行排序，选取 L 个 Frobenius 范数最大的 AP 作为服务 AP 集合。

Gorokhov 提出了递减算法，这是一种次优的天线选择算法。该算法主要思想是每次迭代均从信道矩阵中删去一列，即删除对系统容量贡献最小的那个 AP，直到服务 AP 集合中剩余 L 个 AP 为止。

此外，还有一种贪婪次优算法，该算法是复杂度与容量性能的一种折中算法。其复杂度以及容量性能均介于贪婪最优算法和基于信道范数算法。其主要思想是，在初始化阶段，按照信道范数选取 L 个 AP 作为初始服务 AP 集合，然后根据容量性能最优准则不断从未激活的 AP 中选取对系统容量贡献最大的 AP 替换服务 AP 集合中对系统容量贡献最小的 AP，继续替换使系统容量下降则停止迭代。

随机选择算法是不依靠任何准则，随机地从系统所有 AP 中选择 L 个组成服务 AP 集合的算法。与其余天线选择算法相比，该算法的计算复杂度最低，但由于对 AP 的选择具有随机性，因此选择出来的 AP 集合所得到的系统性能也具有随机性。

② 划分虚小区天线选择

划分虚小区可以分为静态划分以及以用户为中心的动态划分两种。对于静态划分，其将系统所有 AP 划分为多组，各组 AP 同时为落在该组的用户提供联合传输服务，如图 7-33 所示。

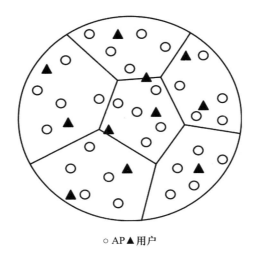

○ AP▲用户

图 7-33　静态划分示意

由图 7-33 可以看出，当用户位于两组 AP 的分界线时，用户会受到比较强的邻区干扰，大大降低用户 QoS。为了避免该情况的出现，研究者提出了以用户为中心的动态划分。其主要思想是为各个用户单独选择合适的 AP，形成以用户为中心的虚小区，各虚小区内的 AP 仅为该小区的目标用户提供联合传输服务，如图 7-34 所示。

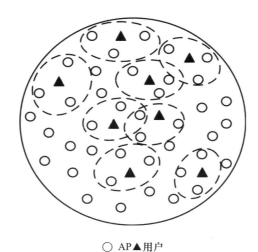

○　AP▲用户

图 7-34　动态划分示意

对于动态划分，由于针对单个用户进行天线选择，其选择的 AP 数目一般较少，因此可以使用较简单的天线选择算法。各个用户可以使用递增或基于信道的算法选择 AP 形成虚小区。但划分后的虚小区之间可能会相互重叠，这会造成较严重的 IUI，降低系统性能。针对该问题主要有两种解决方案，一种是划分虚小区时避免虚小区间的重叠，另一种则是将 IUI 严重的虚小区合并后，在其内部使用 ZF 预编码算法消除 IUI，由此诞生了用户簇化算法，即将非常近的用户聚集为一簇，从而通过多用户预编码解决用户间干扰问题。

（2）同步技术

在 M-MIMO 系统中，为了充分利用信道硬化和有利传输的优势，应该在丰富的散射环境中工作，其中大量的反射和叠加路径确保了低信道相关性。这意味着从一个 UE 到多个 BS 天线的信道彼此之间存在显著差异。大规模 DAS 则是一种能有效保证低信道相关性的系统，因为不同的射频前端能看到不同的散射体。然而，这种空间分布也给同步增加了困难。本节对大规模 DAS 中的同步问题进行调研，分别分析了同步的必要性和同步方法。

在分布式大规模 MIMO 系统中，多个 AP 联合服务一个 UE 时，网络首先需要同步。每个节点带独立振荡器的分布式系统模型如图 7-35 所示，发送节点和接收节点都分布式部署，形成了分布式的、虚拟的 MIMO 系统，该系统能够像集中式系统一样呈现优良性能，如提高发射/接收指向性、减少干扰、增加自由度和频谱效率、改善空间多样性，同时避免了限制传统 MIMO 适用性的波束成形因子和经济约束。如果将分布式 MIMO 技术扩展（即增加协作节点的数量），那么它们可以提供最有效的方法来实现真正的 M-MIMO 系统。为了达到这样的效果，我们必须解决独立振荡器同步和跟踪的技术瓶颈，并开发相干分布式传输的可伸缩、低时延发送和接收技术。

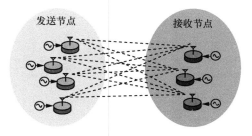

图 7-35　每个节点带独立振荡器的分布式系统模型

文献[74]中，大规模 MIMO 实验台使用同轴电缆将同步信号从主时钟源发送到从设备，然后发送到 RF 前端同步。这种同步方式中，尽管同轴电缆的长度和射频前端的位置是可变的，但是有最大长度限制。阻尼、环境畸变和传播损耗与电缆的长度成正比，限制了同步信号的质量。文献[75]提出一种能够很好地适应网络规模的空中同步协议；完全不依赖于电缆同步。但是，这种方法会引入额外的信令开销，并且使用有线回程链路连接，而没有探索利用无线回程链路进行同步的可能性。文献[76]利用了基于光纤的系统和 CERN 开发的白兔（white rabbit，WR）计时系统，具有优异的性能。下面介绍几种同步方法。

① 使用同轴电缆和时钟缓冲器进行频率传递。基于同轴电缆和时钟缓冲器实现节点间频率传输的方法具有良好的性能。由于时钟数据仅从发射机传输到接收机，无法直接反馈时钟源与节点之间的相位差。但是，信号相位由传输时间决定，因此由同轴电缆的可变长度决定，可通过 $\Phi=2\pi f t_{\mathrm{p}}$，$t_{\mathrm{p}}=l\sqrt{\dfrac{\varepsilon_r}{c}}$ 进行相位计算。其中，t_{p} 表示传播时间，l 表示电缆长度，c 表示真空光速，f 表示信号频率，ε_r 表示特定同轴电缆材料的介电常数。在不同节点之间进行相位同步需考虑匹配的电缆长度和相同的传播介质属性，其挑战在于外界环境的参数，如温度、机械压力等，都会影响传播介质的属性。

② 基于包的同步。这种方法需要一个点到点的通信拓扑，其中两个节点（称为主节点和从节点）通过通信链路交换包，以同步时间和频率。系统的同步保证簇中所有节点同步到一个共同的信标上，如图 7-36 所示。假设每个时隙 T_{slot} 发送一个持续时间为 T_{test} 的测试信标，可以用标准卡尔曼滤波/预测公式跟踪频率和相位[77]。这种方法结合了发射机单元上精确的时间戳，允许测量运行期间的传播时间，因此可以动态调整外界环境对电缆的影响。

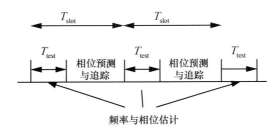

图 7-36　进行相位和频率同步的中间信标

③ 使用同步以太网进行频率传输。ITU-T 标准 G.8262 中定义了一种同步方法——同步以太网（synchronization Ethernet，SyncE），它将频率直接传输到基于分组的网络中。同步时，发射机时钟在接收机使用锁相环（phase-locked loop，PLL）再生，允许（级联）接收机以与源相同的频率运行。精度主要取决于振荡器和锁相环组件，类似于使用同轴电缆的方法。但是，由于传输线的变化，仍然没有直接的方法来抵消相位漂移。

④ WR 计时系统[78-79]。WR 计时系统将基于精确时间协议（PTP）的分组同步与基于同步以太网的同步相结合。它是为了在有大量节点的长光纤上提供亚纳秒精度和皮秒精度而开发的。具有可变和静态时延的链路模型的 WR 时钟环回架构如图 7-37 所示。锁相环用于将内部的从电路锁定到用于同步的通信时钟。时钟调整功能模块负责主/从节点的同步，分为通过扩展 PTP 的粗同步和通过在主节点上进行的相位测量进行同步。但是，WR 计时系统与前几种同步方法一样都会受到外部环境的影响。

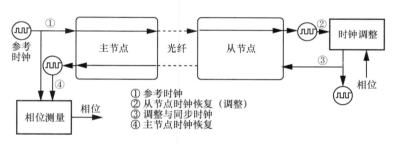

图 7-37　具有可变和静态时延的链路模型的 WR 时钟环回架构

（3）硬件损伤

7.3 节已介绍了硬件损伤对大规模天线系统的影响，并列举了代表性研究成果。之前的研究表明，M-MIMO 对 BS 加性的失真是可容忍的，但是乘性的噪声（如相位噪声）会影响系统的性能；并且之前研究中采用的简单的随机损伤模型是可靠的。

对于分布式天线阵列，一个重要的问题是天线是否应该共享一个公共的本地振荡器（common local oscillator，CLO），或者每个天线是否应该配备一个单独的本地振荡器（single local oscillator，SLO）。文献[80-83]形成了一种共识，即在上行链路中使用 SLO 是可取的，因为独立的相位旋转随着 BS 天线的增加而逐渐消失。但是，对于下行链路，上述问题的答案仍然是开放的。文献[84]考虑了一种具有分布式天线阵列和 3 种硬件损伤（相位噪声、失真噪声和噪声放大）的大规模 MIMO 系统，得出的结论是在 DL 中，SLO 系统的性能比 CLO 的性能更好。下面对上下行链路的损耗建模进行简单介绍。

系统为 TDD 模式，有 L 个小区，每个小区有 K 个单天线用户和 N 个天线。

上行损耗建模。考虑 BS 的损耗，信道为瑞利衰落信道，上行第 j 个小区的接收信号为

$$\boldsymbol{y}_j(t) = \boldsymbol{D}_{\phi_j(t)} \sum_{l=1}^{L} \boldsymbol{H}_{jl} \boldsymbol{x}_l(t) + \boldsymbol{v}_j(t) + \boldsymbol{\eta}_j(t) \tag{7-49}$$

其中，$\boldsymbol{D}_{\phi_j(t)}$ 表示第 j 个小区的乘性相位噪声；$\boldsymbol{D}_{\phi_j(t)} \triangleq \mathrm{diag}\left(\mathrm{e}^{\mathrm{j}\phi_{j1}(t)}, \cdots, \mathrm{e}^{\mathrm{j}\phi_{jN}(t)}\right)$，$\mathrm{e}^{\mathrm{j}\phi_{jn}(t)}$ 表示小区 j 中第 n 个 BS 天线在时间 t 处的相位旋转，它被建模为 Wiener 过程；$\boldsymbol{v}_j$ 表示加性失真噪声，主要包含有限精度量化、非线性和频域的干扰泄露，$\boldsymbol{v}_j(t) \sim \mathrm{CN}(0, \varUpsilon_j(t))$，与接收信号功率成正比。

$$\varUpsilon_j(t) \triangleq \kappa_{\mathrm{UL}}^2 \sum_{l=1}^{L} \sum_{k=1}^{K} p_{lk}^{\mathrm{UL}} \mathrm{diag}\left(\left|h_{jlk}^{(1)}\right|^2, \cdots, \left|h_{jlk}^{(N)}\right|^2\right) \tag{7-50}$$

其中，κ 是比例系数；$\boldsymbol{\eta}_j(t) \sim \mathrm{CN}(0, \sigma_{BS}^2 \boldsymbol{I}_N)$ 是接收端的噪声，包含电路中放大的噪声。

下行信号模型。第 j 个小区中第 k 个用户的接收信号为

$$z_{jk}(t) = \sum_{l=1}^{L} \boldsymbol{h}_{ljk}^{\mathrm{H}} \left(\boldsymbol{D}_{\phi_l(t)} \sum_{m=1}^{K} \boldsymbol{w}_{lm}(t) s_{lm}(t) + \psi_j(t) \right) + \eta_{jk}(t) \tag{7-51}$$

其中，$s_{lm}(t)$ 是下行数据的符号；$\boldsymbol{w}_{lm}(t) \triangleq \left[w_{lm}^{(1)}(t) \cdots w_{lm}^{(N)}(t) \right]^{\mathrm{T}} \in \mathbb{C}^N$ 是下行线性预编码向量，$\eta_{jk}(t)$ 是 UE 端的加性噪声；$\psi_j(t)$ 是加性失真；$\boldsymbol{D}_{\phi_l(t)}$ 表示第 l 个小区的乘性相位噪声；$\psi_j(t) \sim \mathrm{CN}(0, \boldsymbol{\varPsi}_j)$，与下行发送信号功率成正比，且与其他天线的相位失真不相关。

$$\boldsymbol{\varPsi}_j \triangleq \kappa_{\mathrm{DL}}^2 \sum_{k=1}^{K} p_{jk}^{\mathrm{DL}} \mathrm{diag}\left(\left|w_{jk}^{(1)}(t)\right|^2, \cdots, \left|w_{jk}^{(N)}(t)\right|^2\right) \tag{7-52}$$

在非理想硬件下用户平均 SE 与分布式 BS 天线数的关系如图 7-38 所示[84]，其中，z_1、z_2、z_3 分别对应相位噪声参数、接收端加性噪声方差和加性失真对应的参数

随天线数的缩放因子。可以看出，当缩放因子为 0，即失真不随天线数变化时，系统性能最好，接近理想硬件，并且 SLO 的性能比 CLO 的性能好。

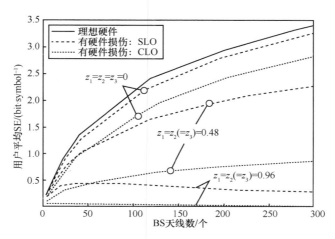

图 7-38　在非理想硬件下用户平均 SE 与分布式 BS 天线数的关系

2. CF–M–MIMO 系统中的技术挑战

本节主要针对 CF-M-MIMO 系统面临的导频污染、功率控制以及实际的部署进行分析。下面对各种技术挑战进行调研，并给出现有解决方案及其效果。

（1）导频污染及功率控制

与 C-M-MIMO 一样，D-M-MIMO 同样会遇到导频污染，在 AP 通过导频序列采用 MMSE 估计信道时，第 k 个用户带来的导频污染可表示为

$$\mathrm{PC}_k = \sum_{k' \neq k}^{K} \beta_{mk'} \left| \phi_k^{\mathrm{H}} \phi_k \right|^2 \qquad (7\text{-}53)$$

降低或者消除导频污染主要通过开发合适的导频分配方案。在 CF 场景中，上行导频分配要么在 AP 局部进行，要么在 CPU 进行[85]。由 CPU 分配导频时，需要建立用户标识符和导频序号的映射，这种映射要么在广播信道传播，要么在用户接入过程中传播。基本的导频分配方案包括随机导频分配（random pilot allocation，RPA）、蛮力最优分配、贪婪导频分配（greedy pilot allocation，GPA）和集群导频分配。RPA 最大的缺陷是两个邻近用户偶然使用了相同的导频序列时将会带来严重

的导频污染，但其算法简单。而 GPA 主要集中于系统中最小用户速率的提升。

文献[85]比较了集群导频分配和随机导频分配的系统性能。集群导频分配方案试图创建常规的导频重用结构，以最大限度地增加使用相同导频的用户之间的最小距离。具体是将 K 个用户划分为 N_p 个不相交的子集，每个子集都包含 $\dfrac{K}{N_p}$ 个使用相同导频的用户，它们的最小距离尽可能长。对于给定数量的用户，使最大距离最小的解决方案是用户之间的距离都相等。一种分配子集的方法是将具有 $\dfrac{K}{N_p}$ 个节点的规则网格覆盖到网络上，然后将最靠近节点的那些用户声明为子集的成员。一种更自然地定义子集的方法是 k-均值聚类，它是一种迭代算法，将数据点划分为预定义数量的聚类，每个点都属于具有最近均值（或质心）的聚类。集群导频分配的仿真结果证明，对于所有用户而言，导频污染的影响还是相当均匀的，且集群导频分配将所需导频的数量减少了 3%～3.75%。

文献[86]比较了随机导频分配和贪婪导频分配的系统性能。贪婪导频分配方案首先将所有 K 个用户随机分配给 K 个导频序列，找到性能最差的用户（即功耗最大的用户）更新导频，以使总的 UL 发射功率最小化。每次更新导频前将重新计算最优功率之和，如果功率之和降低，那么转移到下一个用户去更新导频，否则，更新该用户的导频，直到达到预先设置的更新次数。贪婪导频算法尽可能地消除用户间导频污染的影响，仿真结果表明，贪婪导频分配相比随机导频分配能带来更优的性能。文献[87]利用用户能获取最近地理位置信息的优势在 GPA 的基础上提出了 LBGPA（location-based greedy pilot assignment），与 GPA 不同的是，这种方案定义了一个导频允许范围，在导频允许范围内的每个用户位置都通过 LBS(location-based station)已知（假设用户移动速率是行人移动速率）且被分配了不同的导频序列，而在导频允许范围外的用户将通过随机分配获得导频序列。

CF 场景中，上行链路和下行链路不同导频分配方案下的用户速率CDF如图 7-39 所示，其中，NoPC 代表无导频污染下的下界。

从图 7-39 可以看出，不管在上行链路中还是下行链路中，LBGPA 的性能都优于 GPA，GPA 优于 RPA，这是因为 LBGPA 阻止了邻近用户使用相同的导频序列从而避免了导频污染。

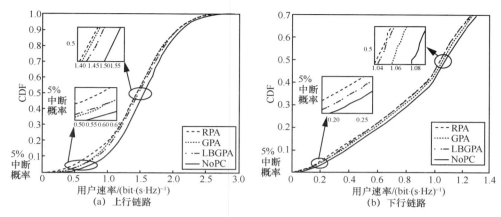

图 7-39 不同导频分配方案下的用户速率 CDF

另外，早期的研究中导频信号都以满功率发送，同样会导致导频污染，所以要给不同的 UE 分配合适的导频功率。

下行传输中也需要引入功率控制，功率控制是处理远近效应和防止强干扰的重要手段。$M=100$，$K=10$ 时，有功率控制和无功率控制的 CF-M-MIMO 系统的用户下行 SE 的 CDF 对比如图 7-40 所示[88]，可以看出，有功率控制的 CF-M-MIMO 系统每个 UE 的下行 SE 比无功率控制的 CF 系统性能好得多。

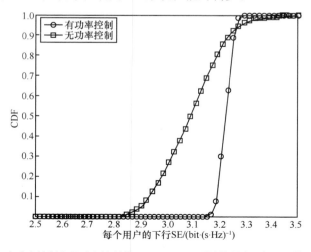

图 7-40 有功率控制和无功率控制的 CF-M-MIMO 系统的用户下行 SE 的 CDF 对比

在 CF-M-MIMO 系统中，功率分配主要在 CPU 进行，CPU 通知 AP 和 UE 需要使用的功率系数[65-66]。CF-M-MIMO 系统中下行功率分配示意如图 7-41 所示。功率控制一般遵循某一项准则，如最大化最小速率，基本方法有以下几种。①最大化最小公平功率控制，其优化目标是给所有的 UE 提供相同的速率，并使该速率最大化，但需要提前移除信道质量极差的用户。在蜂窝网络中，采用该方法的功率控制系数可以通过线性和二阶锥优化求得。②考虑用户优先级的功率控制，例如，使用实时服务的用户优先级较高。该方法可以通过在最大化最小公平功率控制方法的基础上加入速率的权重进行扩展。③包含 AP 选择的功率控制。距离 UE 特别远的 AP 对于 UE 的性能提升不明显，因此只需考虑服务 UE 的部分 AP。除了在 CPU 端执行的最优功率控制，也可以采用简化的、可扩展的、分布式的功率控制方案，代价是性能下降。此外，将导频分配与功率控制结合能够达到更好的性能。

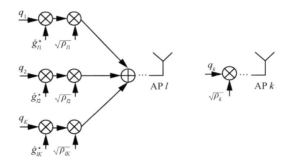

图 7-41　CF-M-MIMO 系统中下行功率分配示意

（2）实际部署

小区体制中分布式天线的典型拓扑为环形拓扑。本节主要考虑 CF-M-MIMO 系统下的天线部署情况。部署时主要考虑部署的成本和复杂度、前程和回程链路有限的容量。

① 部署的成本和复杂度考虑。对于 CF-M-MIMO 系统中的天线部署，很多文献假设为在一个区域内随机分布，而对于实际的部署，文献[89]提出了节约成本的无线电条带（radio stripe）系统架构，如图 7-42 所示。在一个无线宽带系统中，天线和相关的天线处理单元（APU）被串行放置在相同线缆的内部，通过共

享总线提供同步、数据传输和电源供给。AP 既包含天线单元，又包含电路模块（包括功率放大器、移相器、滤波器、调制器、AD 和 DA 转换器）。每个无线电条带与一个或多个 CPU 相连。多个天线单元既可以集中分布，也可以分布在无线电条带中。传统的 **D-M-MIMO** 架构为星形拓扑，即每个分布天线组与 CPU 之间都有一条独立的线缆。无线电条带可能的部署场景如图 7-43 所示。其优点是部署成本更低、热损耗更低、系统更加稳健，从而使维修费用更低，且各 AP 之间更方便进行同步。

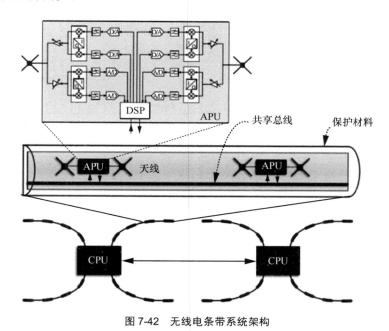

图 7-42 无线电条带系统架构

② 考虑前程和回程链路有限的容量。下行时，数据从核心网经由回程链路获取，然后经过前程链路发送给 AP；同理，上行时，CPU 经过前程链路获得累积的信号并进行译码，然后数据通过回程链路发送到核心网。前程链路容量与同时传输的数据流成正比，一个 CPU 的回程容量由对应的数据流的和速率决定。另外，在前文中已经提到过分布式大规模系统中一般采用最大比信号处理方式，AP 间不需要进行 CSI 共享，且对前程链路的容量要求也不高，但为了减小自干扰或用户间干扰，需

要使用复杂度更高的算法，如 ZF，因此会增加对前程链路的容量要求。所以，应该对系统性能和前程链路容量进行权衡。

图 7-43　无线电条带可能的部署场景

| 7.5　本章小结 |

　　本章对 M-MIMO 技术进行了综述，回顾了该技术的发展历程，调研了研究现状，并总结了技术的优劣势；从理论分析、物理层技术、面临的挑战及技术瓶颈和最新的研究进展等方面对 M-MIMO 的技术进行了归纳整理。整体上 M-MIMO 技术已经十分成熟，并且在实际中有着广泛的应用。现在，M-MIMO 技术也有了很多前沿技术与热点研究，如分布式大规模天线技术、智能表面等技术，以及其他技术与 M-MIMO 的结合。

　　同时，本章对分布式大规模天线系统进行了综述，对于分布式大规模天线系统的发展历程进行了梳理，包括集中式到分布式的变化，也有 Network MIMO 发展为 CF-M-MIMO 的过程。其中，CF-M-MIMO 是近年来分布式天线系统中的研究热点。本章对于集中式大规模 MIMO 和分布式大规模 MIMO 也进行了对比，同时也分析了 CF-M-MIMO 的优劣势。本章对大规模分布式天线系统的信息论原理和关键技术进行了归类分析，首先分别对基于小区的系统和 CF 系统进行了容量分析，并给出了理论研究方面的仿真结果，然后重点介绍了 CF 系统中的收发端信号处理技术；最后归纳了分布式大规模系统中面临的技术挑战，如导频污染的处理、同步、天线选择、硬件损伤以及 CF 系统中的实际部署问题。

| 参考文献 |

[1] MARZETTA T L. Noncooperative cellular wireless with unlimited numbers of base station antennas[J]. IEEE Transactions on Wireless Communications, 2010, 9(11): 3590-3600.

[2] MARZETTA T L. Massive MIMO: an introduction[J]. Bell Labs Technical Journal, 2015: 11-22.

[3] YANG H, MARZETTA T L. Performance of conjugate and zero-forcing beamforming in large-scale antenna systems[J]. IEEE Journal on Selected Areas in Communications, 2013, 31(2): 172-179.

[4] BJÖRNSON E, LARSSON E G, MARZETTA T L. Massive MIMO: ten myths and one critical question[J]. IEEE Communications Magazine, 2016, 54(2): 114-123.

[5] ZHENG K, ZHAO L, MEI J, et al. Survey of large-scale MIMO systems[J]. IEEE Communications Surveys & Tutorials, 2015, 17(3): 1738-1760.

[6] LIU A, LAU V. Phase only RF precoding for massive MIMO systems with limited RF chains[J]. IEEE Transactions on Signal Processing, 2014, 62(17): 4505-4515.

[7] MOLISCH A F, RATNAM V V, HAN S Q, et al. Hybrid beamforming for massive MIMO: a survey[J]. IEEE Communications Magazine, 2017, 55(9): 134-141.

[8] LIANG L, XU W, DONG X D. Low-complexity hybrid precoding in massive multiuser MIMO systems[J]. IEEE Wireless Communications Letters, 2014, 3(6): 653-656.

[9] BJÖRNSON E, LARSSON E G, DEBBAH M. Massive MIMO for maximal spectral efficiency: how many users and pilots should be allocated? [J]. IEEE Transactions on Wireless Communications, 2016, 15(2): 1293-1308.

[10] ALBREEM M A, JUNTTI M, SHAHABUDDIN S. Massive MIMO detection techniques: a survey[J]. IEEE Communications Surveys & Tutorials, 2019, 21(4): 3109-3132.

[11] NGO H Q, LARSSON E G, MARZETTA T L. Energy and spectral efficiency of very large multiuser MIMO systems[J]. IEEE Transactions on Communications, 2013, 61(4): 1436-1449.

[12] SAH A K, CHATURVEDI A K. An MMP-based approach for detection in large MIMO sys-

tems using sphere decoding[J]. IEEE Wireless Communications Letters, 2017, 6(2): 158-161.

[13] CHOI J W, SHIM B. New approach for massive MIMO detection using sparse error recovery[C]//Proceedings of 2014 IEEE Global Communications Conference. Piscataway: IEEE Press, 2014: 3754-3759.

[14] WU M, DICK C, CAVALLARO J R, et al. High-throughput data detection for massive MU-MIMO-OFDM using coordinate descent[J]. IEEE Transactions on Circuits and Systems I: Regular Papers, 2016, 63(12): 2357-2367.

[15] PENG X Q, WU W M, SUN J, et al. Sparsity-boosted detection for large MIMO systems[J]. IEEE Communications Letters, 2015, 19(2): 191-194.

[16] TANCHUK O, RAO B. Exploiting sparsity during the detection of high-order QAM signals in large dimension MIMO systems[C]//Proceedings of 2014 48th Asilomar Conference on Signals, Systems and Computers. Piscataway: IEEE Press, 2014: 101-105.

[17] WU M, YIN B, WANG G H, et al. Large-scale MIMO detection for 3GPP LTE: algorithms and FPGA implementations[J]. IEEE Journal of Selected Topics in Signal Processing, 2014, 8(5): 916-929.

[18] ZHOU J Y, YE Y, HU J H. Biased MMSE soft-output detection based on Jacobi method in massive MIMO[C]//Proceedings of 2014 IEEE International Conference on Communiction Problem-solving. Piscataway: IEEE Press, 2014: 442-445.

[19] DENG Q, GUO L, DONG C, et al. High-throughput signal detection based on fast matrix inversion updates for uplink massive multiuser multiple-input multi-output systems[J]. IET Communications, 2017, 11(14): 2228-2235.

[20] TANG C, LIU C, YUAN L C, et al. High precision low complexity matrix inversion based on Newton iteration for data detection in the massive MIMO[J]. IEEE Communications Letters, 2016, 20(3): 490-493.

[21] MANDLOI M, BHATIA V. Layered Gibbs sampling algorithm for near-optimal detection in large-MIMO systems[C]//Proceedings of 2017 IEEE Wireless Communications and Networking Conference. Piscataway: IEEE Press, 2017: 1-6.

[22] DAI L L, GAO X Y, SU X, et al. Low-complexity soft-output signal detection based on Gauss–seidel method for uplink multiuser large-scale MIMO systems[J]. IEEE Transactions on Vehicular Technology, 2015, 64(10): 4839-4845.

[23] WU Z Z, XUE Y, YOU X H, et al. Hardware efficient detection for massive MIMO uplink with parallel Gauss-Seidel method[C]//2017 22nd International Conference on Digital Signal Processing. Piscataway: IEEE Press, 2017: 1-5.

[24] WU Z Z, ZHANG C, XUE Y, et al. Efficient architecture for soft-output massive MIMO detection with Gauss-Seidel method[C]//Proceedings of 2016 IEEE International Symposium on Circuits and Systems. Piscataway: IEEE Press, 2016: 1886-1889.

[25] ZHANG P, LIU L B, PENG G Q, et al. Large-scale MIMO detection design and FPGA implementations using SOR method[C]//Proceedings of 2016 8th IEEE International Conference on Communication Software and Networks. Piscataway: IEEE Press, 2016: 206-210.

[26] KONG B Y, PARK I C. Low-complexity symbol detection for massive MIMO uplink based on Jacobi method[C]//Proceedings of 2016 IEEE 27th Annual International Symposium on Personal, Indoor, and Mobile Radio Communications. Piscataway: IEEE Press, 2016: 1-5.

[27] COSTA H J B, RODA V O. A scalable soft Richardson method for detection in a massive MIMO system[R]. 2016.

[28] YIN B, WU M, CAVALLARO J R, et al. Conjugate gradient-based soft-output detection and precoding in massive MIMO systems[C]//Proceedings of 2014 IEEE Global Communications Conference. Piscataway: IEEE Press, 2014: 3696-3701.

[29] SHAO L, ZU Y X. Joint Newton iteration and Neumann series method of convergence-accelerating matrix inversion approximation in linear precoding for massive MIMO systems[J]. Mathematical Problems in Engineering, 2016, 2016: 1745808.

[30] MINANGO J, FLORES A C. Low-complexity MMSE detector based on refinement Jacobi method for massive MIMO uplink[J]. Physical Communication, 2018, 26: 128-133.

[31] CHEN J T, LAU V K N. Multi-stream iterative SVD for massive MIMO communication systems under time varying channels[C]//Proceedings of 2014 IEEE International Conference on Acoustics, Speech and Signal Processing. Piscataway: IEEE Press, 2014: 3152-3156.

[32] YANG Y F, XUE Y, YOU X H, et al. An efficient conjugate residual detector for massive MIMO systems[C]//Proceedings of 2017 IEEE International Workshop on Signal Processing Systems (SiPS). Piscataway: IEEE Press, 2017: 1-6.

[33] WANG H R, HUANG Y M, JIN S, et al. Performance analysis on precoding and pilot scheduling in very large MIMO multi-cell systems[C]//Proceedings of 2013 IEEE Wireless Communications and Networking Conference. Piscataway: IEEE Press, 2013: 2722-2726.

[34] FERNANDES F, ASHIKHMIN A, MARZETTA T L. Inter-cell interference in noncooperative TDD large scale antenna systems[J]. IEEE Journal on Selected Areas in Communications, 2013, 31(2): 192-201.

[35] NGO H Q, LARSSON E G. EVD-based channel estimation in multicell multiuser MIMO systems with very large antenna arrays[C]//2012 IEEE International Conference on Acoustics, Speech and Signal Processing. Piscataway: IEEE Press, 2012: 3249-3252.

[36] MÜLLER R R, COTTATELLUCCI L, VEHKAPERÄ M. Blind pilot decontamination[J]. IEEE Journal of Selected Topics in Signal Processing, 2014, 8(5): 773-786.

[37] ASHIKHMIN A, MARZETTA T. Pilot contamination precoding in multi-cell large scale antenna systems[C]//Proceedings of 2012 IEEE International Symposium on Information Theory Proceedings. Piscataway: IEEE Press, 2012: 1137-1141.

[38] SHEPARD C, YU H, ANAND N, et al. Argos: practical many-antenna base stations[C]//Proceedings of the 18th annual international conference on Mobile computing and networking. New York: ACM Press, 2012: 53-64.

[39] KOUASSI B, GHAURI I, DENEIRE L. Reciprocity-based cognitive transmissions using a MU massive MIMO approach[C]//Proceedings of 2013 IEEE International Conference on Communications. Piscataway: IEEE Press, 2013: 2738-2742.

[40] BAJWA W U, HAUPT J, SAYEED A M, et al. Compressed channel sensing: a new approach to estimating sparse multipath channels[J]. Proceedings of the IEEE, 2010, 98(6): 1058-1076.

[41] ARAÚJO D C, DE-ALMEIDA A L F, AXNÄS J, et al. Channel estimation for millimeter-wave very-large MIMO systems[J]. 2014 22nd European Signal Processing Conference (EUSIPCO), 2014: 81-85.

[42] BJÖRNSON E, HOYDIS J, KOUNTOURIS M, et al. Massive MIMO systems with non-ideal hardware: energy efficiency, estimation, and capacity limits[J]. IEEE Transactions on Information Theory, 2014, 60(11): 7112-7139.

[43] OJAROUDI P N, JAHANBAKHSH B H, ALIBAKHSHIKENARI M, et al. Mobile-phone antenna array with diamond-ring slot elements for 5G massive MIMO systems[J]. Electronics, 2019, 8(5): 521.

[44] RAO X B, LAU V K N. Distributed compressive CSIT estimation and feedback for FDD multi-user massive MIMO systems[J]. IEEE Transactions on Signal Processing, 2014, 62(12): 3261-3271.

[45] MA Y, ZHANG D B, LEITH A, et al. Error performance of transmit beamforming with delayed and limited feedback[J]. IEEE Transactions on Wireless Communications, 2009, 8(3): 1164-1170.

[46] ZHANG J, KOUNTOURIS M, ANDREWS J G, et al. Multi-mode transmission for the MIMO broadcast channel with imperfect channel state information[J]. IEEE Transactions on Communications, 2011, 59(3): 803-814.

[47] SARAEREH O A, KHAN I, LEE B M, et al. Efficient pilot decontamination schemes in 5G massive MIMO systems[J]. Electronics, 2019, 8(1): 55.

[48] AL-HUBAISHI A, NOORDIN N, SALI A, et al. An efficient pilot assignment scheme for addressing pilot contamination in multicell massive MIMO systems[J]. Electronics, 2019, 8(4): 372.

[49] LU W, WANG Y L, WEN X Q, et al. Downlink channel estimation in massive multiple-input multiple-output with correlated sparsity by overcomplete dictionary and Bayesian inference[J]. Electronics, 2019, 8(5): 473.

[50] DAO H T, KIM S. Multiple-symbol non-coherent detection for differential QAM modulation in uplink massive MIMO systems[J]. Electronics, 2019, 8(6): 693.

[51] HA J G, RO J H, SONG H K. Throughput enhancement in downlink MU-MIMO using multiple dimensions[J]. Electronics, 2019, 8(7): 758.

[52] KHAMMARI H, AHMED I, BHATTI G, et al. Spatio-radio resource management and hybrid beamforming for limited feedback massive MIMO systems[J]. Electronics, 2019, 8(10): 1061.

[53] MURAMATSU F, NISHIMORI K, TANIGUCHI R, et al. Evaluation of multi-beam massive MIMO considering MAC layer using IEEE802.11ac and FDD-LTE[J]. Electronics, 2019, 8(2): 225.

[54] FAMORIJI O, ZHANG Z X, FADAMIRO A, et al. Planar array diagnostic tool for millimeter-wave wireless communication systems[J]. Electronics, 2018, 7(12): 383.

[55] ALIBAKHSHIKENARI M, VIRDEE B S, SEE C H, et al. High-isolation leaky-wave array antenna based on CRLH-metamaterial implemented on SIW with ±30° frequency beam-scanning capability at millimetre-waves[J]. Electronics, 2019, 8(6): 642.

[56] VENKATESAN S, LOZANO A, VALENZUELA R. Network MIMO: overcoming intercell interference in indoor wireless systems[C]//Proceedings of 2007 Conference Record of the Forty-First Asilomar Conference on Signals, Systems and Computers. Piscataway: IEEE Press, 2007: 83-87.

[57] IRMER R, DROSTE H, MARSCH P, et al. Coordinated multipoint: concepts, performance, and field trial results[J]. IEEE Communications Magazine, 2011, 49(2): 102-111.

[58] YOU X H, WANG D M, SHENG B, et al. Cooperative distributed antenna systems for mobile communications coordinated and distributed MIMO[J]. IEEE Wireless Communications, 2010, 17(3): 35-43.

[59] ZHANG J, WEN C K, JIN S, et al. On capacity of large-scale MIMO multiple access channels with distributed sets of correlated antennas[J]. IEEE Journal on Selected Areas in Communications, 2013, 31(2): 133-148.

[60] NAYEBI E, ASHIKHMIN A, MARZETTA T L, et al. Cell-free massive MIMO systems[C]//Proceedings of 2015 49th Asilomar Conference on Signals, Systems and Computers. Piscataway: IEEE Press, 2015: 695-699.

[61] LI J M, WANG D M, ZHU P C, et al. Spectral efficiency analysis of large-scale distributed antenna system in a composite correlated Rayleigh fading channel[J]. IET Communications, 2015, 9(5): 681-688.

[62] JOUNG J, CHIA Y K, SUN S M. Energy-efficient, large-scale distributed-antenna system (L-DAS) for multiple users[J]. IEEE Journal of Selected Topics in Signal Processing, 2014, 8(5): 954-965.

[63] ÖZDOGAN Ö, BJÖRNSON E, ZHANG J Y. Performance of cell-free massive MIMO with rician fading and phase shifts[J]. IEEE Transactions on Wireless Communications, 2019, 18(11): 5299-5315.

[64] YANG H, MARZETTA T L. Energy efficiency of massive MIMO: cell-free vs. cellu-lar[C]//Proceedings of 2018 IEEE 87th Vehicular Technology Conference. Piscataway: IEEE Press, 2018: 1-5.

[65] NAYEBI E, ASHIKHMIN A, MARZETTA T L, et al. Precoding and power optimization in cell-free massive MIMO systems[J]. IEEE Transactions on Wireless Communications, 2017, 16(7): 4445-4459.

[66] NGO H Q, ASHIKHMIN A, YANG H, et al. Cell-free massive MIMO versus small cells[J]. IEEE Transactions on Wireless Communications, 2017, 16(3): 1834-1850.

[67] DOAN T X, NGO H Q, DUONG T Q, et al. On the performance of multigroup multicast cell-free massive MIMO[J]. IEEE Communications Letters, 2017, 21(12): 2642-2645.

[68] ATTARIFAR M, ABBASFAR A, LOZANO A. Modified conjugate beamforming for cell-free massive MIMO[J]. IEEE Wireless Communications Letters, 2019, 8(2): 616-619.

[69] TRIPATHI S C, TRIVEDI A, RAJORIA S. Power optimization of cell free massive MIMO with zero-forcing beamforming technique[C]//Proceedings of 2018 Conference on Informa-tion and Communication Technology (CICT). Piscataway: IEEE Press, 2018: 1-4.

[70] ZHANG Y, CAO H T, ZHOU M, et al. Cell-free massive MIMO: zero forcing and conjugate beamforming receivers[J]. Journal of Communications and Networks, 2019, 21(6): 529-538.

[71] BASHAR M, NGO H Q, BURR A G, et al. On the performance of backhaul constrained cell-free massive MIMO with linear receivers[C]//Proceedings of 2018 52nd Asilomar Con-ference on Signals, Systems, and Computers. Piscataway: IEEE Press, 2018: 624-628.

[72] BUSSGANG J. Crosscorrelation functions of amplitude-distorted Gaussian signals[R].1952.

[73] MAX J. Quantizing for minimum distortion[J]. IRE Transactions on Information Theory, 1960, 6(1): 7-12.

[74] MALKOWSKY S, VIEIRA J, LIU L, et al. The world's first real-time testbed for massive MIMO: design, implementation, and validation[J]. IEEE Access, 2017, 5: 9073-9088.

[75] ROGALIN R, BURSALIOGLU O Y, PAPADOPOULOS H, et al. Scalable synchronization and reciprocity calibration for distributed multiuser MIMO[J]. IEEE Transactions on Wireless Communications, 2014, 13(4): 1815-1831.

[76] BIGLER T, TREYTL A, LÖSCHENBRAND D, et al. High accuracy synchronization for distributed massive MIMO using white rabbit[C]//Proceedings of 2018 IEEE International Symposium on Precision Clock Synchronization for Measurement, Control, and Communica-tion. Piscataway: IEEE Press, 2018: 1-6.

[77] RICHARD B D, BIDIGARE P, MADHOW U. Receiver-coordinated distributed transmit beamforming with kinematic tracking[C]//Proceedings of 2012 IEEE International Confe-rence on Acoustics, Speech and Signal Processing. Piscataway: IEEE Press, 2012: 5209-5212.

[78] LIPIŃSKI M, WŁOSTOWSKI T, SERRANO J, et al. White rabbit: a PTP application for

robust sub-nanosecond synchronization[C]//Proceedings of 2011 IEEE International Sympo-
sium on Precision Clock Synchronization for Measurement, Control and Communication.
Piscataway: IEEE Press, 2011: 25-30.

[79] RIZZI M, LIPIŃSKI M, WLOSTOWSKI T, et al. White rabbit clock characteris-
tics[C]//Proceedings of 2016 IEEE International Symposium on Precision Clock Synchroni-
zation for Measurement, Control, and Communication. Piscataway: IEEE Press, 2016: 1-6.

[80] BJÖRNSON E, MATTHAIOU M, DEBBAH M. Massive MIMO with non-ideal arbitrary
arrays: hardware scaling laws and circuit-aware design[J]. IEEE Transactions on Wireless
Communications, 2015, 14(8): 4353-4368.

[81] PITAROKOILIS A, MOHAMMED S K, LARSSON E G. Uplink performance of
time-reversal MRC in massive MIMO systems subject to phase noise[J]. IEEE Transactions
on Wireless Communications, 2015, 14(2): 711-723.

[82] PITAROKOILIS A, BJÖRNSON E, LARSSON E G. Optimal detection in training assisted
SIMO systems with phase noise impairments[C]//Proceedings of 2015 IEEE International
Conference on Communications. Piscataway: IEEE Press, 2015: 2597-2602.

[83] KRISHNAN R, KHANZADI M R, KRISHNAN N, et al. Linear massive MIMO precoders in
the presence of phase noise—a large-scale analysis[J]. IEEE Transactions on Vehicular Tech-
nology, 2016, 65(5): 3057-3071.

[84] BJÖRNSON E, MATTHAIOU M, PITAROKOILIS A, et al. Distributed massive MIMO in
cellular networks: impact of imperfect hardware and number of oscillators[C]//Proceedings of
2015 23rd European Signal Processing Conference (EUSIPCO). Piscataway: IEEE Press,
2015: 2436-2440.

[85] ATTARIFAR M, ABBASFAR A, LOZANO A. Random vs structured pilot assignment in
cell-free massive MIMO wireless networks[J]. 2018 IEEE International Conference on
Communications Workshops (ICC Workshops), 2018: 1-6.

[86] NGUYEN T K, NGUYEN T H. Performance of assigning pilot sequences in cell free massive
MIMO under SINR constraints[C]//Proceedings of 2018 IEEE Seventh International Confe-
rence on Communications and Electronics. Piscataway: IEEE Press, 2018: 121-126.

[87] ZHANG Y, CAO H T, ZHONG P, et al. Location-based greedy pilot assignment for cell-free
massive MIMO systems[C]//Proceedings of 2018 IEEE 4th International Conference on
Computer and Communications. Piscataway: IEEE Press, 2018: 392-396.

[88] ZHANG J Y, CHEN S F, LIN Y, et al. Cell-free massive MIMO: a new next-generation para-
digm[J]. IEEE Access, 7: 99878-99888.

[89] PL F, JAN H, MARTIN H, et al. Improved antenna arrangement for distributed massive MI-
MO: EP3552318B1[P]. 2020.

第 8 章

智能表面技术

近年来，随着智能终端和移动设备的普及，无线数据需求呈爆炸性增长。智能表面作为通信领域的新兴革命技术广泛吸引了通信界各人士的目光，且智能表面在无线通信系统中的应用也成为一种研究方向。本章首先对智能表面技术进行了基本介绍；然后，介绍了智能表面的发送技术并详细介绍了 SDR 算法与 DC 算法；最后，介绍了智能表面的信号检测技术。

近年来，随着智能终端和移动设备的普及，无线数据需求呈爆炸性增长。虽然在2019年我国通信终于突破了 4G 的限制，成功迈向了 5G，并利用毫米波、大规模多输入多输出、超密集部署等先进的无线技术极大地提高了无线网络的频谱效率，但不断更新的用户需求、未来实现的全新应用以及可能出现的新网络趋势等问题都使无线通信的进一步发展充满了挑战，其中，能源消耗和硬件成本更是制约了这些无线技术的广泛应用。智能表面作为通信领域的新兴革命技术广泛吸引了通信界各人士的目光，且智能表面在无线通信系统中的应用也成为一种研究方向。目前，智能表面的研究主要是两种辅助无线通信系统的方式。一种是作为大型智能表面（large intelligent surface，LIS）取代传统的大规模天线阵列，在无线通信系统中充当收发结构。另一种则是作为可重构智能表面（reconfigurable intelligent surface，RIS）或者智能反射面（intelligent reflected surface，IRS）取代无线通信系统中的传统中继，以减少硬件损伤和能量消耗[1]。两种方式下的智能表面优势都非常显著，成为近年来对超越 5G 技术的研究热点。

| 8.1 概述 |

智能表面是一种新兴的辅助无线传输的技术，近些年才逐渐有一些成果面世。最开始，智能表面是作为智能反射面纳入研究范围的，因为其易具有部署、低成本的优势，所以被广泛研究，在节省成本、提高能量效率的前提下还能表现出比中继更优的性能。因此，智能表面在无线通信中的应用类似于中继。后来，智能表面被用作一种有源发送端，除了无源反射元件，其还集成了大量微型天线元件，相比传统天线阵列，连续表面能带来更多的优势。同时，也有将智能表面作为 AP 进行研究，这种 AP 的作用效果与智能反射面类似。本节将介绍智能反射面、大型智能表面（有源发送端）和智能表面 AP，以及智能反射面和传统中继的性能对比和差异。

8.1.1　智能反射面

智能表面是一种平面结构，表面分布着大量低成本且无源的元件。智能表面在不同的研究中有不同名称，如可重构智能表面、智能反射面。此外，还有一种有源表面被称为大型智能表面，其在无线通信系统中作为收发结构。从其名称可以看出，智能表面的主要作用是重构无线通信环境，而重构原理则是通过表面的传感器收集周围环境的信息，利用这些信息设计表面无源元件的反射系数来反射入射信号形成反射波束，与发送端发送的信号相叠加以重构接收端接收到的信号。智能表面得益于其平面结构，可以很方便地部署在天花板、建筑物表面等地方，因此有部署方便快捷的优势[2]。智能表面与分布式大规模 MIMO 技术相结合能有效地提高无线通信系统的频谱效率。同时，应用智能表面可实现新的收发结构，带来范式转变，减少硬件损伤和能量消耗；还可以通过智能重塑电磁波传播环境，使无线传播环境在原则上更可控且可编程，理论上能够有效地提高通信质量[3]。智能表面的结构如图 8-1 所示，主要由顶层贴片层、平面隙载层和接地层构成。顶层贴片层的主要作用是接收和辐射能量。平面隙载层表面分布着大量无源元件，这些元件能够独立地诱导入射信号的振幅或相位发生变化，从而协同实现精细的三维反射波束成形。接地层可抑制反向辐射，避免能量流失和反向能量辐射的干扰[4]。

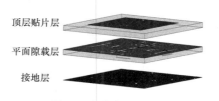

图 8-1　智能表面的结构

考虑在图 8-2 所示的场景中部署智能反射面改善无线通信环境，具体如下。

场景 1 图 8-2（a）展示了用户位于死区的场景。在死区中，用户与其服务的 BS 之间的直接链路被障碍物严重阻塞。在这种情况下，部署与 BS 和用户有明确联系的 IRS 有助于通过智能信号反射绕过障碍物，从而在它们之间创建虚拟 LoS 链接。这对极易受室内阻塞影响的 mmWave 通信中的覆盖范围扩大特别有用。

场景 2 图 8-2（b）展示了 IRS 用于改进物理层安全性的场景。当从 BS 到窃听器的链路距离小于到其合法用户（如用户 1）的链路距离时，或者窃听器位于与合法用户（如用户 2）相同的方向时，可实现的保密通信速率严重受限（即使在后一种情况下在 BS 处采用发射波束成形）。然而，如果 IRS 部署在窃听器附近，则 IRS 反射的信号可以被调谐以抵消来自窃听器处的 BS（非 IRS 反射）信号，从而有效减少信息泄露。

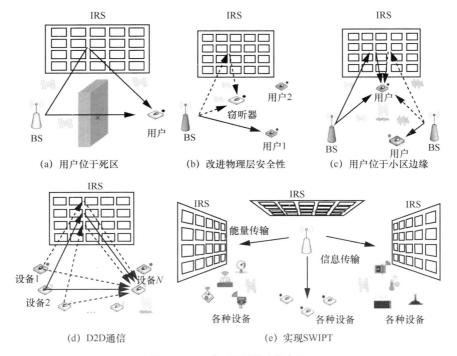

（a）用户位于死区　　　（b）改进物理层安全性　　　（c）用户位于小区边缘

（d）D2D通信　　　（e）实现SWIPT

图 8-2　IRS 在不同场景中的应用

场景 3 图 8-2（c）展示了用户位于小区边缘的场景。对于同时遭受来自用户服务的 BS 的高信号衰减和来自相邻 BS 的严重同信道干扰的小区边缘用户，可以在小区边缘部署 IRS，通过设计 IRS 反射波束成形，不仅有助于提高期望的信号功率，而且有助于抑制干扰，从而在其附近形成信号热点和无干扰区。

场景 4 图 8-2（d）展示了 IRS 用于实现大规模设备到设备（D2D）通信的场景，其中 IRS 充当信号反射集线器，以支持通过干扰抑制的同时进行低功率传输。多个装置之间互相通信，相当于多个发送端和多个接收端同时通信，显然互相会有干扰，通过设计 IRS 可以尽可能消除干扰信号，增强有用信号。

场景 5 IRS 在 IoT 中实现了对各种设备的无线携能通信（simultaneous wireless information and power transfer，SWIPT），如图 8-2（e）所示，其中，IRS 的大孔径被用来补偿通过无源波束成形到附近 IoT 设备的远距离显著功率损失，以提高无线功率传输的效率[2]。

虽然 IRS 技术在近些年才逐渐有研究成果面世，但其研究方向非常广泛，包括但不限于以下方面。

（1）基于基站有源和 IRS 无源波束成形的联合优化设计，这是 IRS 技术的主流研究方向。

（2）IRS、天线等的最佳部署问题。

（3）不同通信场景下系统速率的优化。

（4）物理层安全、节能等。

（5）能源采集性能、遍历光频谱效率、中断概率等性能的研究。

（6）与继电器等类似功能的技术的比较。

（7）带缺陷硬件对系统的影响，即表面无源元件对入射角的敏感程度。

（8）可行性分析等。

文献[5]将 IRS 应用于具体实现中，在消声室完成了对 IRS 辅助无线通信系统性能的测量。其中，IRS 中每一个反射元件都由 5 个 PIN 本征二极管对称构成，能够实现 2 bit 的相位变化，实验结果证实了 IRS 辅助的无线通信系统在性能增益上有很大的改善。文献[6]建立了分布式 LIS 辅助大规模天线系统模型，提出了 ε-贪心算法，仿真了系统遍历容量的最大值以及调度的 LIS 的最大值，并与蒙特卡罗算法进行了比较，结果表明所提算法在降低复杂度的同时保证了性能以及调度的公平性。在对 IRS 辅助无线通信系统的研究中，对无源波束成形的联合优化设计是主流的研究方向。文献[7-8]用半正定松弛（semi-determined relaxation，SDR）和改进之后的 DC（difference of convex）算法对基站的有源波束成形和 IRS 的无源反射波束成形进行了联合优化设计。仿真结果证实了在下行采用 NOMA 的传输场景中，DC 算法能获得比 SDR 算法更好的系统性能，且由于 SDR 算法在高维空间下很可能不会得到秩一解，从而带来性能的缺失。文献[9]利用 penalty CCP 算法对 IRS 的无源反射波束成形进行了设计，与 DC 算法相同的是也引入了一个惩罚参数作为目标优化函数项。文献[10]介绍了一种具有稳健性的波束成形设计，这种设计使信道状态在一定范围内变化时，IRS 所提供的性能不会受到较大影响，但这种稳健性将在其他方面导致性能损失。文献[11-12]考虑到实际情况下 IRS 不能实现理想的连续相移变化，提出了一种相移在有限分辨率情况下的混合波束成形设计算法。该波束成形设计算法的核心仍然是交替优化，与连续相移不同的是它是对有限解进行求解，因此其可以用分支定界等穷举搜索法获得最优解。

8.1.2 大型智能表面

当大型智能表面与大量微小的天线元件和可重配置的处理网络结合在一起时，其与智能反射面相比就有了本质区别。智能反射面集成了大量的无源元件并将其作为传输媒介以实现信号的重构和无线环境的重塑，而大型智能表面则由于紧密集成了大量的微小天线元件和可重配置的处理网络变成了有源的连续表面，用作无线通信系统中的收发结构。

根据大型智能表面在无线通信系统中的应用可看出，其与传统大规模 MIMO 天线系统有明显的差异。LIS 在其基本形式中使用整个连续表面来发送和接收辐射信号，这是由其固定的形态所决定的收发形式。对于传统的孔径天线，其实际物理结构决定了发送和接收信号的电磁辐射模式；而利用 LIS，我们可以控制电磁场，并在整个表面上适应传输和接收。相比于传统天线阵列，LIS 连续表面的结构能对三维空间中的能量进行空前的聚焦，为未来期望实现数十亿设备之间的互联提供了更高的能源效率。在性能上，传统大规模 MIMO 系统中平均每个发送功率下所获得的容量呈对数增长，而利用 LIS 每平方米的表面积上所获得的容量呈线性增长。从理论分析可以看出，应用 LIS 优势显著，能极大地提高无线通信系统的通信质量并可实现更加复杂的通信结构。

目前，关于 LIS 的研究仍处于理论分析的阶段（智能反射面的研究已有相关实验数据）。文献[13]研究了利用 LIS 进行定位，建立了 LIS 模型，如图 8-3 所示。

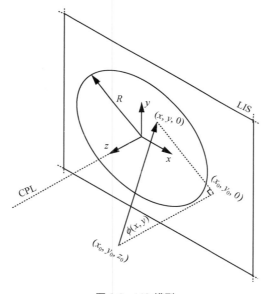

图 8-3　LIS 模型

建立一个三维坐标系，假设 LIS 的中心在坐标系原点，图 8-3 中 CPL 表示 LIS 的中垂线。被定位的终端坐标为 (x_0, y_0, z_0) ，LIS 的信号接收点的坐标为 $(x, y, 0)$ 。文献[13]中假设进行完美的 LoS 传播以及理想的自由空间传播损耗，则在点 $(x, y, 0)$ 上接收到的信号模型可表示为

$$\hat{s}_{x_0, y_0, z_0}(x, y) = s_{x_0, y_0, z_0}(x, y) + n(x, y) \tag{8-1}$$

其中，$n(x, y)$ 表示均值为 0、方差为 σ^2 的高斯白噪声。无噪声信号 $s_{x_0, y_0, z_0}(x, y)$ 在 t 时刻被 LIS 接收的信号可表示为

$$s_{x_0,y_0,z_0}(x,y) = \sqrt{P_L \cos\phi(x,y)}s(t)\exp\left(-2\pi\mathrm{j}f_c\Delta_t(x,y)\right) \tag{8-2}$$

其中，P_L 为自由空间衰减系数，$\phi(x,y)$ 为发送的基带信号 $s(t)$ 到 $(x,y,0)$ 的到达角。从终端到信号接收点 $(x,y,0)$ 的传输时间可等效为 $\Delta_t(x,y) = \dfrac{\sqrt{\eta}}{c}$，其中 c 为光速。考虑一个窄带系统，信号 $s(t)$ 到达 LIS 上的所有位置都可被假设为一致，则可使 $s(t)=1$。由于 $P_L = \dfrac{1}{4\pi\eta}$ 以及到达角 $\phi(x,y) = \dfrac{z_0}{\sqrt{\eta}}$，式（8-2）可等效为

$$s_{x_0,y_0,z_0}(x,y) = \frac{\sqrt{z_0}}{2\sqrt{\pi}\eta^{\frac{3}{4}}}\exp\left(-\frac{2\pi\mathrm{j}\sqrt{\eta}}{\lambda}\right) \tag{8-3}$$

其中，λ 表示波长，η 表示终端 (x_0,y_0,z_0) 和 LIS 表面信号接收点 $(x,y,0)$ 之间的距离，即

$$\eta = z_0^2 + (y-y_0)^2 + (x-x_0)^2 \tag{8-4}$$

文献[13]提到了两种位置下的终端。一种是位于 LIS 中垂线的终端，即 $x_0=y_0=0$。在这种情况下分析克拉美罗界（Cramér-Rao bound，CRLB）可精确推导出终端在 z 轴的位置 z_0，CRLB 用于计算无偏估计中能够获得的最佳估计精度闭环形式。另一种是终端不在 LIS 中垂线上的情况，文献[13]近似推导出了 CRLB 和费希尔信息（Fisher information，FI）的闭环形式。同时，文献[13]也提到了两种传播场景，一种是纯 LoS 传播，主要讨论了该场景下的定位潜力；另一种是 NLoS 传播，这种场景下信号的传播可能会由于终端与 LIS 之间的直接路径上存在障碍物而发生反射、散射等情况，从而导致信号产生多径分量，影响信号的可靠传输。考虑到不管是以上哪种情况，对于 LoS 传播下 CRLB 的获得都是至关重要的，因此文献[13]主要讨论了完美 LoS 传播下的定位分析。

此外，文献[13]针对集中式 LIS 与分布式 LIS 之间的性能差异也做了讨论分析。理论分析表明，如果将 4 个 LIS（表面积之和与集中式 LIS 相同）分布式地部署在无线通信系统中，相比于将一个 LIS 集中式地部署在无线通信系统中，能极大地扩大定位范围，且提供更好的平均 CRLB。若进一步将 4 个 LIS 等分为 16 个 LIS 分布式地部署在无线通信系统中，虽然能增加边际收益，但 16 个 LIS 之间相互协作的开

销也会随之增加，因此 LIS 的尺寸、部署方式也是影响整个无线通信系统高效、可靠的关键因素之一。

文献[14]探究了 LIS 的硬件损伤对无线通信系统性能（系统可达速率）的影响，提出了 3 种可能的硬件损伤模型，并通过仿真证明了由硬件损伤引起的 LIS 的表面点之间干扰的相关性越大，对系统性能的影响越大，而当这些干扰独立同分布时，几乎不产生影响。

文献[3,15]提出了使用 LIS 本身作为接入点（access point，AP），其主要原理是利用未调制的载波进行智能反射。在这种方式下，LIS 可通过有线链路与网络连接，且自身也能传输信息。在 LIS 附近设置 RF 源，并以一定的载波频率向 LIS 传输未调制的载波信号（由 RF 数模转换器生成）。通常在这种情况下会假设 RF 源距离 LIS 足够近，因此其传输不受衰落的影响，且不考虑基站到用户端之间的路径，用户仅通过智能表面来获得信息。LIS 作为 AP 的系统结构如图 8-4 所示。

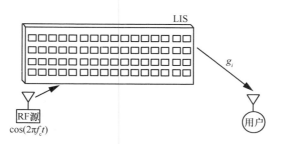

图 8-4　LIS 作为 AP 的系统结构

图 8-4 中，LIS 到用户端只有一条路径，即 g_i。该路径建模为瑞利衰落信道，文献[3,15]通过对智能表面在智能 AP 和盲 AP 这两种不同作用方式下的系统 BER 进行理论分析，证明了 LIS 可以有效地作为 AP 辅助无线通信。

8.1.3　智能反射面与传统中继的性能对比和差异

作为 5G 和未来移动通信的关键特征，大规模天线系统可以利用空间自由度产生高吞吐量，并且以高阵列增益实现宽小区覆盖。但是，由于建筑物、树木、汽车等障碍物的存在，信号的传输仍然存在不容忽视的问题。为了使用户获得流畅的体验，一个典型的方法是添加新的补充链路来维护通信链路。中继节点由此被引入通信信号差的区域来接收弱信号，然后将信号放大并重新发送到下一个中继节点或终端。但是这要求部署庞大数量的中继节点，从而产生巨大的功耗。智能反射面与传统中继在无线通信系统中的作用类似，关键区别在于中继在重新发送接收到的信号之前先有源处理信号（包括通过放大器放大等）[16]，而 IRS 则无源反射信号形成波束送到目标终端[17]。虽然反射器阵列的入射信号不会在被缩放的情况下进行反射，但是传播环境可以以极低的功耗来改善，而不需要在反射器上引入额外的噪声。此外，使用反射器阵列能够在不引起自干扰的情况下应用全双工模式，因此反射器阵列是比继电器更经济且更有效的选择[18-19]。中继由于两跳传输以对数损失的代价实现了更高的信噪比。文献[20]将 IRS 与理想的放大转发（amplify and forward，AF）中继进行了比较，结果表明，使用 IRS 可以显著提高能量效率。然而，就可实现的速率而言，解码转发（decode and forward，DF）中继优于 AF 中继[21]。

文献[22]对 IRS 辅助无线传输的性能和重复编码 DF 中继辅助无线传输的性能进行了比较，通过仿真结果确定了 IRS 辅助无线传输的性能优于重复编码 DF 中继时其无源元件的数目。两种设置下的系统结构如图 8-5 所示。

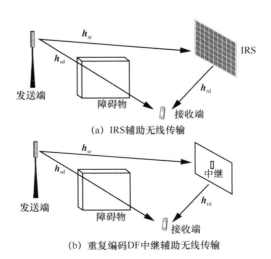

(a) IRS辅助无线传输

(b) 重复编码DF中继辅助无线传输

图 8-5　IRS 和重复编码 DF 中继辅助无线传输系统结构

文献[22]假设信道是平坦衰落的且 IRS 具有最佳相移以在接收端获得最大的增益，为了保证对比的公平性，IRS 和 DF 中继放置在相同的位置。对于 DF 中继，接收端接收到的信号是发送端的发送信号和中继的转发信号的组合，接收端采用最大比合并接收信号。根据对 SISO 系统接收信号的分析，可得到 SISO、IRS 辅助 SISO、DF 中继辅助 SISO 下的信道容量分别为

$$R_{\text{SISO}} = \log_2\left(1 + \frac{p\beta_{\text{sd}}}{\sigma^2}\right)$$

$$R_{\text{IRS}}(N) = \log_2\left(1 + \frac{p(\sqrt{\beta_{\text{sd}}} + N\alpha\sqrt{\beta_{\text{IRS}}})^2}{\sigma^2}\right)$$

$$R_{\text{DF}} = \frac{1}{2}\log_2\left(1 + \min\left(\frac{p_1\beta_{\text{sr}}}{\sigma^2}, \frac{p_1\beta_{\text{sd}}}{\sigma^2} + \frac{p_2\beta_{\text{rd}}}{\sigma^2}\right)\right) \tag{8-5}$$

其中，sd、sr、rd 分别表示源到目的地、源到 IRS/DF、IRS/DF 到目的地，p、N、α 分别表示发送端发送功率、IRS 无源元件的个数和反射系数，β 为参数。

IRS 中的相移已经被理想假设为最佳相移以获得最大的容量，为便于分析，令 $|\boldsymbol{h}_{\text{sd}}| = \sqrt{\beta_{\text{sd}}}$，$|\boldsymbol{h}_{\text{sr}}| = \sqrt{\beta_{\text{sr}}}$，$|\boldsymbol{h}_{\text{rd}}| = \sqrt{\beta_{\text{rd}}}$，$\frac{1}{N}\sum_{n=1}^{N}\left|[\boldsymbol{h}_{\text{sr}}]_n[\boldsymbol{h}_{\text{rd}}]_n\right| = \sqrt{\beta_{\text{IRS}}}$。由 R_{DF} 的表达式可以看出，其值取决于 β_{sr} 和 β_{sd} 的大小，以及功率 p_1 和 DF 转发信号的发送功率 p_2 的功率分配。当 $\beta_{\text{sd}} > \beta_{\text{sr}}$ 时，min() 中的最小值为第一项，此时 $p_2 = 0$，相当于没有使用中继转发，因此，系统将在无中继和有中继两种模式之间切换，以在有速率限制的条件下使发送功率最小。

当速率 R 分别为 4 bit/(s·Hz)和 6 bit/(s·Hz)时，不同模式的发送功率与接收端和发送端距离 d_1 的关系如图 8-6 所示[22]。其中，IRS 无源元件的个数 N 分别为 25、50、100、150。当 $R = 4$ bit/(s·Hz)时，SISO 的发送功率最大，而 DF 中继的发送功率最小，IRS 的发送功率随 N 的增加而减小。研究发现，当 $d_1 = 80$ m 时，需要 $N > 164$，IRS 性能才能超过 DF 中继。当 $R = 6$ bit/(s·Hz)时，IRS 表现出优势，当 $d_1 = 80$ m 时，仅需要 $N > 76$ 其性能即可超过 DF 中继。这是由于 DF 中继必须具有比 IRS 更高的 SINR，因此 DF 中继的发送功率随着 R 的增长而增加得更快。

最优化 IRS 无源元件的个数以获得最大的 EE，EE 随可达速率变化的仿真结果如图 8-7 所示[22]。从图 8-7 可以看出，IRS 的优势并不明显，只有在高速率（$R \gg 8.48$ bit/(s·Hz)）

情况下，其 EE 才优于 RF 中继转发。因此，在最小化发送功率和最大化能量效率方面，SISO 和 DF 中继模式之间切换的系统更优，只有需要非常高的速率时才考虑使用 IRS。

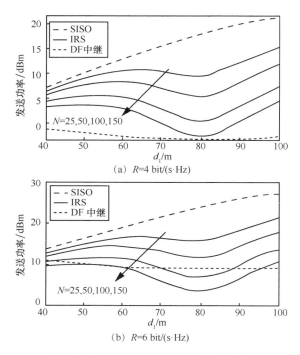

图 8-6　不同模式的发送功率与 d_1 的关系

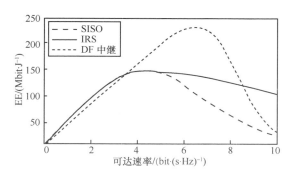

图 8-7　EE 随可达速率变化的仿真结果

在 IRS 辅助传输的情况下,信号源的发送功率通过两个信道到达目的地,导致 IRS 中每个元件的信道增益非常小,与没有放大的转发中继几乎相同。因此,IRS 需要许多反射元件来补偿低信道增益。虽然大量的元件对 IRS 来说是一个缺点,但优点是 IRS 不需要理想形式的功率放大器。然而,在实践中,自适应相移也需要有源元件,即使每个元件的功耗很低,总功率也是不可忽略的。如果需要非常高的速率,则 IRS 只能获得比 DF 中继更高的 EE。如果 DF 中继通过优化两个跃点的编码实现了更高的速率,那么其与 IRS 辅助传输相比将更加具有竞争力[23]。目前,关于 IRS 和中继的对比一般在 SISO 系统中进行分析,其对于大规模 MIMO 系统的结果可能会不一样。

整体上,智能反射面与中继的差异主要有以下几点。

(1)中继是有源中间节点,能耗较大,而智能反射面是无源表面,能耗较低且硬件成本低。

(2)中继在接收到信号后对信号进行有源处理再转发,会引入噪声,而智能反射面直接反射信号,不引入噪声。

(3)对于中继辅助传输系统,其接收端接收到的信号是中继转发的信号,而对于智能反射面辅助传输系统,其接收端接收到的信号包括发送端发送的信号和智能反射面反射的信号。

(4)使用智能反射面能够在不引起自干扰的情况下应用全双工模式,而中继将引入干扰和噪声。

虽然已有研究分析不同中继和智能反射面在无线传输系统中的性能对比,但是智能反射面的应用方向主要是与大规模 MIMO 相结合,涉及天线和智能反射面的调度、智能反射面的位置部署、智能反射面的波束成形设计算法等技术,可能带来惊人的结果。

| 8.2　智能表面发送 |

智能表面辅助无线通信系统的结构如图 8-8 所示。IRS 分布有传感器,这些传感器感知外部环境信息如温度、湿度、张力等,并通过有线链路将这些信息发送给基站,基站将其作为依据来设计由 IRS 反射的无源波束成形(无源元件的反射系数、相移数据)。系统同样建立了一条无线链路,IRS 由此获得数据并智能地调整每个元件的反射系数（幅度、相位）。此时，IRS 反射的波束成形能够到达目的接收天线。

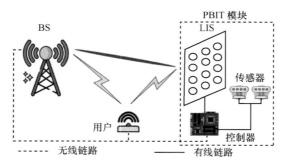

图 8-8　智能表面辅助无线通信系统的结构

8.1.2 节提到，智能表面辅助的无线通信系统的主流研究方向是其反射特性，也就是对智能表面反射信号所形成的反射波束的设计。有意思的是，现有研究会联合系统中的其他性能共同设计反射波束成形，而现有对 IRS 无线通信系统中反射波束成形的优化设计最终要解决的都是一个非凸二次规划问题。现有的解决算法的核心都是对联合优化设计中的两个变量进行交替优化，优化算法包括：（1）SDR 算法，虽然该算法能将非凸问题转换成凸问题，但是在高维环境中通常性能较差；（2）DC 算法，通过利用迹线范数和谱范数之间的差，为非凸矩阵提供精确的 DC 表示，达到更好的性能。

考虑在如图 8-9 所示的场景中，基于智能表面辅助无线通信系统设计反射波束成形，场景参数如表 8-1 所示。

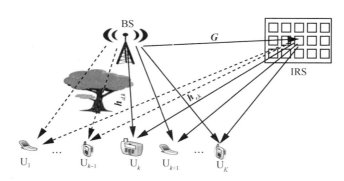

图 8-9　智能表面辅助无线通信系统通信场景

表 8-1　场景参数

参数	描述
基站天线数	M，均匀线性排列
RIS 反射元件个数	N，均匀平面排列
接收天线数	K，特定区域内均匀分布，且 $K \geqslant M$
下行传输	单小区 NOMA 传输
解码方式	NOMA 解码
信道模型	路径损耗模型
设计方向	发送端有源波束成形和 RIS 反射无源波束成形联合设计
设计准则	发送端总功率最小化，且满足用户 QoS 要求

图 8-9 中，$h_{d,k}$、G、$h_{r,k}$ 分别表示第 d 个基站天线到第 k 个用户的信道响应、基站到 IRS 的信道响应、IRS 上第 r 个元件到第 k 个用户的信道响应。下行采用 NOMA 传输，接收端使用 NOMA 解码，即所有用户到基站的信道质量按从小到大的顺序排列，信道质量最差的用户 U_1 通过将打算发送给其他用户的信号视为噪声来直接解码自己的信号，而其他用户将顺序解码并删除其他用户的信号，直到自身的信号被解码。

第 k 个用户接收到的信号为

$$y_k = \left(\boldsymbol{h}_{r,k}^{\mathrm{H}} \boldsymbol{\Theta} \boldsymbol{G} + \boldsymbol{h}_{d,k}^{\mathrm{H}} \right) \sum_{j=1}^{K} \boldsymbol{w}_j s_j + e_k, \forall k \in \mathcal{K} \tag{8-6}$$

其中，$\boldsymbol{\Theta} = \mathrm{diag}\left(\mathrm{e}^{\mathrm{j}\theta_1}, \cdots, \mathrm{e}^{\mathrm{j}\theta_N} \right)$ 表示由 IRS 反射元件所决定的对角相移矩阵，即目标设计矩阵；$\boldsymbol{w}_j$ 表示第 j 个基站端波束成形向量，为发送端需要优化设计的向量；s_j 表示发送给第 j 个用户的信号；e_k 表示第 k 个用户接收到的均值为 0、方差为 σ^2 的加性白高斯噪声。

对于第 k 个用户，由 NOMA 解码原理可知，发送给第 k 个用户以后的信号都将被视为干扰项，因此第 k 个用户的信干噪比可表示为

$$\mathrm{SINR}_l^k = \frac{\left| \left(\boldsymbol{h}_{r,l}^{\mathrm{H}} \boldsymbol{\Theta} \boldsymbol{G} + \boldsymbol{h}_{d,l}^{\mathrm{H}} \right) \boldsymbol{w}_k \right|^2}{\left| \left(\boldsymbol{h}_{r,l}^{\mathrm{H}} \boldsymbol{\Theta} \boldsymbol{G} + \boldsymbol{h}_{d,l}^{\mathrm{H}} \right) \sum_{j=k+1}^{K} \boldsymbol{w}_j \right|^2 + \sigma^2} \tag{8-7}$$

根据发送端波束成形和 IRS 端反射波束成形的联合设计准则，要求总发送功率最小且满足用户 QoS 需求，因此整体的优化问题可表示为

$$\min_{\{\boldsymbol{w}_k\},\boldsymbol{\Theta}} \sum_{k=1}^{K} \left\| \boldsymbol{w}_k \right\|^2$$

$$\text{s.t.} \ \log_2\left(1 + \min_{l \in [k,K]} \mathrm{SINR}_l^k \right) \geqslant R_k^{\min}, \forall k$$

$$0 \leqslant \theta_n \leqslant 2\pi, \forall n \tag{8-8}$$

其中，$R_k^{\min}$ 表示用户所能接受的最低传输速率。

8.2.1 SDR 算法

式（8-8）是一个非凸二次约束二次规划（quadratic constrained quadratic programming，QCQP）问题，且两个变量无法同时进行优化设计。现有研究中的算法采用交替优化的思想，将总问题分解为两个子问题，对两个不同的待优化变量迭代优化，当满足条件或已收敛就停止迭代，得到优化结果。

目前所呈现出的非凸问题不能直接进行优化，一个典型的解决思路是将非凸问题转换为凸问题，则可以利用凸优化数学理论得到最优解。这就是 SDR 算法的核心思想。

具体来说，针对式（8-8），引入半正定矩阵 $\boldsymbol{W}_k$，使 $\boldsymbol{W}_k = \boldsymbol{w}_k \boldsymbol{w}_k^{\mathrm{H}}$，且 $\mathrm{rank}(\boldsymbol{W}_k) = 1$。如果固定相移矩阵 $\boldsymbol{\Theta}$，则对发送端波束成形向量 $\boldsymbol{w}_k$ 的优化就变为对半正定矩阵 $\boldsymbol{W}_k$ 的优化，第一个优化子问题可表示为

$$\min_{\{\boldsymbol{W}_k\}} \sum_{k=1}^{K} \mathrm{Tr}(\boldsymbol{W}_k)$$

$$\text{s.t.} \ \ \gamma_k^{\min}\left(\sum_{j=k+1}^{K} \mathrm{Tr}\left(\boldsymbol{H}_l \boldsymbol{W}_j \right) + \sigma^2 \right) \leqslant \mathrm{Tr}\left(\boldsymbol{H}_l \boldsymbol{W}_k \right), \quad \forall k, l = k, \cdots, K$$

$$\boldsymbol{W}_k \succeq 0, \mathrm{rank}(\boldsymbol{W}_k) = 1, \forall k \tag{8-9}$$

其中，$\boldsymbol{H}_l = \boldsymbol{h}_l \boldsymbol{h}_l^{\mathrm{H}}$。

如果固定发送端波束成形向量，也可以得到关于相移矩阵单一优化的子问题。同时，在以上优化问题中，符合相移矩阵设计的约束满足限制条件，因此相移矩阵

的设计实际上可转换为一个可行性检测问题，即检测得到的相移矩阵是否符合以上限制条件。

对于式（8-8），引入新的变量 v，并使其作为统一优化变量，即代表相移设计变量。则式（8-8）可写为

$$\text{find } v$$

$$\text{s.t. } \gamma_k^{\min}\left(\sum_{j=k+1}^{K}\left|v^{\mathrm{H}}a_{l,j}+b_{l,j}\right|^2+\sigma^2\right)\leqslant\left|v^{\mathrm{H}}a_{l,k}+b_{l,k}\right|^2, \forall k,l=k,\cdots,K$$

$$|v_n|=1, \forall n=1,\cdots,N \tag{8-10}$$

其中，$b_{l,k}=h_{d,l}^{\mathrm{H}}w_k$，$\forall k,l=k,\cdots,K$；$v_n=\mathrm{e}^{-\mathrm{j}\theta_n}$，$\forall n=1,\cdots,N$；$v=\left[\mathrm{e}^{\mathrm{j}\theta_1},\cdots,\mathrm{e}^{\mathrm{j}\theta_N}\right]^{\mathrm{H}}$；$a_{l,k}=\operatorname{diag}\left(h_{r,l}^{\mathrm{H}}\right)Gw_k$；$v^{\mathrm{H}}a_{l,k}=h_{r,l}^{\mathrm{H}}\Theta Gw_k$。

上述优化问题是非齐次问题，因此需要引入一个辅助变量 t，将非齐次问题转换为齐次问题，交替优化求最优解即可得到两个变量的设计值。则式（8-10）可写为

$$\text{find } \tilde{v}$$

$$\text{s.t. } \gamma_k^{\min}\left(\sum_{j=k+1}^{K}\tilde{v}^{\mathrm{H}}R_{l,j}\tilde{v}+b_{l,j}^2+\sigma^2\right)\leqslant\tilde{v}^{\mathrm{H}}R_{l,k}\tilde{v}+b_{l,k}^2, \forall k,l=k,\cdots,K$$

$$|\tilde{v}_n|=1, \forall n=1,\cdots,N+1 \tag{8-11}$$

其中，$R_{l,k}=\begin{bmatrix}a_{l,k}a_{l,k}^{\mathrm{H}} & a_{l,k}b_{l,k}\\ b_{l,k}^{\mathrm{H}}a_{l,k}^{\mathrm{H}} & 0\end{bmatrix}$，$\tilde{v}=\begin{bmatrix}v\\ t\end{bmatrix}$。

因此，SDR 算法的核心是引入半正定矩阵，并得到秩一约束的限制条件。经过上述步骤，一个总优化非凸 QCQP 问题就转化为两个凸问题，通过 CVX 工具箱可快速求解。对于发送端波束成形的优化设计是求最优解，而对于 IRS 端的相移设计是求一个可行解，因此在整个求解过程中，SDR 交替优化算法流程如算法 8.1 所示。

算法 8.1 SDR 算法

初始化 Θ^1 和阈值 $\epsilon\succ0$

for $t_1=1,2,\cdots$

根据给定 Θ^{t_1}，求子问题式（8-9）的最优解 $\left\{W_k^{t_1}\right\}$

    for $t=1,2,\cdots$

利用 CVX 工具箱求解凸子问题，获得最优解$\{W_k^t\}$

  if 惩罚项为 0

  then

    break

  end if

 end for

通过 Cholesky 分解获得基站波束成形向量$\{w_k^{t_1}\}$

通过求得的$\{W_k^{t_1}\}$来求解子问题获得可行解$\tilde{v}$

 for $t=1,2,\cdots$

  利用 CVX 工具箱求解式（8-11）所示凸子问题，获得可行解$\tilde{v}$

  if 结果可行

  then

    break

  end if

 end for

通过 Cholesky 分解获得相移向量$\tilde{v}^{t_1+1}$

 if 总传输功率的减少值低于 ϵ 或者相移矩阵优化得不到可行解

  then

    break

  end if

end for

8.2.2　DC 算法

  SDR 算法仍存在一些弊端，对于无法返回秩一解的情况，可采用高斯随机化方法获得次优解，但在高维环境中返回秩一解的可能性极低，因此该算法性能极不稳定。DC 算法是在 SDR 引入秩一限制的基础上，利用秩一性质将秩一限制表示为迹线范数与谱范数的差值，并将其作为惩罚项添加到目标优化函数中即可求出最优解。

  经过证明，秩为一的半正定矩阵有如下结论，$\mathrm{rank}(\boldsymbol{X})=1 \Leftrightarrow \mathrm{Tr}(\boldsymbol{X})-\|\boldsymbol{X}\|_2=0$。

观察到在子问题式（8-9）中，有秩为 1 的约束条件，DC 算法将此约束条件表示为迹线范数与谱范数的差值形式，并作为惩罚项添加在目标优化函数中，通过强制此项为 0 返回最优解，即

$$\min_{\{W_k\}} \sum_{k=1}^{K} \mathrm{Tr}(W_k) + \rho \sum_{k=1}^{K} \left(\mathrm{Tr}(W_k) - \|W_k\|_2 \right)$$

$$\text{s.t.} \quad \gamma_k^{\min} \left(\sum_{j=k+1}^{K} \mathrm{Tr}(H_l^H W_j) + \sigma^2 \right) \leqslant \mathrm{Tr}(H_l^H W_k), \quad \forall k, l = k, \cdots, K$$

$$W_k \succeq 0, \forall k \tag{8-12}$$

其中，惩罚参数 ρ 为已知量。

同样，在子问题式（8-11）中引入半正定矩阵使 $V = \tilde{v}\tilde{v}^H$，且 $\mathrm{rank}(V) = 1$，这也是为了实现秩一限制，从而可表示为将迹线范数与谱范数的差值作为惩罚项。为了统一优化变量，使 $\mathrm{Tr}(R_{l,k}V) = \tilde{v}^H R_{l,k} \tilde{v}$，则第二个优化子问题可重写为

$$\min_{V} \quad \mathrm{Tr}(V) - \|V\|_2$$

$$\text{s.t.} \quad \gamma_k^{\min} \left(\sum_{j=k+1}^{K} \mathrm{Tr}(R_{l,j}V) + b_{l,j}^2 + \sigma^2 \right) \leqslant \mathrm{Tr}(R_{l,j}V) + b_{l,k}^2, \quad \forall k, l = k, \cdots, K$$

$$V_{n,n} = 1, \forall n = 1, \cdots, N+1$$

$$V \succeq 0 \tag{8-13}$$

从两个子问题中可以观察到，DC 算法的核心思想是将秩一限制重写为迹线范数与谱范数的差值形式进行最优化求解，强制差值为 0 即可得最优解。

DC 交替优化算法流程如算法 8.2 所示。

算法 8.2　DC 交替优化算法

初始化　Θ^1 和阈值 $\epsilon > 0$

for $t_1 = 1, 2, \cdots$

根据给定 Θ^{t_1}，求子问题式（8-12）的最优解 $\{W_k^{t_1}\}$

　　for $t = 1, 2, \cdots$

　　　　求得 $\{W_k^{t_1}\}$ 的一个次梯度

　　　　求解凸子问题，获得最优解 $\{W_k^t\}$

　　　　if 惩罚项为 0

then

break

end if

end for

通过 Cholesky 分解获得基站波束成形向量 $\left\{w_k^{t_1}\right\}$

通过求得的 $\left\{W_k^{t_1}\right\}$ 来求解子问题获得可行解 V^{t_1+1}

for $t=1,2,\cdots$

选择 $\partial\left\|V^{t-1}\right\|_2$ 中的一个次梯度

通过求解式（8-13）所示凸子问题，获得最优解 V^{t-1}

if 目标值为 0

then

break

end if

end for

通过 Cholesky 分解获得相移向量 $\tilde{v}^{t_1+1}$

if 总传输功率的减少值低于 ϵ 或者相移矩阵优化得不到可行解

then

break

end if

end for

算法 8.2 中，$\partial\left\|V^{t-1}\right\|_2$ 和 $\partial\left\|W_k^{t-1}\right\|_2$ 表示矩阵范数的次梯度。对于半正定矩阵 X，次梯度可表示为

$$u_1 u_1^{\mathrm{H}} \in \partial_{X^t}\| X\|_2 \tag{8-14}$$

其中，u_1 为属于 $\| X\|_2$ 的最大特征值相关的特征向量。

8.2.3 算法总结

SDR 算法和 DC 算法的发送功率仿真结果如图 8-10 所示[8]。从图 8-10（a）可以看出，DC 算法的性能更稳定和更优，SDR 算法在迭代 3 次后就没有结果了，说明无法返回秩一解，性能受到了限制。整体上，DC 算法都表现出了更佳的性能。

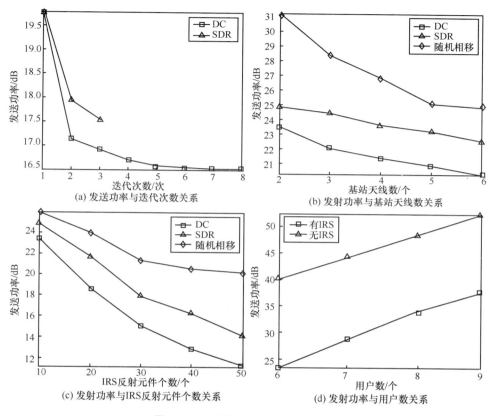

图 8-10　不同算法的发送功率仿真结果

　　上述波束成形联合优化算法虽然能有效求得优化解,仿真结果也证明了 DC 算法能获得比 SDR 算法更好的系统性能。但目前对于智能表面辅助大规模无线通信系统的模型来说,仍然存在一些理想化情形使这些算法在实际场景中的应用受到限制。值得一提的关键点是 CSI 的反馈问题,算法实现的假设一般都是基于完美 CSI 反馈或者 CSI 在一个给定范围内波动,因此当信道条件突然发生变化时,算法不一定能求出最优解。从波束成形的联合优化设计来看,如果没有设计限制条件,则无法利用凸优化求解,这是凸优化理论所限制的。此外,还有其他的一些问题,例如没考虑到实际情况下的物理因素,包括 RIS 的大小、近远场的影响、假设理想入射等。

|8.3 信号检测|

IRS 辅助无线通信的接收机检测技术是对原始信号的恢复，检测算法性能以误比特率的大小来衡量。目前，少部分相关检测算法采用近似消息传递（approximate message passing，AMP）技术来恢复原始信号。考虑一个 IRS 辅助的无线通信系统，其基站有 M 个天线，IRS 有 N 个无源反射元件。以单个用户的接收为例，用户端的接收信号可表示为

$$Y = \left(\beta G \Theta S h_r + h_d \right) x^{\mathrm{T}} + W \qquad (8\text{-}15)$$

其中，β 表示 IRS 上无源反射元件的幅度反射系数；G、h_r、h_d 分别表示 IRS 到 BS、用户到 IRS、用户到 BS 之间的等效信道响应；$\Theta = \mathrm{diag}\{\theta\}$ 表示 IRS 带来的对角相移矩阵；W 表示均值为 0、方差为 σ^2 的加性白高斯噪声；$S = \mathrm{diag}\{s\}$ 表示实数矩阵，$s = [s_1, s_2, \cdots, s_N]^{\mathrm{T}}$，$s$ 中的每一个元件表示 IRS 上无源反射元件的状态，其值为 0 表示元件关闭，其值为 1 表示元件打开，每个无源反射元件都有一定的概率关闭或打开，这些概率所包含的信息量表示 IRS 中的传感器从周围环境中所获得的信息，正是这些信息引起了 IRS 表面无源反射器件状态的改变。

引入 $D_h = \mathrm{diag}\{h_r\}$，则用户端的接收信息可重写为

$$Y = \left(As + h_d \right) x^{\mathrm{T}} + W = z x^{\mathrm{T}} + W \qquad (8\text{-}16)$$

其中，$A = \beta G \Theta D_h \in \mathbb{C}^{M \times N}$ 是已知的系数矩阵，$z = [z_1, z_2, \cdots, z_M]$，$z_m = a_m^{\mathrm{H}} s + h_{d,m}$，$a_m^{\mathrm{H}}$ 是 A 中的第 m 行。在相关系统模型中，信号检测就是从接收信号矩阵 Y 中恢复出原始信号 x 和环境信息 s。相关检测算法可简单地分为两步：第一步是从 Y 中恢复 x 和 z，第二步是从 z 中恢复 s。

第一步从 Y 中恢复 x 和 z 可以被认为是一个秩一矩阵分解问题，可以用矩阵分解方法，这里主要是 SVD 和 BiG-AMP 方法。在 SVD 方法中，分解得到 $Y = U \Lambda V^{\mathrm{H}}$，以 V 的第一列作为 x 的估计值，以 U 的第一列与特征值 λ_1 的乘积作为 z 的估计值。BiG-AMP 方法可以将 Y 表示为 x 和 z 的因式分解形式，但要求知道 x 和 z 的先验分布。一般假设 x 在复数域上独立均匀分布，对 $\forall m$，z_m 近似认为是 CSCG（circularly symmetric complex Gaussian）随机变量。在对 x 和 z 的恢复中得到一些估计值，这些估计值存在一定的标量偏移，如果在 x 的首位添加已知的参考符号，那么标量偏移可表示为 $\gamma = \dfrac{x_1}{\hat{x}_1}$。

第二步是从 z 中恢复 s。s 是一个高度结构化的信号，其元素为 0 或 1，这类信号的恢复算法有 OMP（orthogonal matching pursuit）、CoSaMP（compressive sampling matching pursuit）、GAMP（generalized approximate message passing）等。

不同算法下的 x 的 BER 仿真结果如图 8-11 所示[9]。仿真环境为 QPSK 调制，信道均服从 CSCG 分布 $\mathcal{CN}(0,1)$，$\beta = 0.5$，$M = 32$，$N = 32$，$L = 100$。LB-x 算法以已知 s 来恢复 x，LB-s 算法同理，前缀 opt 表示算法经过优化。

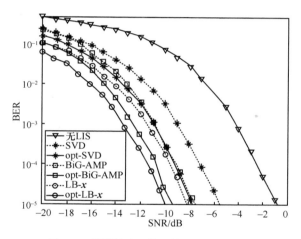

图 8-11　不同算法下的 x 的 BER 仿真结果

从图 8-11 可以看出，部署 IRS（即 LIS）并采用最佳相移在通信质量上有巨大的提升。对比几种 x 的恢复算法可以看到，经过优化的 BiG-AMP 方法表现出非常好的性能，与经过优化的 SVD 方法相比有 2 dB 的提升。不同算法下的 s 的 BER 仿真结果如图 8-12 所示[9]。

从图 8-12 可以看出，恢复 x 算法一致采用 BiG-AMP 时，GAMP 对恢复 s 表现出最佳的性能，当 SNR 逐渐增大时，可逼近 s 的下界。

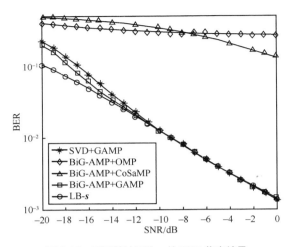

图 8-12　不同算法下的 *s* 的 BER 仿真结果

|8.4　本章小结|

本章主要根据现有文献对智能表面这种新兴技术进行了介绍。智能表面辅助无线通信系统的方式主要有 3 种：第一种是作为无源反射媒介，可重构无线电磁环境提升通信质量；第二种是与大量微小天线元件结合作为有源发送端；第三种是最新提出的将 IRS 作为 AP 辅助无线通信系统的传输方式。针对第一种方式，本章描述了智能表面辅助大规模无线通信系统的波束成形设计算法，当联合优化设计波束成形时，通常使用交替优化算法来获得最优解，但也提到现有理论研究仍存在一些弊端导致实际应用中受限很大。针对第二种方式，本章描述了一种大型智能表面在无线通信系统中的应用，给出了系统模型且与传统无线通信系统进行了对比。此外，本章还介绍了智能表面应用为智能反射面辅助无线通信系统与传统中继的对比，从各个方面体现了智能反射面的优势。

|参考文献|

[1]　HAN Y, TANG W K, JIN S, et al. Large intelligent surface-assisted wireless communication

exploiting statistical CSI[J]. IEEE Transactions on Vehicular Technology, 2019, 68(8): 8238-8242.

[2] WU Q Q, ZHANG R. Towards smart and reconfigurable environment: intelligent reflecting surface aided wireless network[J]. IEEE Communications Magazine, 2020, 58(1): 106-112.

[3] BASAR E. Reconfigurable intelligent surface-based index modulation: a new beyond MIMO paradigm for 6G[J]. IEEE Transactions on Communications, 2020, 68(5): 3187-3196.

[4] LI S X, DUO B, YUAN X J, et al. Reconfigurable intelligent surface assisted UAV communication: joint trajectory design and passive beamforming[J]. IEEE Wireless Communications Letters, 2020, 9(5): 716-720.

[5] DAI L L, WANG B C, WANG M, et al. Reconfigurable intelligent surface-based wireless communications: antenna design, prototyping, and experimental results[J]. IEEE Access, 2020, 8: 45913-45923.

[6] CAO F, HAN Y, LIU Q, et al. Capacity analysis and scheduling for distributed LIS-aided large-scale antenna systems[C]//Proceedings of 2019 IEEE/CIC International Conference on Communications in China (ICCC). Piscataway: IEEE Press, 2019: 659-664.

[7] JIANG T, SHI Y M. Over-the-air computation via intelligent reflecting surfaces[C]//Proceedings of 2019 IEEE Global Communications Conference. Piscataway: IEEE Press, 2019: 1-6.

[8] FU M, ZHOU Y, SHI Y M. Intelligent reflecting surface for downlink non-orthogonal multiple access networks[C]//2019 IEEE Globecom Workshops. Piscataway: IEEE Press, 2019: 1-6.

[9] YAN W J, YUAN X J, KUAI X Y. Passive beamforming and information transfer via large intelligent surface[J]. IEEE Wireless Communications Letters, 2020, 9(4): 533-537.

[10] ZHOU G, PAN C H, REN H, et al. Robust beamforming design for intelligent reflecting surface aided MISO communication systems[J]. IEEE Wireless Communications Letters, 2020, 9(10): 1658-1662.

[11] DI B Y, ZHANG H L, SONG L Y, et al. Hybrid beamforming for reconfigurable intelligent surface based multi-user communications: achievable rates with limited discrete phase shifts[J]. IEEE Journal on Selected Areas in Communications, 2020, 38(8): 1809-1822.

[12] DI B Y, ZHANG H L, LI L L, et al. Practical hybrid beamforming with finite-resolution phase shifters for reconfigurable intelligent surface based multi-user communications[J]. IEEE Transactions on Vehicular Technology, 2020, 69(4): 4565-4570.

[13] HU S, RUSEK F, EDFORS O. Beyond massive MIMO: the potential of positioning with large intelligent surfaces[J]. IEEE Transactions on Signal Processing, 2018, 66(7): 1761-1774.

[14] ALEGRÍA J V, RUSEK F. Achievable rate with correlated hardware impairments in large intelligent surfaces[C]//Proceedings of 2019 IEEE 8th International Workshop on Computational Advances in Multi-Sensor Adaptive Processing. Piscataway: IEEE Press, 2019: 559-563.

[15] BASAR E. Transmission through large intelligent surfaces: a new frontier in wireless com-

munications[C]//Proceedings of 2019 European Conference on Networks and Communications (EuCNC). Piscataway: IEEE Press, 2019: 112-117.

[16] LANEMAN J N, TSE D N C, WORNELL G W. Cooperative diversity in wireless networks: efficient protocols and outage behavior[J]. IEEE Transactions on Information Theory, 2004, 50(12): 3062-3080.

[17] BASAR E, RENZO D M, DE ROSNY J, et al. Wireless communications through reconfigurable intelligent surfaces[J]. IEEE Access, 2019, 7: 116753-116773.

[18] BJÖRNSON E, SANGUINETTI L, WYMEERSCH H, et al. Massive MIMO is a reality—What is next? : five promising research directions for antenna arrays[J]. Digital Signal Processing, 2019, 94: 3-20.

[19] RENZO M D, DEBBAH M, PHAN-HUY D T, et al. Smart radio environments empowered by reconfigurable AI meta-surfaces: an idea whose time has come[J]. EURASIP Journal on Wireless Communications and Networking, 2019, 2019: 129.

[20] HUANG C W, ZAPPONE A, ALEXANDROPOULOS G C, et al. Reconfigurable intelligent surfaces for energy efficiency in wireless communication[J]. IEEE Transactions on Wireless Communications, 2019, 18(8): 4157-4170.

[21] FARHADI G, BEAULIEU N C. On the ergodic capacity of multi-hop wireless relaying systems[J]. IEEE Transactions on Wireless Communications, 2009, 8(5): 2286-2291.

[22] BJÖRNSON E, ÖZDOGAN Ö, LARSSON E G. Intelligent reflecting surface versus decode-and-forward: how large surfaces are needed to beat relaying? [J]. IEEE Wireless Communications Letters, 2020, 9(2): 244-248.

[23] KHORMUJI M N, LARSSON E G. Cooperative transmission based on decode-and-forward relaying with partial repetition coding[J]. IEEE Transactions on Wireless Communications, 2009, 8(4): 1716-1725.

第 9 章

广义极化信号传输

自从土耳其学者 Arıkan 基于信道极化思想提出极化码，首次以构造性方法证明信道容量渐近可达以来，极化码已成为信道编码领域的热门研究方向。为了应对 6G 提出的高可靠低时延、高频谱效率、高密度大容量的技术挑战，极化编码传输将是非常有竞争力的一种候选技术。本章旨在介绍满足 6G 传输需求的极化编码原理与传输技术，展望极化码在 6G 数据信道中的应用前景。首先，基于广义极化概念，提出了极化信息处理基本框架，用于设计极化编码传输系统；其次，分析了接近有限码长信道容量的极化编译码方案，用于满足 6G 高可靠传输需求；再次，介绍了极化编码 MIMO 的方案架构，论述了提升 6G 频谱效率的基本思想；最后，说明了极化编码 NOMA 的方案架构，提出了提高 6G 系统容量的基本方案。

当前 5G 已经处于商业化初期阶段，全球移动通信技术的争夺焦点正在迅速转向 6G。2019 年 9 月，芬兰奥陆大学发布了全球第一个 6G 白皮书[1]。2019 年 11 月 3 日，我国组织召开 6G 技术研发工作启动会，标志着 6G 研发正式提上日程。

相比于 5G，6G 将在信息处理的广度、速度、深度 3 个层面进行全面提升。在广度层面，6G 将包括卫星、空中、地面、水下通信，构成空天地海一体化通信网络，极大地扩展通信范围。在速度层面，6G 峰值速率将达到 1 Tbit/s。在深度层面，6G 处理的信息不仅包括听觉与视觉，也包括嗅觉、味觉、触觉，还包括脑电波信息，构成全息通信系统。进一步，6G 服务对象不局限于人、机、物等实体对象，还将包括虚拟对象——灵[2]，即真实用户在虚拟世界中的智能代理。

文献[1-3]列出了 6G 的主要性能指标：超高速率，即峰值传输速率达到 100 Gbit/s～1 Tbit/s；超低时延，即通信时延为 50～100 μs；超高可靠性，即中断概率小于 10^{-6}；超高密度，即连接设备密度超过每立方米 100 个；超大容量，即采用太赫兹频段，大幅度提高网络容量。由此可见，未来 6G 需要同时满足高可靠低时延、高频谱效率、高密度大容量的性能要求。为了实现上述指标，迫切要求 6G 信号传输理论取得突破。

从 1948 年信息论创始人 Shannon[4]提出著名的信道编码定理以来，构造逼近信道容量的编码一直是信道编码理论的中心目标。2009 年，土耳其学者 Arıkan[5]基于信道极化思想提出了极化码，首次以构造性方法证明了信道容量渐近可达。极化码已成为信道编码领域的热门研究方向，其理论基础已经初步建立。2016 年年底，极化码入选 5G 移动通信的控制信道编码候选方案，并最终写入 5G 标准[6]。

极化码作为 5G 控制信道的编码标准，只是实用化的一小步。为了应对 6G 提出的高可靠低时延、高频谱效率、高密度大容量的技术挑战，极化编码传输将是非常有竞争力的一种候选技术。

9.1　广义极化变换理论

本节首先介绍信道极化基本思想，然后简述极化编码原理，最后阐述面向 6G 的极化信息处理框架。

9.1.1　信道极化

信道极化最早由 Arıkan[5]提出，是指将一组可靠性相同的 B-DMC W 采用递推编码的方法变换为一组有相关性的、可靠性各不相同的极化子信道的过程。随着码长（即信道数目）的增加，这些子信道呈现两极分化现象。

Arıkan[5]证明，当信道数目充分大时，极化信道的互信息完全两极分化为无噪的好信道（即互信息趋于 1）与完全噪声的差信道（即互信息趋于 0），并且好信道占总信道的比例趋于原始 B-DMC W 的容量 $I(W)$，而差信道比例趋于 $1-I(W)$。

9.1.2　极化编码

一般地，对于给定的 B-DMC W，可以采用不同的构造方法[7-8]评估 N 个子信道的可靠性。其中，K 个高可靠的子信道集合 $\mathcal{A}$ 称为信息集合，用于承载信息比特；而剩余的 $N-K$ 个低可靠的子信道集合称为 $\mathcal{A}^c$，用于承载收发两端都已知的固定比特（一般默认为全 0，也称为冻结比特）。

给定 (N,K) 极化码，信息位长度为 K，码长为 N，则编码器输入比特序列由信息比特与冻结比特构成，表示为 $u_1^N = (u_1, u_2, \cdots, u_N) = (u_{\mathcal{A}}, u_{\mathcal{A}^c})$。令 $x_1^N = (x_1, x_2, \cdots, x_N)$

表示编码比特序列，则极化码的编码表示为

$$x_1^N = u_1^N \boldsymbol{G}_N \tag{9-1}$$

其中，编码生成矩阵 $\boldsymbol{G}_N = \boldsymbol{B}_N \boldsymbol{F}^{\otimes n}$，$\boldsymbol{B}_N$ 表示排序矩阵，完成比特反序操作，$\boldsymbol{F}^{\otimes n}$ 表示矩阵 $\boldsymbol{F}$ 进行 n 次克罗内克（Kronecker）积操作。由于采用蝶形结构编码，因此极化码的编码复杂度为 $O(N\log_2 N)^{[5]}$。

9.1.3　极化信息处理

实际上，一般通信系统中也广泛存在可靠性差异导致的广义极化现象。例如，星座调制的各个比特具有不同的可靠性；多址接入系统中，由于各个用户经历了不同的信道衰落，也存在可靠性差异；MIMO 系统中，由于每对收发天线的信道响应不同，因此检测的可靠性各不相同。这些通信系统中的可靠性差异都可以归因于广义极化现象[7]。理论分析表明，采用极化编码，充分匹配通信系统中普遍存在的广义极化效应，能够逼近信道容量极限，大幅提升系统性能。

由此，为了满足高可靠低时延、高频谱效率、高密度大容量的 6G 传输需求，本节提出了面向 6G 的极化信息处理框架，如图 9-1 所示。需要强调的是，这一框架并不是极化码、NOMA 与多天线传输的简单技术组合，而是充分利用广义极化效应的整体设计框架。其中，多天线传输利用了不同天线可靠性的差异，可以看作空间极化；NOMA 利用了多用户之间的可靠性差异，可以看作多用户极化；极化码采用编码的方法，充分适配多用户极化与空间极化，从而构成了整体极化的系统框架。

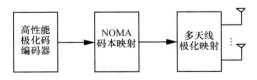

图 9-1　面向 6G 的极化信息处理框架

下面从极化编码调制、极化编码 MIMO 与极化编码 NOMA 这 3 个方面，分析与设计极化编码传输系统。

|9.2　极化编码调制 |

9.1 节讨论的极化编码方案都是在二进制输入信道下进行设计构造的。实际无线通信系统中往往采用高阶调制技术，以得到更高的频谱效率。

对于编码调制的研究始于 Ungerboeck[9] 在 1982 年提出的网格编码调制（trellis-coded modulation，TCM）。TCM 通过联合优化信道编码和调制方案，以最大化欧氏距离为设计目标，在 AWGN 信道下 TCM 被证明是最优的。然而，当应用于衰落信道场景时，TCM 的性能会严重恶化。

比特交织编码调制（bit interleavingcoded modulation，BICM）[10] 的提出是编码调制研究的一个重大突破。BICM 将信道编码模块、比特级交织器以及无记忆调制模块进行串联，以增加编码分集为设计目标，在衰落信道场景下能够获得比 TCM 更好的性能[11]。此外，BICM 中信道编码和调制模块被交织器分隔，两者可以独立地进行设计，具有实现简单的优点。通过与目前在实际通信系统中被广泛使用的 Turbo 码或 LDPC 码结合，BICM 方案能够获得非常出色的性能[12-14]。实际上，BICM 已经被多种通信标准所采用，在无线通信系统中得到了广泛应用，如 HSPA[15-16]（包括 HSDPA 与 HSUPA）、IEEE 802.11a [17]、IEEE 802.11n[18]，以及 DVB 标准（DVB-T2[19]、DVB-S2[20] 和 DVB-C2[21]）。

本节对基于极化码的编码调制方案展开了研究，提出了两种具体实现方案。其中，一种实现方案为比特交织极化编码调制（bit-interleaved polar-coded modulation，BIPCM），将已有 BICM 方案中的信道编码（一般为 Turbo 码或 LDPC 码）直接替换成极化码即可。然而，采用多进制调制带来了对所用信道编码的码长限制，一般不能满足传统极化码码长为 2 的幂次这一要求。另一种实现方案通过将比特交织编码调制信道看作一组二进制输入无记忆信道（binary input memoryless channel，BMC），并基于并行信道极化理论，用增加虚拟信道的方式对极化码码长与调制阶数进行适配。另一方面，如果将调制过程本身视作一种信道变换，就可以通过多级编码[22] 的方式将调制糅合到整个信道极化过程中去，以非常低的复杂度实现信道编码与调制的联合优化。

9.2.1 比特交织极化编码调制

Shin 等[23]给出了一种基于极化码的比特交织编码调制方案。该方案采用 2^m 进制调制，其中参数 m 为调制阶数。显然，在实际系统中，m 的值不一定为 2 的幂次，例如对于 64-QAM，$m=6$。因此，在该方案中，极化码的码长也应不局限于 2 的幂次。为满足实际系统的码长不局限于 2 的幂次这一设计需求，文献[23]使用了混合极化码核[24]的方法，通过级联多种不同大小的极化核矩阵进行极化码的设计。为了得到最优的二进制编码比特序列到多进制调制符号的映射，文献[23]给出了一种基于密度进化（density evolution，DE）的搜索算法[25]，简称 DE 算法。然而，DE 算法的计算复杂度非常高，达 $O(Q^2 N \log_2 N)$，其中，N 为码长；Q 为 DE 算法中 LLR 概率分布函数的量化阶数，其典型值为 1×10^8。此外，对于调制阶数较高的情况，该算法在有限码长下的最佳极化核组合方案也较难设计。

本节给出了一种基于传统的 2×2 极化核的 BIPCM 方案。通过将比特交织编码调制信道视作一组并行的 BMC，基于第 4 章所述的并行信道极化理论，用增加虚拟信道的方式对极化码码长与调制阶数进行适配。由于能够直接采用等容量分割信道映射方法，不需要搜索二进制编码比特序列到多进制调制符号的最佳映射。同时，BIPCM 方案仅涉及 2×2 的极化核，因此也不需要对极化核最佳组合方案进行搜索设计。此外，BIPCM 方案还根据容量相等的原则，将各个等效并行的 BMC 用一组并行二进制输入删除信道（BEC）进行近似，并通过计算 Bhattacharyya 参数[5]的方法构造极化码。因此，BIPCM 方案在构造时的计算复杂度为 $O(N \log_2 N)$，远低于利用 DE 算法构造的方案。在 AWGN 信道下的仿真显示，与文献[23]方案相比，BIPCM 方案具有低的构造复杂度并且具有更好的 BLER 性能。本节仅讨论 2^m 进制调制。BIPCM 方案如图 9-2 所示。

令 $W: \mathcal{X} \to \mathcal{Y}$ 表示 2^m 进制输入无记忆信道，其中，$\mathcal{X}$ 和 $\mathcal{Y}$ 分别表示信道的输入和输出符号集合，$|\mathcal{X}| = 2^m$。信道转移概率函数为 $W(y|a)$，其中，$a \in \mathcal{X}$，$y \in \mathcal{Y}$。在调制过程中，每 m 个比特组成的比特组 $b_1^m \in \{0,1\}^m$ 按照一一映射对应于一个调制符号 $a \in \mathcal{X}$，称该一一映射为"星座映射"，即

$$L: \{0,1\}^m \to \mathcal{X} \qquad (9\text{-}2)$$

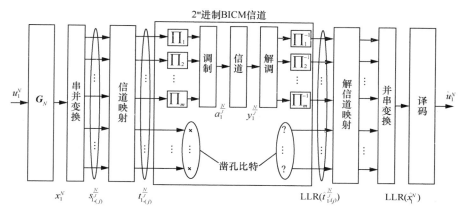

图 9-2　BIPCM 方案

设 $L^i(a)$ 为映射到符号 a 的比特组 b_1^m 中的第 i 个比特，即 b_i，$i \in \{1, 2, \cdots, m\}$；$\mathcal{X}_b^i$ 为所有由第 i 个比特取值为 $b \in \{0, 1\}$ 组成的比特组 b_1^m 对应的调制符号 $a \in \mathcal{X}$ 的集合，即

$$X_b^i = \left\{ a \mid L^i(a), a \in \mathcal{X} \right\} \tag{9-3}$$

假设信道 W 的输入符号在 $\mathcal{X}$ 中等概率取值，在 BICM 方案下，该 2^m 进制输入无记忆信道可以看作一组由 m 个独立的 BMC 组成的并行信道[11]，各子信道的信道转移概率函数为

$$W_i(y \mid b) = P(y \mid L^i(a) = b) = \frac{1}{2^m} \sum_{a \in \mathcal{X}_b^i} W(y \mid a) \tag{9-4}$$

其中，$i = 1, 2, \cdots, m$，$b \in \{0, 1\}$，$y \in \mathcal{Y}$。

与基于混合极化核的方案[23]不同，本节提出的 BIPCM 方案仅使用与传统极化码相同的 2×2 极化核

$$F_2 = \begin{bmatrix} 1 & 0 \\ 1 & 1 \end{bmatrix} \tag{9-5}$$

信道变换矩阵仍然为 $\boldsymbol{G}_N = \boldsymbol{B}_N \boldsymbol{F}_2^{\otimes n}$，其中，$N = 2^n$，$n = 1, 2, \cdots$。因此，极化码编码器输出的编码序列的长度局限于 2 的幂次。

然而，如前文所述，BICM 等效的并行信道数 m 不一定满足"为 2 的幂次"这

一条件。为了适配极化码码长，本节通过额外增加 $J-m$ 个容量为零的虚拟信道，使总的并行信道数增加到 2 的幂次，其中 $J = 2^{\lceil \log_2 m \rceil}$。与凿孔极化码类似，送入这些虚拟信道进行传输的比特实际上并不会经过信道进行传输；在接收端，对这些比特分别以概率 0.5 取估计值比特 0 或比特 1。由此，在所提 BIPCM 方案中，图 9-2 中的 2^m 进制输入的 BICM 信道等价于一组如图 9-3 所示的 J 个并行信道。不失一般性，在这 J 个并行信道中，规定序号为 1 到 m 的信道为实际 BMC，剩下的 $J-m$ 个信道，即序号为 $m+1$ 到 J 的信道为虚拟信道。

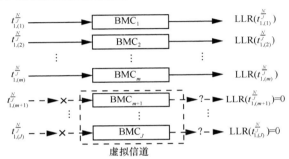

图 9-3　等效并行信道模型

本节提出的 BIPCM 方案传输过程描述如下。

（1）由 K 个信息比特和 $N-K$ 个固定比特组成的源序列 u_1^N 经过极化编码得到编码序列 x_1^N，其中 $x_1^N = \boldsymbol{G}_N u_1^N$。

（2）编码序列 x_1^N 通过串并变换被分割成 J 个比特流 $s_{1,(j)}^{\frac{N}{J}}$，各流中的元素为

$$s_{k,(j)} = x_{J(k-1)+j} \tag{9-6}$$

其中，$j \in \{1, 2, \cdots, J\}$，$k \in \left\{1, 2, \cdots, \dfrac{N}{J}\right\}$。

（3）各个流通过一个信道映射 $\mathcal{M}: \{1, 2, \cdots, J\} \to \{1, 2, \cdots, J\}$ 进行一次置换，即对所有 $k \in \left\{1, 2, \cdots, \dfrac{N}{J}\right\}$ 和 $j \in \{1, 2, \cdots, J\}$，有

$$t_{k, \mathcal{M}(j)} = s_{k,(j)} \tag{9-7}$$

其中，信道映射 $\mathcal{M}$ 根据等容量分割原则得到。等效的并行信道中，子信道 W_j 的容量为

$$I(W_j) = \begin{cases} \dfrac{1}{2} \displaystyle\sum_{b \in \{0,1\}} \sum_{y \in \mathcal{Y}} \left(W_j(y \mid b) \log_2 \left(\dfrac{2W_j(y \mid b)}{W_j(y \mid 0) + W_j(y \mid 1)} \right) \right) & ,j \leqslant m \\ 0 & ,\text{其他} \end{cases} \tag{9-8}$$

其中，$j \in \{1,2,\cdots,J\}$，$k \in \left\{1,2,\cdots,\dfrac{N}{J}\right\}$。

（4）将步骤（3）中得到的 J 个置换后的比特流中的前 m 个，即序号 $j \in \{1,2,\cdots,m\}$ 的序列 $t_{1,(j)}^{\frac{N}{J}}$ 分别经过一个长度为 $\dfrac{N}{J}$ 的随机交织器。从交织后得到的 m 个序列中依次取一个比特，构成 $\dfrac{N}{J}$ 个二进制 m 元组。这些 m 元组经过 2^m 进制调制后得到符号序列 $a_1^{\frac{N}{J}}$，并被送入信道进行传输。其余的 $J-m$ 个序列，即序号 $j \in \{m+1,m+2,\cdots,J\}$ 的序列 $t_{1,(j)}^{\frac{N}{J}}$ 则直接丢弃不传。

根据图 9-3 所示的等效并行信道模型，$t_{1,(j)}^{\frac{N}{J}}$ 经过比特级随机交织等效于通过序号为 j 的 BMC 传输。图 9-4 给出了一个 64 进制编码调制传输方案的示例，其中 W_7 和 W_8 为虚拟信道。

（5）在接收端，接收信号 $y_1^{\frac{N}{J}}$ 经过解交织、解信道映射、并串变换后，得到编码序列 x_1^N 的 LLR 值，并使用 SC 算法[5]或第 3 章中所述的增强 SC 算法进行译码。

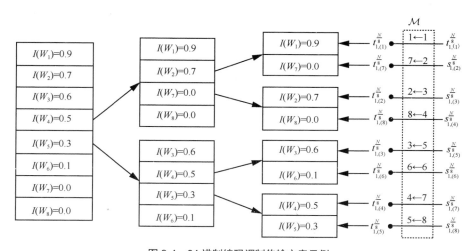

图 9-4　64 进制编码调制传输方案示例

BIPCM 方案中,构造极化码的过程相当于极化信道选择问题或者信道可靠性估计问题。一般地,可以用 DE 算法[25]对各个极化信道的传输错误概率进行计算。然而,DE 算法所需的空间复杂度和计算复杂度都非常高。此外,由 2^m 进制调制等效得到的各个并行 BMC 中的大多数信道不能满足 DE 算法需要的信道对称性,因此 DE 算法得到的误传率也不能保证非常准确。另一方面,如文献[5]所述,对于 BEC 中以 F_2 为极化核的信道变换,各个极化信道的误传率可以通过 Bhattacharyya 参数的计算快速准确地估计得到。给定一个 BEC 的容量 $I(W)$,则该 BEC 的 Bhattacharyya 参数为[5]

$$Z(W) = 1 - I(W) \tag{9-9}$$

本节将各个并行信道 W_j 等效为容量相等的 BEC,通过利用各个极化信道的 Bhattacharyya 参数对其可靠性进行评估,并据此构造极化码。给定调制阶数 m ,可以等效为如图 9-3 所示的 J 个并行信道,其中 $J-m$ 个是容量为 0 的虚拟信道。经过信道映射 $\mathcal{M}$,以及 $\frac{N}{J}$ 个信道使用时隙,一共得到 N 个信道来参与信道变换 $\boldsymbol{G}_N$ 。这 N 个信道的容量分别为

$$c_i = I\left(W_{\mathcal{M}((i-1)\bmod J+1)}\right) \tag{9-10}$$

其中, $i = 1, 2, \cdots, N$ 。

给定各参与信道变换 $\boldsymbol{G}_N$ 的容量 c_1^N ,将各个信道按照容量相等的原则等效为 BEC,则信道变换后得到的各极化信道的 Bhattacharyya 参数 z_1^N 可以按照如下步骤计算得到。

(1)分配一个长度为 N 的辅助变量序列 t_1^N ,并对所有 $i \in \{1, 2, \cdots, N\}$,初始化设置 $t_i \leftarrow 1 - c_i$

(2)for $i = 1 \sim n$, $n = \log_2 N$, do

    (2.1) $\delta \leftarrow 2^{(i-1)}$

    (2.2) for $j = 1 \sim 2\delta$, do

        $k = 1 \sim \delta$, do

        $\alpha \leftarrow 2(j-1)\delta + k$, $\beta \leftarrow \alpha + \delta$

$$z_\alpha \leftarrow t_\alpha + t_\beta - t_\alpha t_\beta \ , \quad z_\beta \leftarrow t_\alpha t_\beta$$

end for

（2.3）更新辅助变量序列 $t_1^N \leftarrow z_1^N$

end for

（3）对得到的 t_1^N 进行比特反序重排操作 $\boldsymbol{B}_N$，得到各极化信道 Bhattacharyya 参数 $z_1^N \leftarrow \boldsymbol{B}_N t_1^N$

本节在 BAWGNC（binary AWGN channel）下进行仿真，对 BIPCM 方案的 BLER 性能进行评估。

实验分析了 8-PAM SC 译码下的 BLER 性能，调制阶数 $m=3$，比特 m 元组到调制符号的映射，即星座映射，采用格雷映射。码长定义为实际映射到调制符号并经过实际信道传输的比特数 $\dfrac{mN}{J}$，那么码率 $R = \dfrac{JK}{mN}$。3 种方案的 BLER 性能如图 9-5 所示。其中，BIPCM 方案通过遍历所有 $J!$ 种可能的信道映射方案，选出得到最佳信道映射的曲线。

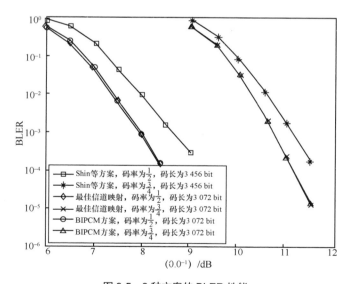

图 9-5　3 种方案的 BLER 性能

从图 9-5 可以看到，利用等容量分割映射得到的 BIPCM 曲线与最佳信道映射得到的曲线非常吻合，从而验证了等容量分割映射的准最优性。码长固定为 1 024 bit 时 3 种方案的 BLER 性能如图 9-6 所示，码率分别设置为 $\frac{1}{2}$ 和 $\frac{3}{4}$，调制方式为 16-PAM。

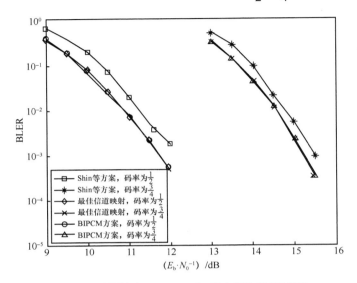

图 9-6　码长固定为 1 024 bit 时 3 种方案的 BLER 性能

从图 9-5 和图 9-6 中可以看出，基于等容量分割映射的 BIPCM 方案具有准最优的性能，并且在 SC 译码下相比 Shin 等[23]方案能够获得大约 0.3～0.5 dB 的性能增益。

此外，对所提 BIPCM 方案使用增强 SC 译码算法进行译码，并与 WCDMA 系统使用的 Turbo 编码调制方案[15]进行对比，码长均设为 1 536 bit，码率为 $\frac{1}{3}$，调制方式采用 64-QAM，对比结果如图 9-7 所示。对于 BIPCM 方案，SCS 与 CA-SCS 的搜索宽度设置为 $L=32$。对于 Turbo 编码调制方案，采用 Log-MAP 算法[26]进行迭代译码，最大迭代次数 $I_{max}=8$。从图 9-7 可以看出，使用 SCS/CA-SCS 译码，所提 BIPCM 方案的 BLER 性能显著提高。当 BLER=1×10^{-3} 时，在 CA-SCS 译码下 BIPCM 方案相比 Turbo 编码调制方案约获得 0.5 dB 的性能增益，并且直到 BLER<1×10^{-4}，BIPCM 方案也没有出现错误平台现象。

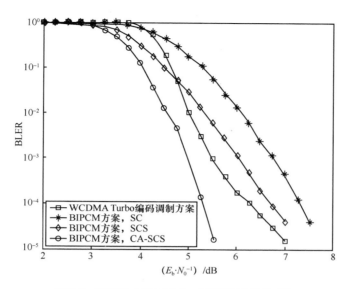

图 9-7　BIPCM 方案与 Turbo 编码调制方案的对比

9.2.2　调制编码联合极化

调制过程可以看作一组比特到调制符号的映射过程，其结果与极化过程中的信道变换一样，是在各比特之间引入相关性。因此，调制本身也可以被视作一种信道变换，通过多级编码[22]的方式，将调制糅合到整个信道极化过程中，由此实现极化编码与调制的联合优化。与 9.2.1 节中研究的 BIPCM 方案不同，本节中极化码的构造需要结合调制过程中每个比特到调制符号的映射关系，因此极化码编码器与调制模块之间不是经过比特级交织，而是直接相连的。

给定 2^m 进制输入无记忆信道 $W : \mathcal{X} \to \mathcal{Y}$，在星座映射 $L : \{0,1\}^m \to \mathcal{X}$ 下，W 可以等价地写作 $W : \{0,1\}^m \to \mathcal{Y}$，其信道转移概率函数为

$$W\left(y \mid b_1^m\right) = W(y \mid a) \tag{9-11}$$

其中，$b_1^m \in \{0,1\}^m$，$a = L\left(b_1^m\right)$，$a \in \mathcal{X}$，$y \in \mathcal{Y}$。

在接收端对信号进行解调时，b_1^m 可以被逐比特判决。不失一般性，假设 b_1 是被第一个解调判决的比特，b_m 是最后一个被解调判决的比特。对于 $j \in \{1, 2, \cdots, m\}$，基

于前 $j-1$ 个比特 b_1^{j-1} 的判决结果对第 j 个比特 b_j 进行解调判决。该解调过程可以看作对一组二进制输入信道 $W_j:\{0,1\}\to\mathcal{Y}\times\{0,1\}^{j-1}$ 的接收信号逐个进行 ML 判决，其中，× 为笛卡儿积，W_j 的信道转移概率函数为

$$W_j\left(y,b_1^{j-1}\mid b_j\right)=\sum_{b_{j+1}^m\in\{0,1\}^{m-j}}\left(\frac{1}{2^{m-1}}W\left(y\mid b_1^m\right)\right) \tag{9-12}$$

将上述从 2^m 进制输入信道 W 到 2 进制输入信道组 $\{W_1,W_2,\cdots,W_m\}$ 的变换过程看作一种信道变换，并通过多级编码[22]的方式与二进制信道变换 $\boldsymbol{G}_N$ 级联起来，构成极化编码调制（polarization coded modulation，PCM）传输场景下的信道变换。

图 9-8 给出了 PCM 中的信道变换，可以分成两个阶段。第一阶段，将 2^m 进制输入信道 W 变换到 $\{W_1,W_2,\cdots,W_m\}$，信道转移概率函数如式（9-12）所示。第二阶段，基于 W_j 逐个进行信道变换 $\boldsymbol{G}_N$，其中 $N=2^n$，$n=1,2,3,\cdots$。得到的极化信道为 $W_{m,N}^{(i)}:\{0,1\}\to\mathcal{Y}^N\times\{0,1\}^{i-1}$，$i=1,2,\cdots,mN$，其中，信道 $W_{m,N}^{(i)}$ 是从 $W_{\left\lceil\frac{i}{N}\right\rceil}$ 通过极化变换得到的。与传统极化码类似，在计算所有 mN 个极化信道的可靠性之后，选择最可靠的 K 个来承载信息比特。

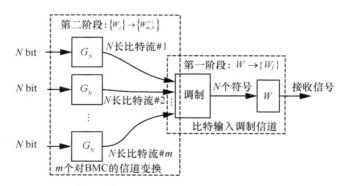

图 9-8　基于联合极化的极化编码调制中的两阶段信道变换

基于联合极化的极化编码传输方案发送过程如图 9-9 所示。K bit 信息经过一个串并变换，分配给 m 个码长均为 N 极化码编码器。码率控制器调整各个极化码编码器的码率配置，使 PCM 传输方案的总码率 $R=\dfrac{K}{mN}$。每个编码器的输

出均为一个长度为 N 的比特序列。从这 m 个序列中按顺序分别取一个比特，构成 N 个 m 元比特组，经过调制后得到 N 个 2^m 进制的调制符号并送入信道进行传输。

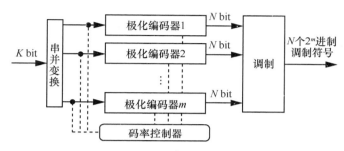

图 9-9　基于联合极化的极化编码传输方案发送过程

下面将围绕 PCM 传输中星座映射规则的设计展开讨论。给定一个 2^m 进制输入信道 W 以及星座映射规则 $L(\cdot)$，根据式（9-12）定义的信道 W_j 的对称信道容量为

$$I(W_j) = \sum_{b_1^m \in \{0,1\}^m} \sum_{y \in \mathcal{Y}} \left(\Pr\left(y, b_1^m\right) \log_2 \frac{\Pr\left(y \mid b_1^j\right)}{\Pr\left(y \mid b_1^{j-1}\right)} \right) \tag{9-13}$$

其中，$j \in \{1, 2, \cdots, m\}$。所有信道 W_j 的容量之和为

$$\sum_{j=1}^{m} I(W_j) = \sum_{b_1^m \in \{0,1\}^m} \sum_{y \in \mathcal{Y}} \left(\Pr\left(y, b_1^m\right) \log_2 \frac{W\left(y \mid b_1^m\right)}{\Pr(y)} \right) = I(W) \tag{9-14}$$

式（9-14）实际上是经典信息论中互信息的链规则公式[27]。根据式（9-14）可以得到以下两个结论。

结论 1　从 2^m 进制输入信道 W 到二进制输入信道组 $\{W_1, W_2, \cdots, W_m\}$ 的变换不会引起容量损失。

结论 2　和容量 $I(W)$ 不受星座映射规则 $L(\cdot)$ 的影响。

根据结论 2，似乎没有必要对 PCM 中的星座映射规则 $L(\cdot)$ 进行优化设计。然而，在有限码长的情况下，由于极化现象不完全，总存在一部分用来承载信息比特的信息信道的错误概率不趋于零，这直接造成了"有限码长极化码在 $R < I(W)$ 时也会存在一定的错误概率"这一事实。不仅如此，本节通过试算发现，当限制极化码传输错误概率在一定范围内时，信道容量与极化码所能达到的最大码率之差还受到信

道容量本身的影响。图 9-10 给出了在 BAWGNC 下采用 SC 译码，BLER ≤ 0.001 时，极化码所允许的最大码率 $R(I)$ 与对称信道容量 I 的关系。从图 9-10 可以看到，$I-R(I)$ 随着 I 的变化而变化：当 I 趋于 0 或趋于 1 时，$I-R(I)$ 相对较小，此时信道的极化效果较好；当 I 趋于 0.5 时，$I-R(I)$ 相对较大，此时信道的极化效果较差。因此，尽管 $\{W_1, W_2, \cdots, W_m\}$ 的和容量固定为 $I(W)$，但是却可以通过改变调制时星座映射的规则来优化 $\{I(W_1), I(W_2), \cdots, I(W_m)\}$ 的分布，从而提高有限码长下 PCM 传输方案的 BLER 性能。

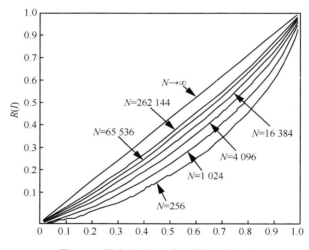

图 9-10　最大码率与对称信道容量的关系

在特定星座映射规则 $L(\cdot)$ 下，2^m 进制 PCM 在 AWGN 信道下传输的 BLER 性能可以通过 DE 算法[25]以及高斯近似[28]等方法得到。显然，遍历所有可能的星座映射规则 $L(\cdot)$ 共需要 $(2^m)!$ 次对 PCM 方案的尝试性构造。

对星座映射规则 $L(\cdot)$ 的遍历可以通过以下递归的方式进行。对于一个 2^m 进制星座映射问题（$m \geqslant 2$），其中的 2^m 个星座点可以等分成两部分，一部分对应于比特组 $\{b_1^m | b_1 = 0, b_2^m \in \{0,1\}\}$，另一部分对应于比特组 $\{b_1^m | b_1 = 1, b_2^m \in \{0,1\}\}$。这种等分的方法一共有 $\binom{2^m}{2^{m-1}} = \dfrac{(2^m)!}{\left((2^{m-1})!\right)^2}$ 种可能。忽略 b_1 的影响，则确定 b_2^m 的问题即两个 2^{m-1} 进制星座映射的子问题。每个 2^{m-1} 进制的子问题又可以进一步分解成两个 2^{m-2} 进制星座映射的子问题……直到子问题的数量增加到 2^m 个，此时每个星座中只有一个星座

点。图 9-11 给出了一个 8-PAM 星座映射进行递归配置的示例。

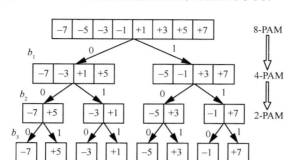

图 9-11　一个 8-PAM 星座映射进行递归配置的示例

由于信道输入是在符号集合 $\mathcal{X}$ 中等概率取值的，因此交换 $b_j = 0$ 与 $b_j = 1$ 的映射关系不会对式（9-13）中信道 W_j 的对称信道容量 $I(W_j)$ 产生影响。因此，以上递归配置过程中的每一步均可以利用该对称关系使搜索空间减半。于是，对于一个 2^m 进制 PCM，可能的星座映射方案种类为

$$S(m) = \prod_{i=1}^{m}\left(\frac{1}{2}\begin{pmatrix} 2^i \\ 2^{i-1} \end{pmatrix}\right)^{2^{m-i}} = \frac{(2^m)!}{2^{(2^m-1)}} \qquad （9\text{-}15）$$

通过上述方法，候选星座映射方案的数量能减少至 $\dfrac{1}{2^{(2^m-1)}}$。例如，对于一个 8 进制 PCM 问题，可能的映射方案从原本的 $8! = 40\,320$ 种缩减为 $S(3) = 315$ 种。

64-QAM 下 PCM 在 AWGN 信道下的 BLER 性能如图 9-12 所示。作为对比，图 9-12 中还给出了 WCDMA 系统使用的 Turbo 编码调制方案[15]。两种方案均配置信息序列长度为 $K = 512$，码率为 $R = \dfrac{1}{3}$，实际通过信道传输的符号数和比特数分别为 $N = 256$ 和 $mN = 1536$。对于 PCM 方案，采用 SC 算法和 CA-SCL 算法进行译码，其中 CA-SCL 算法的搜索宽度设置为 $L = 32$；对于 Turbo 编码调制方案，采用 Log-MAP 算法[26]进行迭代译码，最大迭代次数 $I_{\max} = 8$。PCM 方案中，星座映射方案除了采用前文所述的最佳信道映射外，还采用了格雷映射。仿真结果显示，在 SC 译码算法下，与格雷映射相比，最佳星座映射下的 PCM 能够获得 2.1 dB 的 BLER 性能增益。可见星座映射规则的选择可以对 PCM 方案的性能造成很大的影响，因

此在有限码长 PCM 方案下，对最佳星座映射规则的搜索是很有必要的。在 CA-SCL 译码算法下，与 BITCM 方案相比，PCM 方案能够获得 1.6 dB 的性能增益，且直到 BLER<$1×10^{-4}$ 也没有出现错误平台现象。由于进行了信道编码与调制的联合优化，与图 9-7 所示的 BIPCM 方案相比，在 SC 和 CA-SCL/SCS 译码下 PCM 方案能够获得 1.5 dB 和 1.1 dB 的 BLER 性能增益。

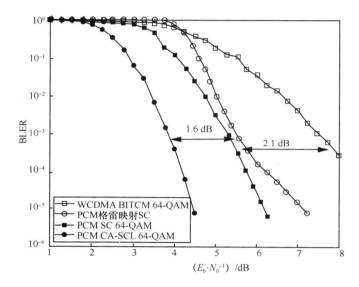

图 9-12　AWGN 信道下不同方案的 BLER 性能

|9.3　极化编码 MIMO|

MIMO 传输可以看作广义极化变换。利用极化码匹配不同可靠性的空间传输信道，能够显著提升系统整体频谱效率，称为极化编码 MIMO（PC-MIMO）[29-30]。

9.3.1　极化编码 MIMO 方案架构

文献[29]提出了极化编码 MIMO 方案，如图 9-13 所示。发送端包括一个或多个极化码编码器，编码比特序列经过交织器，被送入星座调制进行极化映射，最后调制符号序列被分别送入多个发送天线进行 MIMO 极化映射，得到发送信号序列。在接收端，可以采用两种检测译码算法，一种是串行检测译码，MIMO 检测器按照一定顺序逐天线输出软信息，并且在极化码译码器与 MIMO 检测器之间串行交互信息，如图 9-13 中虚线箭头所示；另一种是并行检测译码，MIMO 检测并行输出全部天线的软信息，再分别进行软解调与极化码译码。

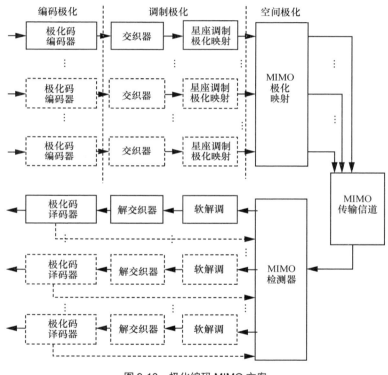

图 9-13 极化编码 MIMO 方案

需要注意的是，上述方案并不是极化编码与 MIMO 传输的简单组合。整个系统需要从极化观点出发，进行联合设计与优化，包括空间极化、调制极化与编码极化三级的极化分解与映射。其中，空间极化利用天线间的可靠性差异，进行天线信号的极化变换，将 MIMO 信道分解为空间极化信道；调制极化利用星座信号各个比特之间的可靠性差异，通过比特极化变换，分解为比特极化信道；编码极化进一步放大了比特极化信道的差异，得到编码极化信道。通过这样的三级极化，能够显著增强自然存在的空间与调制极化效应，最终实现 PC-MIMO 系统的整体极化。

理论分析表明，在无限码长条件下，这种三级极化的 PC-MIMO 系统能够达到信道容量极限[29]，换言之，PC-MIMO 的整体极化方案是一种提升系统频谱效率、满足 6G 高效率传输的重要技术手段。

9.3.2　空间极化特性

假设 MIMO 系统有 S 个发送天线，M 个接收天线，采用 2^m 进制的星座调制，一帧包含 N 个符号。则接收信号模型可以表示为

$$\boldsymbol{y}_1^M = \boldsymbol{H}\boldsymbol{x}_1^S + \boldsymbol{z}_1^M \tag{9-16}$$

其中，$\boldsymbol{y}_1^M$ 是接收信号向量；$\boldsymbol{x}_1^S$ 是发送信号向量；$\boldsymbol{H} = \left\{ h_{ij} \right\}$ 是信道响应矩阵；$\boldsymbol{z}_1^M$ 是加性噪声向量，其均值为 0，协方差矩阵为 $E\left((\boldsymbol{z}_1^M)^{\mathrm{H}} \boldsymbol{z}_1^M \right) = \sigma^2 \boldsymbol{I}_M$，$\sigma^2$ 是白噪声样值的方差，$\boldsymbol{I}_M$ 是单位阵。给定信道响应矩阵，则 MIMO 信道 W 的转移概率为

$$W(\boldsymbol{y}_1^M \mid \boldsymbol{x}_1^s, H) = \frac{1}{(\pi\sigma^2)^M} \exp\left(-\sum_{l=1}^{M} \frac{\| \boldsymbol{y}_l - (\boldsymbol{H}\boldsymbol{x}_1^s)_l \|^2}{\sigma^2} \right) \tag{9-17}$$

根据文献[29]的分析，利用互信息链式法则，MIMO 信道的互信息可分解为

$$I(W) = \sum_{k=1}^{S} I(W_k) = \sum_{k=1}^{S} \sum_{j=1}^{m} I(W_{k,j}) \tag{9-18}$$

其中，$I(W_k)$ 表示第 k 个发送天线对应的极化信道的互信息，它可以进一步分解为 m 个调制比特子信道 $W_{k,j}$，其相应的互信息为 $I(W_{k,j})$。

设置 $\dfrac{E_b}{N_0} = 6\ \mathrm{dB}$，采用 16-QAM，$2 \times 2$ 的 MIMO 快衰落信道进行空间极化与调制极化的信道容量如图 9-14 所示。由图 9-14 可知，MIMO 信道可以分解为 2 个空间极化子信道，即天线 1 与天线 2，其平均容量有显著差异，天线 1 的平均信道容量小于天线 2 的平均信道容量，具有空间极化现象。进一步地，由于采用 16-QAM，

每一个空间极化信道又分解为 4 个调制比特子信道，可以看出这 4 个子信道的容量也各不相同，存在明显的极化现象。

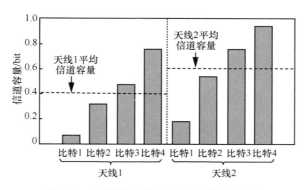

图 9-14　空间极化与调制极化的信道容量示例

9.3.3　检测算法

如前文所述，PC-MIMO 系统的检测方案需要集成 MIMO 检测算法、软解调以及极化码译码算法。其中，MIMO 检测采用最小均方差（minimum mean-square error，MMSE）、QR 分解等算法，极化码译码采用 SC 或 CA-SCL 译码算法。检测方案有两种，一种是串行检测译码，另一种是并行检测译码。

对于串行检测译码，首先逐天线进行 MIMO 信号检测，得到第一路天线信号后进行软解调，将比特似然比序列送入解交织器，进行 SC/CA-SCL 译码，获得第一路极化码译码结果。然后，将译码比特反馈到 MIMO 检测器，进行干扰重建与抵消，接着检测第二路天线信号，再进行软解调与极化码译码，依次类推，最终完成所有天线信号的检测、解调与译码。并行检测译码的过程比较简单，在此不再赘述。相比于串行检测译码，并行检测译码是一种次优算法，但并行结构可以降低整个检测的处理时延，因此也具有一定的实用价值。

9.3.4　仿真结果与分析

本节比较了在 $1 \times 1 \sim 8 \times 8$ MIMO、64-QAM、BLER=10^{-3} 条件下，不同码长、

码率的 PC-MIMO 与 Turbo 编码 MIMO（TC-MIMO）、LDPC 编码 MIMO（LC-MIMO）的频谱效率，结果如图 9-15 所示。极化码编码采用文献[29]的构造方法，译码采用 CA-SCL 算法。Turbo 码编码采用 LTE 标准，译码采用 Log-MAP 算法。LDPC 码编码采用 5GNR 标准，译码采用 BP 算法。从图 9-15 可以看到，PC-MIMO 相对于 TC-MIMO/LC-MIMO 有 1～2 dB 的性能增益。这说明，由于采用整体极化，PC-MIMO 能够达到更高的频谱效率，非常适合 6G 高频谱效率传输的需求。

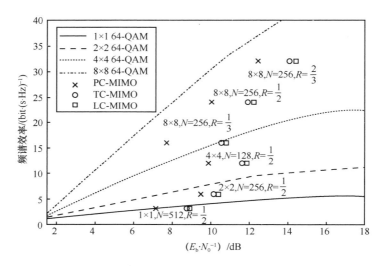

图 9-15　PC-MIMO、TC-MIMO、LC-MIMO 的频谱效率比较

┃9.4　极化编码 NOMA┃

NOMA 是一类能提高多用户通信系统容量的有效方法。特别是 SCMA[31]、PDMA[32]等方案，当每个用户分配不同的码本向量时，在占用同等时频资源的条件下，相比于正交多址技术，这些方案能够增加接入用户数量。由于 NOMA 方案中各个用户的检测可靠性存在差异，因此也可以看作广义极化，采用极化编码 NOMA（PC-NOMA）方案，能够显著提升系统可靠性与接入容量，满足 6G 大容量接入。

9.4.1　极化编码 NOMA 方案架构

文献[33]提出了极化编码 NOMA 的基本框架，如图 9-16 所示。PC-NOMA 方案针对的是多址接入信道。在发送端，每个用户的数据分别进行极化编码、交织、星座调制与多用户码本映射，然后送入信道。在接收端，接收信号首先在多用户因子图上进行软入软出检测，产生每一路用户数据的软信息，然后送入软解调单元和解交织器，得到比特似然比信息，最后送入各个用户的极化码译码器进行纠错。

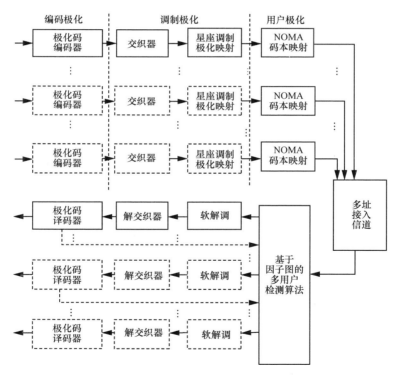

图 9-16　极化编码 NOMA 的基本框架

类似于 PC-MIMO，PC-NOMA 的极化变换也可以划分为三级极化：用户极化、调制极化以及编码极化。其中，调制极化与编码极化与 PC-MIMO 类似，在此不再赘述。用户极化充分利用了用户可靠性的差异，将 NOMA 的多用户码本映射过程看作广义的极化变换，采用极化编码调制进行充分匹配，从而获得系统的整体优化。

PC-NOMA 的检测结构也包括 2 种，即串行检测和并行检测。对于串行检测，多用户检测算法按照一定的顺序输出一个用户的软信息，进行软解调、解交织与极化译码后，将判决结果反馈到多用户检测单元，进行干扰消除后，再对下一个用户继续进行检测、解调与译码。对于并行检测，则同时输出各用户的软信息，分别进行检测、解调与译码。基于广义极化变换分析可以发现，串行检测中，用户检测顺序是影响 PC-NOMA 性能的关键配置。

9.4.2 多用户极化特性

对于上行 NOMA 系统，假设有 J 个用户，第 v 个用户的码本向量为 $\boldsymbol{x}_v = (x_{v,1}, x_{v,2}, \cdots, x_{v,F})$，对应的信道衰落向量为 $\boldsymbol{h}_v = (h_{v,1}, h_{v,2}, \cdots, h_{v,F})$，则接收信号向量 $\boldsymbol{y} = (y_1, y_2, \cdots, y_F)$ 可表示为

$$\boldsymbol{y}^{\mathrm{T}} = \sum_{i=1}^{J} \mathrm{diag}(\boldsymbol{h}_v) \boldsymbol{x}_v^{\mathrm{T}} + \boldsymbol{z}^{\mathrm{T}} \tag{9-19}$$

其中，$\mathrm{diag}(\boldsymbol{h}_v)$ 表示以向量 $\boldsymbol{h}_v$ 的衰落系数为对角线元素的对角矩阵，$\boldsymbol{z}^{\mathrm{T}}$ 表示加性噪声向量。

假设每个用户采用 2^m 进制调制，发送 N 个符号，根据文献[33]的分析，利用互信息链式法则，PC-MIMO 信道的序列互信息表示为

$$I(\boldsymbol{b}_1, \boldsymbol{b}_2, \cdots, \boldsymbol{b}_J; y_1, y_2, \cdots, y_N) = \sum_{v=1}^{J}\sum_{j=1}^{m}\sum_{i=1}^{N} I(W_{v_{j,i}}) \tag{9-20}$$

其中，$\boldsymbol{b}_v$ 表示第 v 个用户发送的信息序列；y_l 表示第 l 个时刻接收到的信号向量；$W_{v_{j,i}}$ 表示经过用户、调制、编码三级极化后对应的第 v 个用户、第 j 个比特、第 i 个极化子信道，其互信息为 $I(W_{v_{j,i}})$。

采用 PDMA 码本（配置为 3 个用户共享两个单元，即 2×3 二进制调制，每个用户码长为 $N=256$，AWGN 信道 $\dfrac{E_b}{N_0}=3$ dB 的互信息如图 9-17 所示。

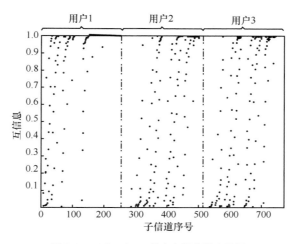

图 9-17 PC-NOMA 的广义极化效应示例

由图 9-17 可知，3 个用户内部的各个子信道存在显著的可靠性差异，互信息越大（接近 1）则可靠性越高，互信息越小（接近 0）则可靠性较差，这是由编码极化导致的。同时，3 个用户高可靠子信道的比例也存在明显差异，用户 1 对应的高可靠子信道较多，用户 2 次之，用户 3 最少，3 个用户的信道展示了显著的用户极化效应。

9.4.3 检测算法

如前文所述，PC-NOMA 有两类检测算法：串行检测与并行检测。对于多用户检测，在 NOMA 码本构成的因子图上，一般采用软入软出的迭代算法。对于极化码译码，采用 SC 或 CA-SCL 译码算法。

在串行检测中，用户检测顺序对系统性能有直接影响。传统观点认为，多用户（SIC）检测的最优检测顺序是按照信号强度从大到小进行，称为强者优先（best-goes-first, BGF）准则，即首先检测信号最强的用户，然后检测次强用户，依次类推。但是文献[33]的 BGF 准则是不考虑信道编码，单独进行多用户检测时的最优顺序。

对于 PC-NOMA 系统，考虑到用户、调制、编码三级极化，则 BGF 并不是最优的检测顺序；相反的顺序，即基于最差优先（worst-goes-first, WGF）准则性能反而更好。对于 WGF 顺序，首先检测信号最差的用户，进行解调与译码；然后检测第二差用户，进行解调与译码，依次类推。表面上看，这样的检测不符合多用户从强到弱的检测顺序。但 PC-NOMA 是整体极化，最差用户的极化码有更多冻结位辅助译码，从系统优化观点来看，这样的检测顺序才是最佳的。

采用并行检测的 PC-NOMA 的结构比较简单，多用户检测单元多次迭代后，并行输出多个用户的软信息，分别送入各自的解调译码单元进行处理即可，在此不再赘述。

9.4.4　仿真结果与分析

为了考察不同编码方式的 NOMA 方案性能，本节仿真了 AWGN 信道下 PC-SCMA、PC-PDMA、TC-SCMA 与 TC-PDMA 方案的性能。每个用户的极化码或 Turbo 码的码长为 $N=1\ 024$，所有用户的平均码率为 $R=\dfrac{1}{2}$。极化码采用 CA-SCL 译码算法，Turbo 码采用 Log-MAP 译码算法。

4×6 SCMA 码本矩阵、2×3 与 3×6 PDMA 码本矩阵分别定义为

$$\boldsymbol{F}_{4\times6}^{\mathrm{SCMA}} = \begin{bmatrix} 0 & 1 & 1 & 0 & 1 & 0 \\ 1 & 0 & 1 & 0 & 0 & 1 \\ 0 & 1 & 0 & 1 & 0 & 1 \\ 1 & 0 & 0 & 1 & 1 & 0 \end{bmatrix}$$

$$\boldsymbol{F}_{2\times3}^{\mathrm{PDMA}} = \begin{bmatrix} 1 & 1 & 0 \\ 1 & 0 & 1 \end{bmatrix}$$

$$\boldsymbol{F}_{3\times6}^{\mathrm{PDMA}} = \begin{bmatrix} 1 & 1 & 0 & 1 & 0 & 0 \\ 1 & 0 & 1 & 0 & 1 & 0 \\ 0 & 1 & 1 & 0 & 0 & 1 \end{bmatrix} \tag{9-21}$$

其中，4×6 SCMA 码本对应的负载为 150%，2×3 与 3×6 PDMA 码本对应的负载分别为 150% 与 200%。

AWGN 信道下不同 NOMA 方案的 BLER 性能如图 9-18 所示。由图 9-18 可知，无论是采用 PDMA 还是 SCMA 码本，极化编码方案都比 Turbo 编码方案有显著的性能增益。例如，采用 3×6 PDMA 码本，当 BLER=10^{-4} 时，PC-PDMA 相比于 TC-PDMA 可以获得 3 dB 的性能增益。并且，TC-SCMA 和 TC-PDMA 都出现了明

显的错误平台现象，而 PC-SCMA 和 PC-PDMA 都没有这一现象。进一步观察到，PC-SCMA/PDMA 采用 BGF 与 WGF 这 2 种多用户检测顺序也存在性能差异。在不同码本与负载条件下，WGF 都优于 BFG。这一结果符合前述分析，WGF 更匹配整体极化结构，因此相比 BGF 能够进一步提升系统性能。

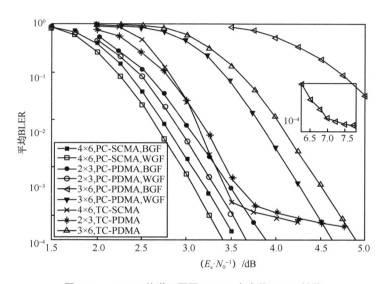

图 9-18　AWGN 信道下不同 NOMA 方案的 BLER 性能

通过上述比较可以看出，极化编码 NOMA 方案是一种提高系统容量的有效手段。另外，广义极化思想也可以应用于波形设计，将极化编码应用于 GFDM（generalized frequency division multiplexing）中也有显著的性能优势[33]。对于满足 6G 大容量接入而言，这些方案都是有竞争力的候选方案。

|9.5　本章小结 |

未来 6G 移动通信系统需要满足高可靠低时延、高频谱效率、高密度大容量的传输需求，使编码调制设计面临巨大的技术挑战。本章将极化码的设计思想进一步推广到编码传输系统，提出了极化信息处理框架。6G 移动通信系统中，应用极化编码传输技术的优势集中体现在以下 3 个方面。

（1）超高可靠性

极化码可以严格证明没有错误平台，这一点是极化码相对于 Turbo/LDPC 码最重要的性能优势。同时，在中短码长（100～2 000 bit）下，极化码性能显著优于 Turbo/LDPC 码。通过优化 CRC，简单的 CRC 级联极化码能够逼近有限码长容量极限，是满足 6G 超高可靠数据传输的重要技术方案。

（2）高频谱效率

极化编码 MIMO 方案集成了编码极化、调制极化与空间极化三级极化结构。与 Turbo/LDPC 编码 MIMO 系统相比，PC-MIMO 由于充分挖掘了空间极化效应，具有显著的性能增益，极大提升了频谱效率，满足 6G 系统高频谱效率传输需求。

（3）大系统容量

极化编码 NOMA 方案包含了编码极化、调制极化与用户极化三级极化结构。理论上，PC-NOMA 能够逼近多址接入信道容量极限，具有优越的渐近性能。实际应用中，这一方案能够以低复杂度多用户检测算法显著提高接入用户容量，满足 6G 大容量接入需求。

综上所述，基于极化信息处理思想设计极化编码传输系统，是满足未来 6G 需求的重要候选技术，具有广阔的应用前景。

参考文献

[1] MATTI L, KARI L, FEDERICO C, et al. Key drivers and research challenges for 6G ubiquitous wireless intelligence[R]. 2020.

[2] 张平, 牛凯, 田辉, 等. 6G 移动通信技术展望[J]. 通信学报, 2019, 40(1): 141-148.

[3] SERIES M. IMT vision–framework and overall objectives of the future development of IMT for 2020 and beyond[R]. 2015.

[4] SHANNON C E. A mathematical theory of communication[J]. Bell System Technical Journal, 1948, 27(3): 379-423.

[5] ARIKAN E. Channel polarization: a method for constructing capacity-achieving codes for symmetric binary-input memory less channels[J]. IEEE Transactions on Information Theory, 2009, 55(7): 3051-3073.

[6]　3GPP. Multiplexing and channel coding: 3GPP 38.212 V.15.3.0[S]. 2018.

[7]　牛凯. "太极混一": 极化码原理及 5G 应用[J]. 中兴通讯技术, 2019, 25(1): 19-28, 62.

[8]　NIU K, CHEN K, LIN J R, et al. Polar codes: primary concepts and practical decoding algorithms[J]. IEEE Communications Magazine, 2014, 52(7): 192-203.

[9]　UNGERBOECK G. Channel coding with multilevel/phase signals[J]. IEEE Transactions on Information Theory, 1982, 28(1): 55-67.

[10]　ZEHAVI E. 8-PSK trellis codes on Rayleigh channel[C]//Proceedings of IEEE Military Communications Conference. Piscataway: IEEE Press, 1989: 536-540.

[11]　CAIRE G, TARICCO G, BIGLIERI E. Bit-interleaved coded modulation[J]. IEEE Transactions on Information Theory, 1998, 44(3): 927-946.

[12]　ROSNES E, YTREHUS O. On the design of bit-interleaved turbo-coded modulation with low error floors[J]. IEEE Transactions on Communications, 2006, 54(9): 1563-1573.

[13]　TEE R Y S, MAUNDER R G, HANZO L. EXIT-chart aided near-capacity irregular bit-interleaved coded modulation design[J]. IEEE Transactions on Wireless Communications, 2009, 8(1): 32-37.

[14]　WANG Y, XIE L, CHEN H F, et al. Improved decoding algorithm of bit-interleaved coded modulation for LDPC code[J]. IEEE Transactions on Broadcasting, 2010, 56(1): 103-109.

[15]　3GPP. Universal mobile telecommunications system (UMTS): multiplexing and channel coding (FDD): 3GPP 25.212, V8.5.0[S]. 2009.

[16]　DAHLMAN E, PARKVALL S, SKOLD J, et al. 3G evolution: HSPA and LTE for mobile broadband, 2nd ed[M]. Salt Lake City: Academic Press, 2008.

[17]　IEEE. Wireless LAN medium access control (MAC) and physical layer (PHY) specifications: high-speed physical layer in the 5GHz band: IEEE Std 802.11a-1999 (R2003)[S]. 1999.

[18]　IEEE. Wireless LAN medium access control (MAC) and physical layer (PHY) specifications. amendment 5: enhancements for higher throughout: IEEE Std 802.11n-2009[S].2009.

[19]　ETSI. Digital video broadcasting (DVB): frame structure channel coding and modulation for a second generation digital terrestrial television broadcasting system (DVB-T2): ETSI, Tech. Rep. ETSI EN 302 755 V1.1.1[S].2009.

[20]　ETSI. Digital video broadcasting (DVB): second generation framing structure, channel coding and modulation systems for broadcasting, interactive services, news gathering and other broadband satellite applications (DVB-S2): ETSI, Tech. Rep. ETSI EN 302 307 V1.2.1[S]. 2009.

[21]　ETSI. Digital video broadcasting (DVB): frame structure channel coding and modulation for a second generation digital transmission system for cable system (DVB-C2): ETSI, Tech. Rep. ETSI EN 302 769 V1.1.1[S].2010.

[22]　IMAI H, HIRAKAWA S. A new multilevel coding method using error-correcting codes[J].

IEEE Transactions on Information Theory, 1977, 23(3): 371-377.

[23] SHIN D M, LIM S C, YANG K. Mapping selection and code construction for 2^m-ary polar-coded modulation[J]. IEEE Communications Letters, 2012, 16(6): 905-908.

[24] PRESMAN N, SHAPIRA O, LITSYN S. Polar codes with mixed kernels[C]//Proceedings of IEEE International Symposium on Information Theory Proceedings. Piscataway: IEEE Press, 2011: 6-10.

[25] MORI R, TANAKA T. Performance of polar codes with the construction using density evolution[J]. IEEE Communications Letters, 2009, 13(7): 519-521.

[26] ROBERTSON P, HOEHER P, VILLEBRUN E. Optimal and sub-optimal maximum a posteriori algorithms suitable for turbo decoding[J]. European Transactions on Telecommunications, 1997, 8(2): 119-125.

[27] COVER T M, THOMAS J A. Elements of information theory[M]. New York: John Wiley & Sons, Inc., 1991.

[28] TRIFONOV P. Efficient design and decoding of polar codes[J]. IEEE Transactions on Communications, 2012, 60(11): 3221-3227.

[29] DAI J C, NIU K, LIN J R. Polar-coded MIMO systems[J]. IEEE Transactions on Vehicular Technology, 2018, 67(7): 6170-6184.

[30] CHEN Y T, SUN W C, CHENG C C, et al. An integrated message-passing detector and decoder for polar-coded massive MU-MIMO system[J]. IEEE Transactions on Circuits and Systems I: Regular Papers 2019, 66(3): 1205-1218.

[31] DING Z G, LEI X F, KARAGIANNIDIS G K, et al. A survey on non-orthogonal multiple access for 5G networks: research challenges and future trends[J]. IEEE Journal on Selected Areas in Communications, 2017, 35(10): 2181-2195.

[32] DAI L L, WANG B C, YUAN Y F, et al. Non-orthogonal multiple access for 5G: solutions, challenges, opportunities, and future research trends[J]. IEEE Communications Magazine, 2015, 53(9): 74-81.

[33] DAIJ, NIU K, SIZ, et al. Polar-coded non-orthogonal multiple access[J]. IEEE Transactions on Signal Processing, 2018, 66(5): 1374-1389.

第 10 章

智能信号处理

近年来，以机器学习（machine learning，ML）、深度学习（deep learning，DL）为代表的人工智能技术获得了突飞猛进的发展，在机器视觉、机器翻译、语音识别、人脸识别等领域取得了巨大成功。深度学习方法为无线信号处理提供了新的研究思路，基于神经网络（neural network，NN）的智能信号处理成为研究热点。特别是北京邮电大学张平院士提出的语义通信，已成为 6G 重要的研究方向。本章首先简述了机器学习与深度学习的基本概念及分类，然后介绍了基于深度学习的通信架构、智能信道估计和深度 MIMO 信号检测，最后简要介绍了语义编码传输。

| 10.1　深度学习概述 |

人工智能是一个非常广泛的研究领域，涵盖以下 6 个子领域：（1）计算机视觉，包括模式识别、图像处理等技术；（2）自然语言处理（natural language processing，NLP），包括语音识别与合成、人机对话等技术；（3）认知与推理，包括各种物理和社会常识推理；（4）机器人学，包括机械、控制、设计、运动规划、任务规划等；（5）博弈与伦理，包括多代理人（Agent）的交互、对抗与合作，机器人与社会融合等；（6）机器学习，包括各种基于统计的建模、分析工具和计算方法。这些子领域的研究正在交叉发展，统一的智能科学正在建立的过程中。

由此可见，机器学习是人工智能的一个子领域，而深度学习属于机器学习的一个分支。本节首先简述机器学习与深度学习的基本概念，然后介绍机器学习与深度学习的分类。

10.1.1　机器学习与深度学习的基本概念

对于机器学习的概念，人工智能学术界尚未有统一的定义。著名的美国计算机科学家、机器学习研究者，卡内基梅隆大学 Mitchell 教授[1]给出了经典定义：对于某类任务 T 和性能度量 P，如果一个计算机程序在 T 上以 P 衡量的性能随着经验

$\mathcal{E}$ 而自我完善，那么称这个计算机程序从经验 $\mathcal{E}$ 中学习。

Goodfellow、Bengio 与 Courville[2]的权威著作 *Deep Learning* 中将机器学习定义为：机器学习本质上属于应用统计学，更多地关注如何用计算机统计估计复杂函数，不太关注为这些函数提供置信区间。上述机器学习的定义强调了计算能力的作用，而不再强调传统的统计概念，如置信区间。

深度学习通常是指采用多层神经网络模型，通过大量数据训练，获得高性能估计与判别的机器学习方法。

10.1.2　机器学习与深度学习的分类

一般地，机器学习与深度学习可以分为三类：监督学习、半监督学习以及无监督学习。另外，作为另一大类学习方法，强化学习（reinforcement learning，RL）与深度强化学习（deep reinforcement learning，DRL）也可用于半监督学习与无监督学习。下面简述各类方法的基本特点。

（1）监督学习

监督学习是一种基于标记数据的学习方法。这一类学习方法需要对输出数据进行标记，通过迭代训练的模型参数，使模型输出逐步逼近标记结果，最终得到高性能的预测结果。监督学习中代表性的机器学习方法包括决策树、朴素贝叶斯分类、最小二乘回归、逻辑回归、支持向量机（support vector machine，SVM）等。对于深度学习而言，监督学习包括深度神经网络（deep neural networks，DNN）、卷积神经网络（convolutional neural networks，CNN）、循环神经网络（recurrent neural network，RNN）等。如果将多种算法组合构建一个分类器，并将各个算法的预测加权作为最终输出结果，则称为集成学习。

（2）半监督学习

半监督学习是一种基于部分标记数据的学习方法。DRL 和生成式对抗网络（generative adversarial networks，GAN）为半监督学习的典型方法。

DRL 是一类应用于未知环境的交互式学习方法。当输入数据时，模型做出预测，经过环境反馈得到局部的奖励和代价，模型基于反馈执行下一步动作。DRL 属于半监督或无监督学习，这类方法无法得到全局的代价函数，而是通过与环境的交互动态调整代价函数。因此，这类学习方法与监督学习方法截然不同，代价函数无法进行离线式的全局优化，只能通过在线方式基于模型以前的动作进行动态优化。

（3）无监督学习

无监督学习一般指基于无标记数据的学习方法。由于没有数据标记，模型只能学习数据的内蕴表示或重要特征，从而发现输入数据的未知关系或结构。这类机器学习方法包括聚类、降维（如主成分分析（principal component analysis，PCA）、奇异值分解（singular value decomposition，SVD）、独立成分分析（independent component analysis，ICA）等），以及生成技术等。对于深度学习而言，自编码器（autoencoder，AE）、受限玻尔兹曼机（restricted Boltzmann machine，RBM）以及GAN 都可用于数据聚类或降维，并且 RNN 或 RL 也可以用于无监督学习。

传统的机器学习与深度学习的主要差别在于样本特征的提取。对于传统的机器学习，样本特征是先验定义的统计特征，通过各种算法进行提取，例如 SIFT（scale invariant feature transform）、方向梯度直方图（histogram of oriented gradient，HOG）；或者通过统计学习获得，如 SVM、PCA、ICA、线性判别分析（linear discriminant analysis，LDA）等。对于深度学习，样本特征通过自动学习获取，并且是分级分层表示的。因此，与传统的机器学习相比，深度学习不依赖于统计模型假设，具有更强的数据适应性。这是传统的机器学习与深度学习的本质区别。

10.2　基于深度学习的通信架构

移动通信需要在动态时变的无线信道中进行高度复杂的信号传输与处理。传统的无线通信系统的设计思想是将复杂的信号处理任务分解为多个模块，分别进行信号的发送与接收处理。这种设计思想符合经典信息论的分离定理，即通过单独优化各个信号处理单元，就能够实现通信系统的整体优化。但分离定理成立的前提是信源与信道的统计特性满足无记忆或广义平稳遍历，而在移动通信中，由于业务与信道的动态时变，这一前提并不成立，因此，分离定理不能保证系统性能整体最优。

更好的方法显然是基于联合优化观点对移动通信系统进行整体设计。但长期以来，联合优化只停留在理念阶段，一方面，由于移动通信行为的高度复杂性，难以建立联合优化的概率模型；另一方面，即使建立了优化模型，联合最大似然检测的算法复杂度也难以承受。

深度学习为移动通信的整体优化提供了一种新的解决手段，数据驱动方法可以规避复杂建模问题，用离线的大数据训练近似在线的 ML 检测，从而达到性能与复杂度的较好折中。具体而言，深度学习在移动通信中的应用可分为两类方法，即通用移植法和专用定制法。

通用移植法是指将移动通信的信号处理问题看作一类通用的学习任务，直接应用深度学习理论与方法，设计相应的处理方案。对于简单的移动通信系统，这种方法具有通用性，能够适应系统的同步误差、时变衰落等非理想因素，具有一定优势。但对于复杂的移动通信系统，通用移植法未必能取得令人满意的效果。

由此，人们引入了专用定制法，即针对移动信号处理的特定问题设计专用的神经网络模型。这种方法为信号处理算法提供了新的研究思路，在信道估计、信号检测等领域具有较高的应用价值。

本节首先介绍通用移植法在端到端移动通信系统设计中的应用，然后介绍专用定制法在信道估计、信号检测与信道编译码中的应用。

10.2.1　基于自编码器的通信架构

O'Shea 等[3-4]与 Dorner 等[5]最早提出了基于自编码器的端到端通信架构，如图 10-1 所示，把端到端通信看作一个信号识别任务，采用自编码器-译码器框架，对由发射机、信道与接收机构成的移动通信系统进行抽象建模。

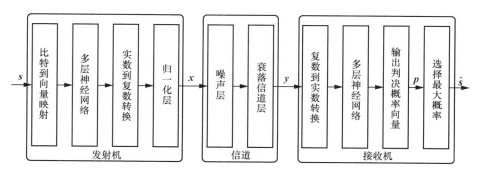

图 10-1　基于自编码器的端到端通信结构

首先，输入信号 $s \in \mathcal{M} = \{1, 2, \cdots, M\}$ 经过比特到向量的映射，编码为 m 维全 1 向量 $\mathbf{1}_s = (0, \cdots 0, 1, 0, \cdots, 0) \in \mathbb{C}^M$，其中，第 s 个位置为 1，其余位置为 0。然后，这个向量被送入多层神经网络，经过实数到复数的变换，再经过归一化操作，得到发送信号向量 $\boldsymbol{x} \in \mathbb{C}^n$。最后，经过噪声层与衰落信道层，得到接收信号向量 $\boldsymbol{y} \in \mathbb{C}^n$。在接收端，首先将复信号转换为实信号；然后经过多层神经网络处理，输出概率向量 $\boldsymbol{p} \in (0, 1)^m$；最后选择概率最大的信号输出，得到判决估计 $\hat{s}$。

假设 $\boldsymbol{\theta}_{\mathrm{T}}$ 和 $\boldsymbol{\theta}_{\mathrm{R}}$ 分别是发射机和接收机的网络参数，给定发射机映射 $f_{\boldsymbol{\theta}_{\mathrm{T}}}^{\mathrm{T}} : \mathcal{M} \to \mathbb{C}^n$，接收机映射 $f_{\boldsymbol{\theta}_{\mathrm{R}}}^{\mathrm{R}} : \mathbb{C}^n \to \left\{ \boldsymbol{p} \in (0, 1)^m : \sum_{i=1}^{m} p_i = 1 \right\}$，则自编码器的代价函数可以用交叉熵表示，即

$$L\left(\boldsymbol{\theta}_{\mathrm{T}}, \boldsymbol{\theta}_{\mathrm{R}}\right) = -\sum_{i=1}^{S} \frac{1}{S} \log_2 \left(f_{\boldsymbol{\theta}_{\mathrm{R}}}^{\mathrm{R}} \left(f_{\boldsymbol{\theta}_{\mathrm{T}}}^{\mathrm{T}} \left(\mathbf{1}_s^{(i)}\right), z^{(i)} \right)_{m^{(i)}} \right) \tag{10-1}$$

其中，$m^{(i)}$ 表示第 i 个训练样本，S 表示训练样本总数，$z^{(i)}$ 和 z 表示叠加的噪声和衰落样本。

整个系统的神经网络层主要采用激活函数 ReLU，发射机和接收机的最后一层采用激活函数 Softmax，通过后向传播的随机梯度下降（stochastic gradient descent，SGD）法训练网络参数。由于信道的随机特性，叠加噪声后得到的数据样本都是相互独立的，因此神经网络不会发生过拟合，这一点是通信系统深度学习方法与一般深度学习方法的主要区别。

由于衰落信道模型与实际信道存在差异，离线训练的自编码器可能不匹配真实的无线传输信道特征。为了解决这一问题，可以基于迁移学习思想采用如图 10-2 所示的两阶段训练过程。第一阶段训练，采用随机信道模型产生数据样本，训练初始的自编码器与译码器并将其作为发射机与接收机。第二阶段训练，从发射机发送大量的已知信号序列，经过真实信道产生接收样本，用于在线训练接收机。由于此时的接收机是在第一阶段训练的基础上通过继续训练适应真实信道与随机信道模型的差异，因此被称为精细调整 AE。通过这样的两阶段训练，系统可靠性得到了进一步提升。

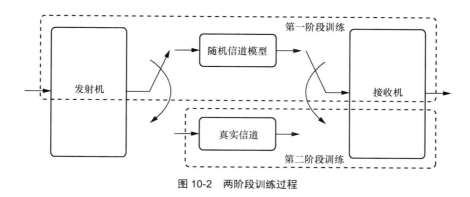

图 10-2　两阶段训练过程

图 10-3 给出了采用自编码器实现无线通信的 BLER 性能。调制方式采用光差分正交相移键控（differential quadrature phase shift keying，DQPSK），虚线是 AWGN 信道下的理论性能曲线，GR DQPSK 是基于 GNU Radio 软件无线电平台在无线信道的实测性能曲线，AE 与精细 AE 是采用自编码器的性能曲线。由图 10-3 可知，自编码器训练的结果与实测性能曲线非常吻合，如果采用精细调整，则可以进一步提高系统性能。

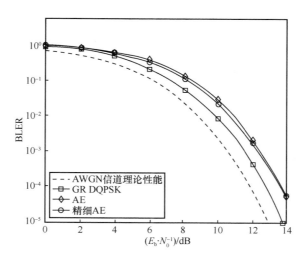

图 10-3　采用自编码器实现无线通信的 BLER 性能

10.2.2　基于强化学习的通信架构

10.2.1 节所述两阶段训练自编码器方案存在以下两个问题：（1）精细调整阶段只能对接收机训练，无法进一步优化发射机，导致系统性能受限；（2）自编码器需要联合训练发射机与接收机，训练样本量大，算法收敛慢。为了解决这些问题，文献[6]提出了基于强化学习的通信架构，它的基本思想是将联合训练分解为接收机与发射机的单独训练，首先采用监督学习方法训练接收机，然后采用强化学习方法训练发射机。基于监督学习的接收机训练过程和基于强化学习的发射机训练过程分别如图 10-4 和图 10-5 所示。

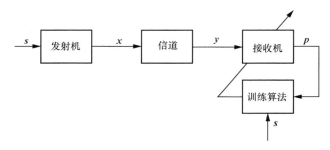

图 10-4　基于监督学习的接收机训练过程

由图 10-4 可知，接收机以发送样本序列 s 为参考，采用 SGD 单独训练接收网络参数 $\boldsymbol{\theta}_R$。其相应的代价函数为

$$L\left(\boldsymbol{\theta}_R\right) = -\sum_{i=1}^{S}\frac{1}{S}\log_2\left(f_{\boldsymbol{\theta}_R}^{R}\left(\boldsymbol{y}^{(i)}\right)_{m^{(i)}}\right) \qquad (10\text{-}2)$$

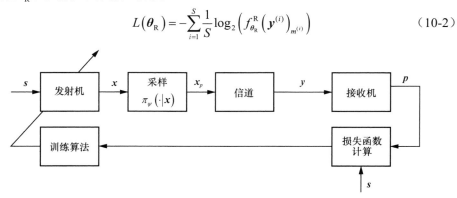

图 10-5　基于强化学习的发射机训练过程

发射机的训练采用强化学习方法，将消息集合 $\mathcal{M}$ 作为状态空间，发送信号集合 $\mathbb{C}^n$ 作为动作空间。随机策略映射 $\pi_\psi(\cdot|\boldsymbol{x})$ 表征发送信号到信道的映射，通过调整这一策略可以优化发射机结构。当计算出接收端损失 $L(\boldsymbol{\theta}_R)$ 后，发送端的整体损失函数为 $J(\boldsymbol{s}, L(\boldsymbol{\theta}_R), \boldsymbol{x}_p)$，相应的训练梯度表示为

$$\nabla_{\boldsymbol{\theta}_T, \psi} J(\boldsymbol{s}, L(\boldsymbol{\theta}_R), \boldsymbol{x}_p) = \frac{1}{B} \sum_{i=1}^B L^{(i)}(\boldsymbol{\theta}_R) \nabla_{\boldsymbol{\theta}_T, \psi} \log_2 \left(\pi_\psi \left(\boldsymbol{x}_p^{(i)} \middle| f_{\boldsymbol{\theta}_T}^T(\boldsymbol{s}^{(i)}) \right) \right) \quad （10\text{-}3）$$

其中，B 表示发射机的训练样本总数。

由于发射机与接收机分别训练，这种监督学习与强化学习混合方法的训练复杂度要远小于联合训练，并且系统性能与自编码器相当，没有明显损失。因此，这种分别训练方式能够达到性能与复杂度更好的折中。

10.2.3 基于条件生成式对抗网络的通信架构

为了获得良好的接收性能，基于自编码器或强化学习的移动通信架构需要假设 CSI 完全已知，如果信道变化过于剧烈，则系统性能会显著下降。为了克服这个问题，文献[7]提出了基于条件生成式对抗网络（conditional GAN，CGAN）的通信架构。其基本思想是将信道状态信息 $\boldsymbol{h}$ 作为条件训练生成器，模拟真实信道响应作为接收机的信道状态信息。

令 $D(\boldsymbol{y}|\boldsymbol{h})$ 表示鉴别器在给定 CSI 下的输出，$G(\boldsymbol{z}|\boldsymbol{h})$ 表示生成器在给定 CSI 下的输出，则 CGAN 的优化模型表示为

$$\min_G \max_D V(G, D) = \min_G \max_D \mathbb{E}_{\boldsymbol{y} \sim p(\boldsymbol{y}|\boldsymbol{h})} \left[\log_2 D(\boldsymbol{y}|\boldsymbol{h}) \right] + \mathbb{E}_{\boldsymbol{z} \sim p(\boldsymbol{z}|\boldsymbol{h})} \left[\log_2 \left(1 - D(G(\boldsymbol{z}|\boldsymbol{h})) \right) \right]$$

$$（10\text{-}4）$$

CGAN 的训练过程包括接收机、发射机的单独训练，以及整体训练。

CGAN 的接收机训练过程如图 10-6 所示。接收机训练与一般的监督学习类似。在发送信号中插入导频，经过信道后，得到导频信号 $\boldsymbol{y}_p$ 作为 CSI 样本。将接收信号 $\boldsymbol{y}$ 与导频信号 $\boldsymbol{y}_p$ 作为输入条件训练接收网络，计算损失函数，采用 SGD 调整与优化网络参数。

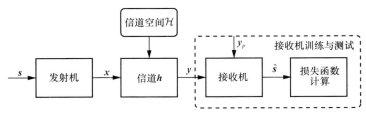

图 10-6　CGAN 的接收机训练过程

CGAN 的发射机训练过程如图 10-7 所示。当完成接收机训练、固定网络参数后，基于损失函数采用 SGD 调整发射机参数。

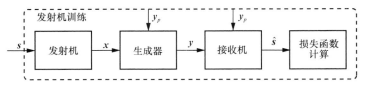

图 10-7　CGAN 的发射机训练过程

完成接收机与发射机训练后，就可以进行 CGAN 的整体训练，过程如图 10-8 所示。将导频信号 y_p 送入生成器作为输入条件，产生模拟接收信号 z ，并与另一路真实接收信号 y 一起送入鉴别器，得到损失函数，进一步反向调整生成器与鉴别器。

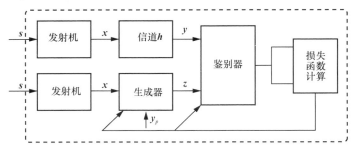

图 10-8　CGAN 的整体训练过程

Rayleigh 衰落信道下，采用 QPSK 调制进行 CGAN 检测与传统检测的性能对比如图 10-9 所示。对于理想信道估计下的相干检测，两种方法的性能一致；信道估计条件下，采用端到端（end to end，E2E）的 CGAN 检测也能达到与联合估计与解调方法类似的性能。

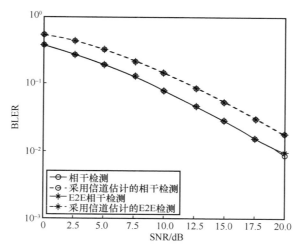

图 10-9　检测性能对比

|10.3　智能信道估计 |

　　信道响应可类比为图像向量，因此可以采用 DNN/CNN 模型进行信道估计。神经网络模型经过大量的离线训练，大幅度节省了导频数量，甚至可以实现全盲估计，这是应用深度学习方法的一个重要优点。基于深度学习的信道估计都属于专用定制法，需要针对信号模型的结构特点并结合信号处理特点设计深度学习网络模型。

　　给定一个 OFDM 系统，假设 $X_m(k)$ 表示第 m 个 OFDM 符号第 k 个子载波的频域调制信号，则经过 IFFT，得到时域发送信号为

$$x_m(n) = \frac{1}{\sqrt{N}} \sum_{k=0}^{N-1} X_m(k) \mathrm{e}^{\frac{\mathrm{j}2\pi nk}{N}}, n = 0,1,\cdots,N-1 \qquad (10\text{-}5)$$

其中，N 是子载波数目，n 是时域样值序号。插入 CP 后，得到完整的时域信号为

$$x_f(n) = \begin{cases} x_m(N+n), & n = -N_G,\cdots,1 \\ x_m(n), & n = 0,1,\cdots,N-1 \end{cases} \qquad (10\text{-}6)$$

其中，N_G 是 CP 长度。

OFDM 时域波形信号经过多径衰落信道，再叠加噪声后得到接收信号，表示为

$$y_f(n) = x_f(n)h_m(n) + w_m(n) \qquad (10\text{-}7)$$

其中，$w_m(n)$ 是白噪声样值，$h_m(n)$ 是多径信道响应，可以表示为

$$h_m(n) = \sum_{l=0}^{L-1} \alpha_l \delta(n - \tau_l) \qquad (10\text{-}8)$$

其中，α_l 是第 l 条径的复信道响应，τ_l 是相应的时延。

去除 CP 后，得到一个 OFDM 符号的接收波形信号 $y_m(n)$，经过 FFT 得到频域接收信号，表示为

$$Y_m(k) = \frac{1}{N} \sum_{n=0}^{N-1} y_m(n) \mathrm{e}^{-\frac{\mathrm{j}2\pi kn}{N}}, k = 0,1,\cdots,N-1 \qquad (10\text{-}9)$$

由此，可以直接用频域将信号模型表示为

$$Y_m(k) = X_m(k)H_m(k) + W_m(k) \qquad (10\text{-}10)$$

其中，$H_m(k)$ 表示第 m 个 OFDM 符号第 k 个子载波上的频域信道响应。

文献[8]提出了用于 OFDM 信道估计的多层感知机（multilayer perceptron，MLP）模型，如图 10-10 所示，其包括输入层、输出层与多个全连接的隐藏层。其中，输入层需要将接收信号 $Y_m(k)$ 的实部与虚部分离，分别把实部 $\mathrm{Re}[Y_m(k)]$ 与虚部 $\mathrm{Im}[Y_m(k)]$ 送入输入层，作为训练样本。

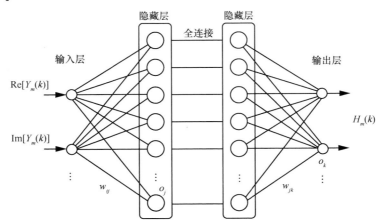

图 10-10　用于 OFDM 信道估计的 MLP 模型

令 U_i 表示隐藏层的第 i 个输入数据，则第 j 个节点的输出信号为

$$o_j = \sigma\left(\sum_{i=1}^{d} U_i w_{ij}\right) = \frac{1}{1 + \exp\left(-\sum_{i=1}^{d} U_i w_{ij}\right)} \tag{10-11}$$

其中，激活函数 $\sigma(\cdot)$ 是 Sigmoid 函数，w_{ij} 是权重系数，d 是输入单元数目。

类似地，第 k 个输出节点的信号为

$$o_k = \sigma\left(\sum_{j=1}^{n_H} o_j w_{jk}\right) = \frac{1}{1 + \exp\left(-\sum_{k=1}^{n_H} o_j w_{jk}\right)} \tag{10-12}$$

其中，n_H 是输出单元数目。

如果只考虑一个隐藏层，则输入与输出信号之间的关系式为

$$o_k = \sigma\left(\sum_{j=1}^{n_H} w_{jk} \sigma\left(\sum_{i=1}^{d} Y_i w_{ij}\right)\right) \tag{10-13}$$

训练过程的代价函数采用输出信号与真实频域响应之间的 MSE，即

$$J(w) = \frac{1}{2} \sum_{k=1}^{c} (H_k - o_k)^2 \tag{10-14}$$

其中，H_k 是第 k 个真实信道响应值，c 是总样本数。

MLP 采用后向传播的 SGD 进行训练，其权重系数迭代更新式为

$$w_{ij}^{(l+1)} = w_{ij}^{(l)} - \eta \nabla_w J(w) \tag{10-15}$$

其中，η 是学习率。

对于输入层与输出层，代价函数的梯度分布为

$$\begin{cases} \nabla_{w_{ij}} J(w_{ij}) = \left(\sum_{k=1}^{c} w_{jk} (H_k - o_k) \sigma'(o_k)\right) \sigma'(o_j) Y_i \\ \nabla_{w_{jk}} J(w_{jk}) = (H_k - o_k) \sigma'(o_k) o_j \end{cases} \tag{10-16}$$

BP 神经网络、LS 算法以及 MMSE 算法的 MSE 与 BER 性能对比分别如图 10-11 与图 10-12 所示。

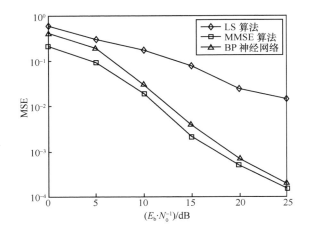

图 10-11　不同信道估计算法的 MSE 性能对比

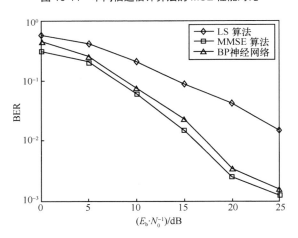

图 10-12　不同信道估计算法的 BER 性能对比

　　MLP 含有一个隐藏层和 10 个神经元，衰落信道是 COST207 TU 模型，子载波总数为 64，可用子载波数目为 54，调制方式为 QPSK。由图 10-11 与图 10-12 可知，BP 神经网络的 MSE 与 BER 趋近于 MMSE 算法，远优于 LS 算法。并且，由于 MLP 不需要导频，因此节省了系统开销，获得了额外的功率/带宽增益。

　　多层神经网络方法可以进一步推广到 MIMO-OFDM 系统的信道估计[9]。文献[10] 提出了基于 CNN 的 MMSE 信道估计方法。在同等条件下，这些方法都能够获得逼近 MMSE 算法的性能，达到更好的复杂度与性能的折中。

| 10.4 深度 MIMO 信号检测 |

MIMO 检测是现代移动通信的关键技术。传统的 MIMO 检测技术很难在检测性能与算法复杂度之间达到折中。例如，ZF 或 MMSE 算法复杂度较低，但检测性能不令人满意；球译码算法与 AMP 算法检测性能较好，但算法复杂度较高。采用神经网络设计 MIMO 检测算法提供了一种新的思路。这类方法也属于专用定制法，需要根据 MIMO 信号结构设计检测网络与训练算法。

10.4.1 信号模型

Samuel 等[11]提出的确定性网络（DetNet）能够应用于大规模 MIMO 的神经网络检测。

给定 K 个发送天线、N 个接收天线的 MIMO 系统，其中发送信号向量 $x \in \{\pm 1\}^K$，信道响应矩阵 $H \in \mathbb{R}^{N \times K}$，则接收信号向量 $y \in \mathbb{R}^N$ 表示为

$$y = Hx + w \tag{10-17}$$

其中，$w \in \mathbb{R}^N$ 是加性白高斯噪声向量，它的单个分量都是均值为 0、方差为 $\frac{N_0}{2}$ 的高斯随机变量。DetNet 不需要先验已知噪声方差，也不需要估计，相对于 MMSE 和 AMP 算法而言，这是其优点所在。

将上述信号模型左乘信道响应矩阵，得到 DetNet 的信号处理模型为

$$H^\mathrm{T} y = H^\mathrm{T} Hx + H^\mathrm{T} w \tag{10-18}$$

DetNet 主要有两路信号输入，即 $H^\mathrm{T} y$ 与 $H^\mathrm{T} Hx$。

10.4.2 DetNet 结构

DetNet 的总体结构如图 10-13 所示，其由 M 层检测网络构成，每一层的输出与输入叠加后，再送入下一层作为输入。DetNet 结构类似于 ResNet，其每层结构如图 10-14 所示。

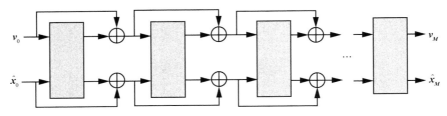

图 10-13　DetNet 的总体结构

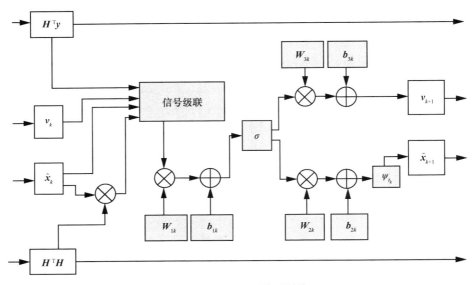

图 10-14　DetNet 的每层结构

类似于 ML 检测的投影梯度下降求解，DetNet 采用的迭代计算方式为

$$\hat{\boldsymbol{x}}_{k+1} = \Pi\left(\hat{\boldsymbol{x}}_k - \delta_k \left.\frac{\partial \|\boldsymbol{y} - \boldsymbol{Hx}\|^2}{\partial \boldsymbol{x}}\right|_{\boldsymbol{x}=\hat{\boldsymbol{x}}_k}\right) =$$

$$\Pi\left(\hat{\boldsymbol{x}}_k - \delta_k \boldsymbol{H}^{\mathrm{T}}\boldsymbol{y} + \delta_k \boldsymbol{H}^{\mathrm{T}}\boldsymbol{Hx}_k\right) \tag{10-19}$$

其中，$\hat{\boldsymbol{x}}_k$ 是第 k 次迭代估计信号，$\Pi(\cdot)$ 是非线性投影算子，δ_k 是迭代步长。

式（10-19）表明，每次迭代的结果都是 $\hat{\boldsymbol{x}}_k$、$\boldsymbol{H}^{\mathrm{T}}\boldsymbol{y}$ 与 $\boldsymbol{H}^{\mathrm{T}}\boldsymbol{Hx}_k$ 的线性组合经过非线性投影得到的。基于这一思路，可以得到每次迭代的具体更新式为

$$\begin{cases} \boldsymbol{z}_k = \sigma\!\left(\boldsymbol{W}_{1k}\!\left(\boldsymbol{H}^{\mathrm{T}}\boldsymbol{y}, \hat{\boldsymbol{x}}_k, \boldsymbol{H}^{\mathrm{T}}\boldsymbol{H}\hat{\boldsymbol{x}}_k, \boldsymbol{v}_k\right)^{\mathrm{T}} + \boldsymbol{b}_{1k}\right) \\[4pt] \hat{\boldsymbol{x}}_{k+1} = \psi_{t_k}\!\left(\boldsymbol{W}_{2k}\boldsymbol{z}_k + \boldsymbol{b}_{2k}\right) \\[4pt] \hat{\boldsymbol{v}}_{k+1} = \boldsymbol{W}_{3k}\boldsymbol{z}_k + \boldsymbol{b}_{3k} \\[4pt] \hat{\boldsymbol{x}}_1 = \boldsymbol{0} \end{cases} \tag{10-20}$$

其中，$k = 1, 2, \cdots, M$，$\sigma(\cdot)$ 是 Sigmoid 函数，$\psi_t(\cdot)$ 是分段线性软极性函数，定义为

$$\psi_t(x) = -1 + \frac{\sigma(x+t)}{|t|} - \frac{\sigma(x-t)}{|t|} \tag{10-21}$$

$\psi_t(\cdot)$ 的映射函数图像如图 10-15 所示。由图 10-15 可知，$\psi_t(\cdot)$ 是一个奇对称函数，且受参数 t 控制。当 t 变小时，$\psi_t(\cdot)$ 趋于符号函数 $\mathrm{sgn}(x)$；当 t 变大时，$\psi_t(\cdot)$ 趋于线性函数。

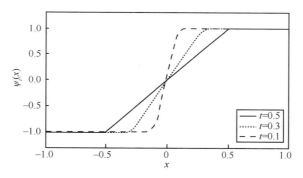

图 10-15　$\psi_t(\cdot)$ 的映射函数图像

DetNet 每一层的参数为 $\boldsymbol{\theta} = \{\boldsymbol{W}_{1k}, \boldsymbol{b}_{1k}, \boldsymbol{W}_{2k}, \boldsymbol{b}_{2k}, \boldsymbol{W}_{3k}, \boldsymbol{b}_{3k}, t_k\}$，其中，$\boldsymbol{W}_{1k}$、$\boldsymbol{W}_{2k}$ 和 $\boldsymbol{W}_{3k}$ 为权重矩阵，$\boldsymbol{b}_{1k}$、$\boldsymbol{b}_{2k}$ 和 $\boldsymbol{b}_{3k}$ 为偏置向量，t_k 为控制变量。如图 10-14 所示，两路参考信号 $\boldsymbol{H}^{\mathrm{T}}\boldsymbol{H}$、$\boldsymbol{H}^{\mathrm{T}}\boldsymbol{y}$ 与前一层的两路信号 $\hat{\boldsymbol{x}}_k$、$\boldsymbol{v}_k$ 送入当前层进行信号级联，经过加权与偏置，再进行 Sigmoid 映射分为两个支路，一个支路经过加权偏置与 $\psi_{t_k}(\cdot)$ 映射得到输出信号 $\hat{\boldsymbol{x}}_{k+1}$，另一个支路经过加权偏置，得到下一层的参考信号 $\hat{\boldsymbol{v}}_{k+1}$。最终的网络输出信号为 $\hat{\boldsymbol{x}}_{\boldsymbol{\theta}}(\boldsymbol{y}, \boldsymbol{H}) = \hat{\boldsymbol{x}}_M$。

为了防止梯度消失与激活函数饱和，DetNet 检测的损失函数定义为

$$L(\boldsymbol{\theta}; \boldsymbol{H}, \boldsymbol{y}) = \sum_{k=1}^{M} \log_2(k) \frac{\left\|\boldsymbol{x} - \hat{\boldsymbol{x}}_k\right\|^2}{\left\|\boldsymbol{x} - \tilde{\boldsymbol{x}}\right\|^2} \tag{10-22}$$

其中，$\tilde{x} = \left(H^{\mathrm{T}} H \right)^{-1} H^{\mathrm{T}} y$ 是迫零检测的结果。本质上，这个代价函数基于 ZF 检测对均方误差代价函数进行正则化。

10.4.3　检测性能

针对发送天线数目 $K = 30$、接收天线数目 $N = 60$ 的大规模 MIMO 固定信道（信道响应矩阵满足 $\left[H^{\mathrm{T}} H \right]_{i,j} = 0.55^{|i-j|}$ 的 Toeplitz 结构，这是一种检测性能急剧下降的病态矩阵），各种检测算法的性能比较如图 10-16 所示。

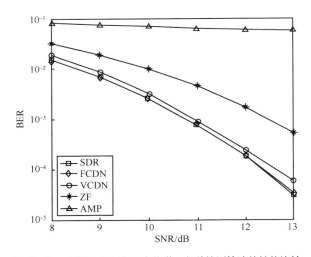

图 10-16　大规模 MIMO 固定信道下各种检测算法的性能比较

图 10-16 中，FCDN 采用 DetNet，含有 $3K = 90$ 层，其训练与测试都采用固定信道；VCDN 与 FCDN 结构一样，只是训练采用随机生成的信道样本。由图 10-16 可知，对于这种恶劣信道，FCDN 与 VCDN 都能够达到与 SDR 近似的性能，远好于 AMP 与 ZF 算法。

DetNet 检测性能还可以进一步增强，文献[12]通过简化输入结构、节点连接结构以及改进代价函数，设计了稀疏连接的检测网络；文献[13]研究了基于 RNN 的 MIMO 检测算法。

| 10.5　语义编码传输 |

在未来 6G 系统中，用户的智能需求将被进一步挖掘和实现，并以此为基准进行技术规划与演进布局。6G 不仅包含 5G 涉及的人、机、物这三类服务对象，还引入了第四类服务对象——灵[14]。作为人类用户的智能代理，灵存在于虚拟世界，基于实时采集的大量数据和高效机器学习技术存储和交互用户的所说、所见和所思，完成用户意图的获取以及决策的制定。

自 1948 年香农提出信息论[15]以来，现代通信技术，特别是移动通信技术的发展已经逐步逼近通信理论极限，例如，信源编码技术已经逼近信源熵/率失真函数，LDPC 码、极化码等先进信道编码技术已经逼近信道容量。建立在概率信息基础上的通信系统迫切需要技术突破与变革，才能应对未来 6G 的发展需求。

近年来，语义信息研究成为学术界的关注热点。基于语义信息的编码传输将是一种非常有竞争力的 6G 候选技术。本节旨在介绍面向 6G 传输需求的语义通信技术，展望语义信息处理的应用前景。

10.5.1　语义信息论简介

从认识论观点看，信息分为 3 个层次，即语法、语义和语用。经典信息论只研究语法信息，在研究范畴、研究层次与研究维度方面存在局限性，从而限制了信息与通信系统性能的持续提升。扩展信息研究的层次，从语法信息深入语义信息，将为通信系统优化提供新的研究角度，具有重要的变革意义。

1. 语义信息概念探索

在经典信息论诞生后不久，人们就展开了语义信息论的研究。1953 年，Weaver[16]考虑了信息的 3 个层次，他指出，与发射机预期含义相比，语义问题更关心接收机对收到信息的含义的统一性解释。Weaver 的先驱工作启发了人们对语义信息的探索与研究。

Carnap 与 Bar-Hillel[17-18]提出了语义信息论的概念框架，试图对传统通信理论进行补充。他们认为语句中含有的语义信息应当基于语句内容的逻辑概率来定义。Barwise 与 Perry[19]进一步提出了场景逻辑原则定义语义信息。Floridi[20]提出强语义信息论,指出 Carnap 语义信息论中语句矛盾将具有无穷大的信息。2011 年,Alfonso[21]进一步引入了类真性概念,对语义信息进行度量。Zhong[22]从信息的三位一体特征出发,对语义信息论进行总结,证明语义信息表征具有唯一性。

尽管人们一直在进行语义信息的研究探索,但与经典信息论相比,语义信息的理论框架远未成熟,语义信息的定义与度量也尚未达成一致。最近 20 年,脑科学与认知科学取得了巨大进展,特别是神经认知科学的发展对神经网络与深度学习理论产生了深远影响。最近徐文伟等[23]提出后香农时代 ICT 领域的十大挑战问题,将语义信息论列为首要的基础理论问题。人们对语义信息的度量、提取与表征的关注越来越多,使这一理论有望成为 6G 移动通信的基础理论之一。

2. 语义信息度量

正如 Weaver 所指出的,语义信息不仅与发送者有关,更与接收者的理解有关,因此具有概率性与模糊性的双重不确定性。事实上,具有语法与语义特征的信源均为广义信源,既具有随机性,又具有模糊性,单纯的随机和模糊不能全面刻画广义信源特征。

经典信息论建立在概率论基础上,不考虑信息的内容和含义,它主要度量信息的随机性,即信息熵,确切地说,是概率信息熵。但现实生活中,最常用的是自然语言信息,即语义信息,其典型特征是模糊性,如高、矮、胖、瘦、大概、差不多等,这些语义描述是模糊变量而不是随机变量,需要借助模糊集合论进行定性和定量分析。

Luca 与 Termini[24-25]研究了纯模糊性引入的不确定性,把概率信息熵移植到模糊集合上,给出了模糊熵的定义。他们将随机与模糊二重不确定性的联合熵定义为总熵,但这个定义不便于推广。吴伟陵[26]进一步推广了模糊熵概念,提出了广义联合熵、广义条件熵与广义互信息,建立了语义信息的基本度量方案。

对于概率信源 $X = \{x_i : i = 1, 2, \cdots, N\}$,经典信息论中的信息熵是定义在概率测度 $P(x_i)$ 上的泛函,即

$$H(X) = -\sum_{i=1}^{N} P(x_i) \mathrm{lb} P(x_i) \qquad (10\text{-}23)$$

引入完备模糊集合类 $\underset{\sim}{X} = \left(\underset{\sim}{X_1}, \cdots, \underset{\sim}{X_K} \right)$，用隶属函数 μ 刻画信源的模糊测度，且满足 $\sum\limits_{k} \mu_{\underset{\sim}{X_k}}(x_i) \leqslant 1$，则广义信源熵表示为

$$H^*(\underset{\sim}{X}) \triangleq -\sum_{i=1}^{N}\sum_{k=1}^{K} \mu_{\underset{\sim}{X_k}}(x_i)P(x_i)\log_2(\mu_{\underset{\sim}{X_k}}(x_i)P(x_i)) =$$

$$H(X) + \sum_{i=1}^{N} P(x_i)h_{\underset{\sim}{X}}(x_i) = H(X) + H(\underset{\sim}{X}) \tag{10-24}$$

其中，$H(X) = H(P_1, \cdots, P_n)$ 是式（10-23）给出的概率熵，$h_{\underset{\sim}{X}}(x_i) = -\sum\limits_{k=1}^{K} \mu_{\underset{\sim}{X_k}}(x_i) \cdot \log_2 \mu_{\underset{\sim}{X_k}}(x_i)$ 是某一个 x_i 发生时的模糊熵。由此可见，广义信源熵由概率熵 $H(X)$ 与模糊熵 $H(\underset{\sim}{X})$ 构成，前者表征了信源在概率上的不确定性，后者表征了信源在模糊上的不确定性，即语义不确定性。因此，我们可以用模糊熵 $H(\underset{\sim}{X})$ 度量信源的语义信息。

原则上，在已知概率分布的条件下，选择合适的隶属函数，对于给定信源就可以计算信源的概率熵与模糊熵，从而度量信源的语法与语义信息。但是由于语义信息蕴含在语法信息中，隶属函数通常都是复杂的非线性形式，并且可能动态变化，因此式（10-24）的广义熵形式只具有理论意义，难以对语义通信进行实际指导。文献[27]提出了语义基的思想，基于神经网络模型，提取语义特征用于语义信息度量，避免了隶属函数选择的困难问题，是值得深入研究的新思路。

基于概率与模糊二重不确定性的广义熵以及广义互信息对面向 6G 的语义通信系统优化具有重要的理论指导意义。但这些语义信息的定量指标分析仍然是开放问题，还需要随着语义信息论的发展逐步明确并加以完善。

10.5.2　语义通信系统框架

语义通信是指从信源中提取语义信息并编码，在有噪信道中传输的通信技术。传统的语法通信要求接收端译码信息与发送端编码信息严格一致，即实现比特级的无差错传输。而语义通信并不要求译码序列与编码序列严格匹配，只要求接收端恢复的语义信息与发送的语义信息匹配即可。由于放松了信息传输的差错要求，语义通信有望突破经典通信系统的传输瓶颈，为 6G 提供新的解决思路[27]。

学术界对语义通信已经有一些初步研究。Xie 等[28]对文本信息传输提出了基于深度学习的语义通信系统，初步考虑了信源–信道联合编码，使接收端从语义角度恢复文本。针对文本信源，Farsad 等[29]设计了基于双向长短期记忆（bi-directional long-short term memory，BiLSTM）模型的语义编解码方案；牛凯等[30]提出了改进方案，可以达到满意的语义误词率（word error rate，WER）性能。针对图像信源，文献[31-33]基于卷积神经网络设计了多种模拟式的语义编解码方案，具有显著的压缩效率，并且能够对抗无线信道传输中的差错。

如前文所述，在 6G 移动通信的各种场景中，人–机–物–灵四类服务对象之间会产生大量不同形态的数据，各种对象之间的通信不再只是传输比特数据，而是借助其"智能"特性实现以"达意"为目标的语义通信。智能任务复杂多变，语义通信对实现 6G 业务对象间的高效通信与准确控制具有重要意义，有着广阔的研究和应用前景。

面向 6G 的语义通信系统如图 10-17 所示。在发送端，信源产生的信息首先送入语义提取模块，产生语义表征序列；然后送入语义信源编码器，对语义特征压缩编码；最后送入信道编码器，产生信道编码序列，送入传输信道。在接收端，信道输出信号首先送入信道译码器，输出译码序列；然后送入语义信源译码器，得到语义表征序列；最后送入语义恢复与重建模块，得到信源数据，送入信宿。

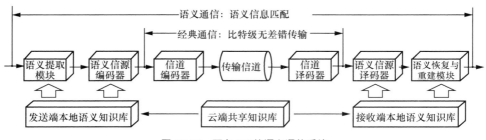

图 10-17　面向 6G 的语义通信系统

在语义通信系统中，信道编/译码器属于经典通信系统，而语义提取/恢复与重建模块和语义信源编/译码器则属于语义通信系统，经典通信信道通过统计转移概率建模，而语义信道则通过语义标签之间的逻辑转移概率建模。

语义通信与经典通信最重要的差异在于，语义编译码基于海量数据训练的语义知识库，通过深度学习网络提取与重建语义信息，该过程对经典信号传输提供强先验知识，可有效提升传输有效性和可靠性。在发送端，语义提取模块基于知识库和深度学习网络，对信源消息提取语义特征，并根据信源冗余特性而采用不同结构的深度学习网络模型。例如，时序以及文本信源采用 RNN 模型、图像信源采用 CNN 模型、图数据源采用图卷积网络（graph convolutional network，GCN）模型。在接收端，语义恢复与重建模块基于知识库和深度学习网络，对接收的语义信息进行重建。若信源具有多模态或异构性，则语义提取编码时还需要对多源数据进行语义综合。收发两端共享云端知识库，通过数据驱动的方法赋予神经网络特定场景下的先验知识。

定义知识库 K，设信源消息集合为 $\mathcal{X}$，语义信息集合为 $\mathcal{S}$，语义消息码序列构成的集合为 $\mathcal{U}$，信宿接收码序列集合为 $\mathcal{V}$，重建语义信息集合为 $\mathcal{S}'$，信宿译码消息集合为 $\mathcal{Y}$。对于任一原始信息 $x \in \mathcal{X}$，统计概率为 $\phi(x)$，基于 x 推断出语义信息 $s \in \mathcal{S}$ 的概率大小为 $P(s|x)$，语义信息概率分布为 $P(s) = \sum_{x \in \mathcal{X}} \phi(x) P(s|x)$，语义信息 s 的熵 $H(\mathcal{S})$ 表示为

$$H(\mathcal{S}) = H(\mathcal{X}) + H(\mathcal{S}|\mathcal{X}) - H(\mathcal{X}|\mathcal{S}) \tag{10-25}$$

若 $H(\mathcal{S}) < H(\mathcal{X})$，表示语义冗余度 $H(\mathcal{X}|\mathcal{S})$ 较高，能实现对原始数据 $\mathcal{X}$ 的压缩；否则，表示语义模糊度 $H(\mathcal{S}|\mathcal{X})$ 较高，此时并不适用语义传输。

与香农信道容量类似，语义信道容量定义为可以实现任意小语义误差的最大传输速率，即

$$C_S = \sup_{P(\mathcal{S};\mathcal{X}), P(\mathcal{Y}|\mathcal{S}')} \left\{ I(\mathcal{S};\mathcal{S}') - H(\mathcal{S}|\mathcal{X}) + H(\mathcal{Y}) \right\} \tag{10-26}$$

其中，$I(\mathcal{S};\mathcal{S}')$ 为 $\mathcal{S}$ 与 $\mathcal{S}'$ 之间的互信息，$H(\mathcal{Y})$ 为 $\mathcal{Y}$ 的熵。

借助语义相似度或语义域距离度量，定义平均语义失真 $D_S = \mathbb{E}_{(x,y) \in \mathcal{X} \times \mathcal{Y}} \left[d_S(x, y) \right]$，则语义通信模型中的率失真函数定义为

$$R_S(D_S) = \min_{p(y|x) \in P_{D_S}} I(\mathcal{U}; \mathcal{V}|K) \tag{10-27}$$

其中，d_S 为语义失真度量，P_{D_S} 为语义平均失真不超过 D_S 的广义信道集合。在相同语义失真的条件下，语义通信模型比传统通信模型的带宽利用率更高。

基于语义信道容量或语义率失真函数的通信系统优化为 6G 高频谱效率、高可靠通信提供了新的技术思路。但是，如前文所述，现有语义信息论研究在语义信息

度量与优化指标方面还没有明确结论。因此，语义信息熵、语义信道容量、语义率失真函数建模与评估还是开放问题，需要进一步深入研究。

10.5.3　语义通信初步结果

在语义通信系统结构的基本框架下，本节针对典型文本和图像信源采用不同的语义编解码器，根据语义评价指标设计对应的语义通信系统结构。

1. 文本信源的语义编码传输

对于文本信源，传输的目的是传递文本表达的内容及含义，而文本的组织方式，如助词、连接词、标点符号的使用是实现通畅且符合语法规则表达文本内容的手段。因此，文本信源除具有统计冗余外，还含有额外的语义冗余。文本信源可采用 BiLSTM 模型进行语义提取与关联建模[29-30]，如图 10-18 所示。

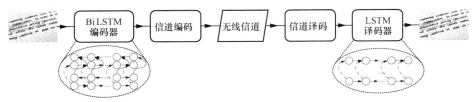

图 10-18　BiLSTM 模型语义提取与关联建模

文本语义编码传输的评估指标如下。

（1）误词率，可用归一化 Levenshtein 距离评估。

（2）BLEU（bilingual evaluation understudy）分数，可评估任意两段文本之间的差异性。连续 n 个单词（n-gram）准确率越高，语义恢复得越准确。BLEU 为 n-gram 准确率的加权得分，定义为

$$\text{BLEU} = \exp\left(\sum_n w_n P_n\right) \qquad （10\text{-}28）$$

其中，P_n 为 n-gram 的准确率，w_n 为权重系数。

在占用相同带宽的条件下，传统信源信道编码与文本语义编码在 AWGN 信道下的性能对比如图 10-19 所示。文本语义编码方案采用 BiLSTM 模型进行编码，信道编码采用 LDPC 码，码率 $R = 0.75$。图 10-19（b）中，实线对应左纵轴数值，虚线对应右纵轴数值。

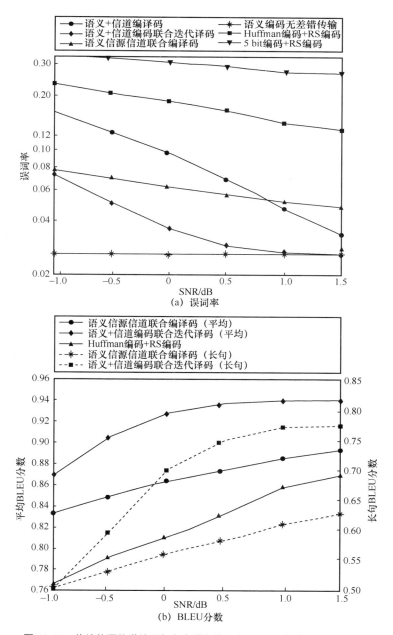

图 10-19　传统信源信道编码与文本语义编码在 AWGN 信道下的性能对比

从图 10-19 可以看出，文本语义编码方案（包括语义+信道编译码、语义+信道编码联合迭代译码、语义信源信道联合编译码）的误词率远低于传统信源信道编码方案，如 Huffman 编码+RS 编码、5 bit 编码+RS 编码；与传统的 Huffman 编码+RS 编码相比，文本语义编码的平均 BLEU 分数大幅提升，特别是在低信噪比条件下，其能显著改善传输可靠性。

下面给出文本语义编码在 AWGN 信道中传输的一个样例。

原始文本：I hope that even more study courses will be <u>set up</u> which offer this as an integral part of the course.

5 bit 编码+RS 编码重建文本：i t!pe dhat evmn moqe qtudy aourses will ba 　gt up which offer dfis as an integzal part of xgm cpurse.

文本语义编码重建文本：I hope that even more <u>study reading</u> can be <u>applied</u>, which <u>already</u> this as an integral part of the course.

对比原始文本与 5 bit 编码+RS 编码重建文本、文本语义编码重建文本可知，由于传统编码存在差错，因此重建文本存在语义错误。而文本语义编码能够很好地对抗信道传输差错，使重建文本与原始文本的含义一致。

2. 图像信源的语义编码传输

基于语义编码的图像传输方案的基本传输框架如图 10-20 所示。原始图像 x 首先经过语义提取与编码网络 $g_E(x; \theta_E)$ 压缩提取语义表征 w，其中 θ_E 为语义提取与编码网络的参数，即语义基；然后，w 经过量化器得到量化序列 $\hat{w}$ 并送入信道编码器、调制器后发送到接收端。接收端经过解调器、信道译码器后，将信号以似然比序列的形式送入语义分析与综合网络 $g_G(\hat{w}; \theta_G)$，其中 θ_G 为语义分析与综合网络的参数。$g_G(\hat{w}; \theta_G)$ 从可能存在残余差错的语义表征中重建 $\hat{x}$。

将语义提取与编码网络、语义分析与综合网络级联信道编译码模块在无线信道中进行联合训练，采用随机梯度下降法迭代更新网络的参数，网络的损失函数 L 建模为

$$L = \mathbb{E}_x \left[\lambda H(\hat{w}) + d(x, x') \right] \tag{10-29}$$

其中，$H(\hat{w})$ 为 $\hat{w}$ 的熵，$d(x, x')$ 为选取的失真度量，$\lambda > 0$ 为权衡重建失真和语义编码的码率。$d(x, x')$ 选用均方误差损失和预训练的多尺度判别器网络 $h(\cdot)$ 的加权，即

$$d(\boldsymbol{x},\boldsymbol{x}') = \mathbb{E}_{x \sim p(x)}\left[\alpha \left\| \boldsymbol{x} - \boldsymbol{x}' \right\|_2^2 + \beta h(\boldsymbol{x}')\right] \tag{10-30}$$

其中，α 和 β 用于权衡两种失真。

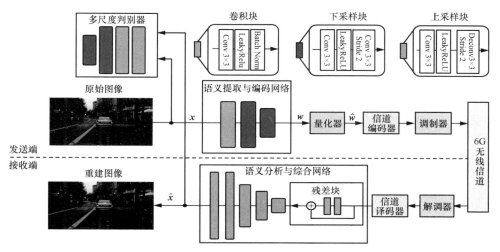

图 10-20　基于语义编码的图像传输方案的基本传输框架

　　模型的训练集采集自真实工业场景的监控摄像头，分辨率为 256 像素×256 像素，训练 500 000 次迭代后使用 1080p 格式进行微调。训练过程先设置学习率为 0.000 2，当 loss 稳定时对学习率进行一次 0.1 衰减。在帧内编码模式（全 I 帧）下将语义编码方案与经典的 H.264 编码方案进行比较，采用 AWGN 信道，信道编码为 LDPC 码。由于经典的逐像素比较指标，如峰值信噪比（peak signal to noise ratio，PSNR）、多尺度结构相似度（MS-SSIM）[34]往往与用户的真实感知相差甚远，本节采用学习感知图像块相似度（learned perceptual image patch similarity，LPIPS）[35]评估图像的感知相似度，原始视频帧率为 25 frame/s，编码速率为 415 Mbit/s，仿真结果如表 10-1 所示。

表 10-1　仿真结果

方案	编码速率/（Mbit·s^{-1}）	PSNR	LPIPS
H.264 编码	10.44	28.7	0.15
语义编码	2.49	24.5	0.14

由表 10-1 可知，H.264 编码级联 LDPC 信道码方案虽然在 PSNR 评价指标上占据优势，但在 LPIPS 接近的情况下，语义编码方案的编码速率仅约为 H.264 编码方案的 $\frac{1}{5}$，因此能大幅降低传输带宽开销，从而显著提升频谱效率。

AWGN 信道下，H.264 编码+LDPC 与语义编码的重建图对比示例如图 10-21 所示。从图 10-21 可以看出，H.264 编码+LDPC 重建图产生了差错传输现象，而语义编码传输方案更稳健，且重建图质量与原图在主观感受上没有差距。

  (a) 原图   (b) 语义编码重建图   (c) H.264 编码+LDPC重建图

图 10-21   H.264 编码+LDPC 与语义编码的重建图对比示例

目前，语义通信技术仍然在快速发展中，语义信息论有众多基本概念与基础问题亟待讨论与完善，针对多种信源媒体特征的语义编码方案层出不穷，但编码方案的优化设计与适用场景还需要进行深入探讨。总之，面向 6G 的语义通信技术是一个新的研究领域，存在大量的理论与应用问题，需要学术界同仁共同推动完成。

|10.6   本章小结 |

智能信号处理是一个正在快速发展的前沿技术，属于深度学习与无线传输的交叉领域。本章首先描述了深度学习在移动通信信号处理中的应用，包括端到端通信模型、智能信道估计、深度 MIMO 检测；然后对语义通信的基本原理进行了简要介绍。面向移动通信中的智能信号处理将会进一步发展，特别是语义通信，有望成为 6G 的新兴技术。

┃ 参考文献 ┃

[1]　MITCHELL T M. Machine learning[M]. New York: McGraw-Hill, 1997.

[2]　GOODFELLOW I, BENGIO Y, COURVILLE A. Deep learning[M]. Massachusetts: MIT Press, 2016.

[3]　O'SHEA T J, KARRA K, CLANCY T C. Learning to communicate: channel auto-encoders, domain specific regularizers, and attention[C]//Proceedings of IEEE International Symposium on Signal Processing and Information Technology. Piscataway: IEEE Press, 2016: 223-228.

[4]　O'SHEA T J, HOYDIS J. An introduction to machine learning communications systems[J]. arXiv Preprint, arXiv: 1702.00832, 2017.

[5]　DORNER S, CAMMERER S, HOYDIS J, et al. Deep learning based communication over the air[J]. IEEE Journal of Selected Topics in Signal Processing, 2018, 12(1): 132-143.

[6]　AOUDIA F A, HOYDIS J. End-to-end learning of communications systems without a channel model[C]//Proceedings of 52nd Asilomar Conference on Signals, Systems, and Computers. Piscataway: IEEE Press, 2018: 298-303.

[7]　YE H, LI G Y, JUANG B H F, et al. Channel agnostic end-to-end learning based communication systems with conditional GAN[C]//Proceedings of IEEE Globecom Workshops. Piscataway: IEEE Press, 2018: 1-5.

[8]　TAŞPINAR N, SEYMAN M N. Back propagation neural network approach for channel estimation in OFDM system[C]//Proceedings of IEEE International Conference on Wireless Communications, Networking and Information Security. Piscataway: IEEE Press, 2010: 265-268.

[9]　SEYMAN M N, TAŞPINAR N. Channel estimation based on neural network in space time block coded MIMO-OFDM system[J]. Digital Signal Processing, 2013, 23(1): 275-280.

[10]　NEUMANN D, WIESE T, UTSCHICK W. Learning the MMSE channel estimator[J]. IEEE Transactions on Signal Processing, 2018, 66(11): 2905-2917.

[11]　SAMUEL N, DISKIN T, WIESEL A. Deep MIMO detection[C]//Proceedings of IEEE 18th International Workshop on Signal Processing Advances in Wireless Communications. Piscataway: IEEE Press, 2017: 1-5.

[12]　GAO G L, DONG C, NIU K. Sparsely connected neural network for massive MIMO detection[C]//Proceedings of IEEE 4th International Conference on Computer and Communications. Piscataway: IEEE Press, 2018: 397-402.

[13]　FARSAD N, GOLDSMITH A. Neural network detection of data sequences in communication

systems[J]. IEEE Transactions on Signal Processing, 2018, 66(21): 5663-5678.

[14] 张平, 牛凯, 田辉, 等. 6G 移动通信技术展望[J]. 通信学报, 2019, 40(1): 141-148.

[15] SHANNON C E. A mathematical theory of communication[J]. Bell System Technical Journal, 1948, 27(3): 379-423.

[16] WEAVER W. Recent contributions to the mathematical theory of communication[J]. ETC: a review of general semantics, 1953, 10: 261-281.

[17] CARNAP R, BAR-HILLEL Y. An outline of a theory of semantic information[J]. Journal of Symbolic Logic, 1954, 19(3): 230-232.

[18] BAR-HILLEL Y, CARNAP R. Semantic information[J]. The British Journal for the Philosphy of Science, 1953, 4(14): 147-157.

[19] BARWISE J, PERRY J. Situations and attitudes[J]. The Journal of Philosophy, 1981, 78(11): 668.

[20] FLORIDI L. Outline of a theory of strongly semantic information[J]. Minds and Machines, 2004, 14(2): 197-221.

[21] ALFONSO D S. On quantifying semantic information[J]. Information, 2011, 2(1): 61-101.

[22] ZHONG Y X. A theory of semantic information[J]. China Communications, 2017, 14(1): 1-17.

[23] 徐文伟, 张弓, 白铂, 等. 后香农时代 ICT 领域的十大挑战问题[J]. 中国科学:数学, 2021, 51(7):44.

[24] LUCA D A, TERMINI S. A definition of a nonprobabilistic entropy in the setting of fuzzy sets theory[J]. Information and Control, 1972, 20(4): 301-312.

[25] LUCA D A, TERMINI S. Entropy of L-fuzzy sets[J]. Information and Control, 1974, 24(1): 55-73.

[26] 吴伟陵. 广义信息源与广义熵[J]. 北京邮电大学学报, 1982(1): 29-41.

[27] ZHANG P, XU W J, GAO H, et al. Toward wisdom-evolutionary and primitive-concise 6G: a new paradigm of semantic communication networks[J]. Engineering, 2022, 8: 60-73.

[28] XIE H Q, QIN Z J, LI G Y, et al. Deep learning enabled semantic communication systems[J]. IEEE Transactions on Signal Processing, 2021, 69: 2663-2675.

[29] FARSAD N, RAO M, GOLDSMITH A. Deep learning for joint source-channel coding of text[C]//Proceedings of IEEE International Conference on Acoustics, Speech and Signal Processing. Piscataway: IEEE Press, 2018: 2326-2330.

[30] 牛凯, 戴金晟, 张平, 等. 面向 6G 的语义通信[J]. 移动通信, 2021, 45(494): 85-90.

[31] BOURTSOULATZE E, BURTH K D, GÜNDÜZ D. Deep joint source-channel coding for wireless image transmission[J]. IEEE Transactions on Cognitive Communications and Networking, 2019, 5(3): 567-579.

[32] JANKOWSKI M, GÜNDÜZ D, MIKOLAJCZYK K. Deep joint source-channel coding for wireless image retrieval[C]//Proceedings of IEEE International Conference on Acoustics,

Speech and Signal Processing. Piscataway: IEEE Press, 2020: 5070-5074.

[33] KURKA D B, GÜNDÜZ D. DeepJSCC-f: deep joint source-channel coding of images with feedback[J]. IEEE Journal on Selected Areas in Information Theory, 2020, 1(1): 178-193.

[34] WANG Z, SIMONCELLI E P, BOVIK A C. Multiscale structural similarity for image quality assessment[C]//Proceedings of Thrity-Seventh Asilomar Conference on Signals, Systems & Computers. Piscataway: IEEE Press, 2003: 1398-1402.

[35] ZHANG R, ISOLA P, EFROS A A, et al. The unreasonable effectiveness of deep features as a perceptual metric[C]//Proceedings of IEEE/CVF Conference on Computer Vision and Pattern Recognition. Piscataway: IEEE Press, 2018: 586-595.

名词索引